国家科学技术学术著作出版基金资助出版

热电材料及其制备技术

Thermoelectric Materials and Processing Technologies

李敬锋　周　敏　裴　俊　著

科学出版社

北　京

内 容 简 介

本书全面系统总结了热电材料及其制备技术的研究进展，不仅介绍了热电转换技术相关原理、热电性能测试方法、热电材料及其制备技术等基础知识，还梳理了近十多年发现的新型热电材料及其热电性能增强机制的最新研究成果。本书主要包括两部分：第一部分为热电材料研究，依次介绍了热电转换基本原理、热电性能测试方法、热电材料研究进展等；第二部分为热电材料制备技术，重点介绍了热电材料晶体生长方法、粉末冶金法和薄膜制备技术等。

本书可作为从事材料、物理、化学等专业工作的研究人员参考书，也可作为相关专业教学参考书。

图书在版编目（CIP）数据

热电材料及其制备技术= Thermoelectric Materials and Processing Technologies / 李敬锋，周敏，裴俊著.—北京：科学出版社，2023.6

ISBN 978-7-03-075422-6

Ⅰ.①热… Ⅱ.①李… ②周… ③裴… Ⅲ.①热电转换-功能材料-材料制备 Ⅳ.①TB34

中国国家版本馆CIP数据核字(2023)第066787号

责任编辑：范运年 / 责任校对：王萌萌
责任印制：霍 兵 / 封面设计：赫 健

科 学 出 版 社 出版
北京东黄城根北街 16 号
邮政编码：100717
http://www.sciencep.com
北京九天鸿程印刷有限责任公司 印刷
科学出版社发行　各地新华书店经销
*
2023 年 6 月第 一 版　开本：720×1000 1/16
2024 年 1 月第二次印刷　印张：16
字数：322 000
定价：268.00 元
（如有印装质量问题，我社负责调换）

序

　　19 世纪以来，相继发现的热电效应有 Seebeck 效应、Peltier 效应和 Thomson 效应，揭开了热-电转换技术及其材料研究的序幕。20 世纪 50 年代，对热电材料的研究从金属转向半导体，发现了以碲化铋为代表的几种典型热电材料，基于 Peltier 效应的热电制冷与控温技术开始得到广泛的工业应用。近二十年来，由于能源短缺和环境污染问题日益突出，人们重新重视适合余热发电的热电发电技术。得益于纳米科技、材料物理与化学等学科的快速发展，热电材料研究从基础理论、传统材料的性能提升、器件技术及其应用等方面取得了显著进展。尤其在高性能热电材料研发等方面，中国已跻身国际热电材料研究的前列，材料热电优值 ZT 屡创新高。热电材料的应用也从传统的工业制冷和余热发电等领域扩展至 5G、生命健康和车载激光雷达等新兴科技领域。

　　值此热电材料高速发展的时期，李敬锋教授等撰写了《热电材料及其制备技术》一书。作者长期从事热电材料的研究，在高性能热电材料和性能增强复合制备技术等方面成果丰硕。在融合了作者关于热电材料研究成果的基础上，该书全面梳理了热电输运的基本理论、热电性能测试的基本方法、热电材料和制备技术的研究进展等，形成了有关热电输运的基本理论、高性能热电材料和新型制备技术的较为全面、丰富的知识体系。

　　该书对各种热电性能参数的测试方法进行了详细评述，为准确评价材料的热电性能提供了指导；同时，阐述了新理论、新制备技术在传统热电材料中的应用及其对性能优化的基本策略和创新思路；此外，全面归纳了新型热电材料的研究进展及其未来发展和挑战。

　　该书兼具专业性和科普性，相信该书的出版定能为热电材料领域的科研、工程技术人员及相关专业高等院校师生提供借鉴和参考。

南策文

中国科学院院士、清华大学教授

2023 年 1 月

前　　言

热电材料是一种可实现热能和电能相互直接转换的重要功能材料，在深空探测、废热回收和精确温控等技术领域有着不可替代的重要应用。早期热电材料的研究一直围绕金属材料展开，虽然发明了热电偶技术，但金属材料的热电转换效率非常低。经过很长时间的停滞后，20 世纪 50 年代热电材料的研究迎来了从金属到半导体的飞跃，热电半导体理论和材料的研究取得了重要进展。近年来，环境、能源和信息等技术领域的飞跃发展对全固态、环境友好的热电转换技术提出了前所未有的迫切需求。热电材料与应用技术迎来了新一轮的研究热潮，特别是凝聚态物理、纳米科学等领域的最新成果与热电材料科学相融合有力地推动了热电材料科学与应用技术的发展。

进入 21 世纪，热电材料科学迎来了高速发展期，我国对热电材料的研究也取得了长足发展，中国科学院上海硅酸盐研究所、武汉理工大学、清华大学、浙江大学、北京航空航天大学、同济大学、南方科技大学、北京科技大学、哈尔滨工业大学、华中科技大学、重庆大学、山东大学、上海大学、深圳大学、东华大学、中国科学院物理所、中国科学院宁波材料所、中国科学院理化所、中国科学院金属所、中国科学技术大学、上海交通大学、河北大学、桂林电子科技大学与昆明理工大学等数十所高校和科研院所纷纷投入热电材料和器件的研究中，在热电材料研究及应用领域发表学术论文的数量跃居世界第一位。热电材料及应用技术的相关研究也得到了国家的高度重视和大力支持，先后启动了热电转换材料与器件相关的国家 863 和 973 项目，并将其列入国家自然科学基金重点资助领域。目前，我国在热电材料的研究处于世界领先水平，已发展成为热电材料的研究和生产大国。2010 年，在中国材料研究学会下设立热电材料及应用分会，第一届理事会主任是中国科学院上海硅酸盐研究所陈立东研究员。分会为热电的学术界和工业界提供了一个完整的学术平台，通过组织国内外的学术与技术交流活动，有力地促进了热电材料领域的产学研交流，推动了热电技术与工业的发展，同时也有效地加快了对热电材料科学领域人才的培养。

近年来，热电材料科学已发展成为一门多领域、跨学科的研究领域，材料的研究对象涉及无机非金属材料、金属间化合物及合金、有机高分子材料等多种材料形态和学科领域。本书作者有幸经历中国热电材料研究的大发展时期，带领近百位研究生经过 20 年的潜心研究，在热电输运机制、热电材料性能提升和热电性能测试新方法等领域取得了多项重要的研究成果。本书试图全面系统地梳理和总结热电材料、制备方法和测试技术领域的最新研究成果，详细阐述了热电半导体输运的物理机制，热电材料性能调控的新方法、新手段，以及诸多新型热电材料的开发等，以期为热电材料研发提供新思路。

本书按照热电效应的物理基础、热电材料发展和制备的次序展开，第 1 章概述三大热电效应及其主要应用，第 2 章讲解热电材料性能的测试方法和测试原理，第 3 章阐述经典热电材料的研究进展，第 4 章介绍新型热电材料的最新研究成果和动向，第 5 章和第 6 章围绕热电材料制备技术及性能增强复合制备技术展开论述。

本书素材主要来源于作者研究团队多年来的研究成果，同时汇集了国内外热电材料研究领域的论文、专利等，在撰写过程中得到了课题组从事热电材料与器件研究的博士后和研究生刘大为、李甫、邢志波、江奕林、李志亮、李宗岳、孙富华、胡海华、谭晴、李建辉、石建磊、潘瑜、吴超峰、邹敏敏、唐怀超、庄华鹭、董金峰、蔡博文、魏天然、李静薇等(排序不分先后)的大力协助。作者还请浙江大学材料科学与工程学院付晨光老师对本书 4.6 节进行了审阅和修改，特此致谢！在此，还要向长期支持我们的国内外同行致以衷心的感谢！特别感谢清华大学南策文院士、中国科学院上海硅酸盐研究所陈立东研究员、浙江大学赵新兵教授推荐本书获得国家科学技术学术著作出版基金资助。

限于作者水平和精力，书中难免存在不足和疏漏，恳请广大读者和同行专家批评斧正。

作　者

2022 年 5 月

目　　录

第1章 热电转换技术与应用概述

1.1 引　言

　　热电转换技术基于泽贝克效应(Seebeck effect)或佩尔捷效应(Peltier effect)以实现热能与电能的直接相互转换。1821年发现的泽贝克效应、1834年发现的佩尔捷效应和1855年发现的汤姆孙效应(Thomson effect)共同构成了热电转换物理效应的完整体系,并对热电材料的发展起到了极大的推动作用。1885年,Rayleigh研究了利用泽贝克效应发电的可能性。直到1911年,德国Altenkrich提出了热电发电和制冷的理论,指出较好的热电材料必须具有较大的泽贝克系数来保证其具有较强的热电效应,同时具有较小的热导率来使热量尽可能多地保持在接头附近,此外还需要较小的电阻率使其产生的焦耳热较小。该理论初步阐明了热电性能与泽贝克系数及热导率和电阻率之间的关系,即热电优值 $ZT = \alpha^2 T / \rho \kappa$ (α 为泽贝克系数; κ 为热导率; ρ 为电阻率; T 为绝对温度),这为热电材料的研究和应用提供了理论基础。

　　热电效应被发现以后,人们一直围绕金属材料展开研究,但其热电转换效率很低,并未引起人们的重视。经过很长时间的停滞后,直到20世纪50年代建立固体物理理论,热电材料的研究才又迎来了从金属到半导体的飞跃,热电半导体理论和热电材料研究取得了重要进展。20世纪末,能源短缺和环境污染问题日益突出,对环境友好型热电材料的研究再次受到人们关注。尤其是近年来,得益于纳米技术、材料物理与化学等学科的快速发展,热电材料在基础理论、材料研发、器件制作和技术应用等方面均取得显著进展。

　　本章将简要介绍热电效应的基本理论及热电转换效率,典型热电器件的结构及热电转换技术的主要应用等。

1.2 热　电　效　应

　　热电效应通常指泽贝克效应、佩尔捷效应和汤姆孙效应等三个基本物理效应。基于泽贝克效应可实现温差发电,基于佩尔捷效应可实现热电制冷。

1.2.1 泽贝克效应

　　泽贝克效应是指由两种不同金属或半导体之间的温度差异而引起两种物质间电

势差的物理现象。泽贝克效应描述的是由热能(温度差)转换成电能(电势差)的现象,相关的最早记载是意大利科学家亚历山大·伏打(Alessandro Volta)于 1794 年的观察[1]。1821 年,德国物理学家托马斯·约翰·泽贝克(Thomas Johann Seebeck)再次独立发现了该现象,如图 1.1(a)所示,当铜条和铋条所组成回路的一端被加热时,置于回路中的小磁针将发生转动。当时,泽贝克认为产生磁场的原因是温度梯度使金属被磁化,并错误地将这种现象称为"热磁效应"[2]。后来丹麦物理学家汉斯·奥斯特(Hans Christian Oersted)重新对该现象进行研究,发现这种现象起因于温度梯度在两种不同材料的接点处形成了电势差,从而产生回路电流,使回路周围产生磁场,并将其命名为"热电效应"[3]。

如图 1.1(b)所示,由两种不同的导体材料 A 和 B 串联组成回路,如果两个接头维持在不同的温度 T 和 $T+\Delta T(\Delta T>0)$,那么在导体 A 和 B 的两个接头端之间会产生电势差ΔU,其数值可由式(1.1)表示。

$$\Delta U = \alpha_{AB}\Delta T \tag{1.1}$$

式中,α_{AB} 为两种导体材料的相对泽贝克系数,常用单位为μV/K。此外,式(1.1)中的ΔU可正可负,这取决于温度梯度的方向和构成回路的两种导体材料的特性。因而,相对泽贝克系数α_{AB}也有正有负。通常规定,因泽贝克效应产生的电流在导体 A 内从高温端接头向低温端接头流动时,α_{AB}为正,反之,α_{AB}为负。

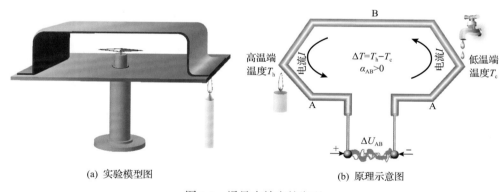

(a) 实验模型图　　　　　　　　　　(b) 原理示意图

图 1.1　泽贝克效应的发现

泽贝克系数也称为温差电动势率。从微观本质上解释,泽贝克效应源于材料内部的载流子在温度梯度作用下的行为。对于一个独立的固体,当其内部温度均匀时,载流子的分布也相对均匀。而一旦其内部出现温度差ΔT时,热端载流子具有较大的动能,因而倾向于向冷端扩散并在冷端堆积。载流子浓度的分布不均会在材料内部产生内建电场,促使材料内部发生电荷漂移运动,电荷漂移运动方向与其随温度场的扩散运动方向相反,因此会阻止载流子的进一步扩散。当两个方向的运动趋势达到平衡后，材料内部无净电荷的流动，在材料两端形成稳定的温差电动势 U，称为泽贝克电压。

由此可见，基于上述温差电动势的形成过程，可以定义单一材料在温度 T 时的绝对泽贝克系数为

$$\alpha = \lim_{\Delta T \to 0} \frac{\Delta U}{\Delta T} \tag{1.2}$$

如图 1.1(b) 所示，回路中测量的相对泽贝克系数 α_{AB} 与材料 A、B 的绝对泽贝克系数（α_A、α_B）之间的关系如下：

$$\alpha_{AB} = \alpha_A - \alpha_B \tag{1.3}$$

通常，为了测得材料 A 的绝对泽贝克系数，会选择材料 B 为泽贝克系数较小的金属，这时 α_B 相对于 α_A 可忽略不计，由此可在较小温差下近似地测得材料 A 的泽贝克系数，表示为

$$\alpha_A = -\frac{U}{\Delta T} \tag{1.4}$$

根据式 (1.4)，当材料 A 为 P 型半导体时，载流子类型为空穴，热端电势高，α_A 为正值；反之，当材料 A 为 N 型半导体时，α_A 为负值。需要注意的是，对于金属而言，将纯铂 (Pt) 的泽贝克系数定义为零，其他金属的泽贝克系数也存在正负之分。泽贝克系数本质上不取决于温差梯度的大小和方向，而是由材料本身的性质所决定，如能带结构、载流子浓度等。其符号本质上取决于多数载流子的类型，通常情况下，电子为负，空穴则为正。

1.2.2　佩尔捷效应

泽贝克效应被发现后，法国物理学家简·查尔斯·阿塔纳斯·佩尔捷 (Jean Charles Athanase Peltier) 于 1834 年通过实验观察到泽贝克效应的逆效应——佩尔捷效应。如图 1.2(a) 所示，他将铋线和锑线连接成回路，当给回路通电流时，发现两个结点中一个变冷，另一个发热。这个现象在当时非常令人不可思议，因为人们一直认为给导体通电只会产出焦耳热。佩尔捷发现的其实就是逆热电效应，后被人们称为佩尔捷效应[4]。佩尔捷效应奠定了半导体制冷的基础，极大地扩展了热电材料的应用。

如图 1.2(b) 所示，在两种不同的导体材料 A 和 B 串联组成的回路中通以电流时，A 和 B 的一个接头吸热，另一个接头放热。当环境温度一定时，单位时间内发生的热量变化 ΔQ 与电流成正比，其比例系数为佩尔捷系数 π_{AB}，其关系式如下：

$$\Delta Q = \pi_{AB} I \tag{1.5}$$

式中，π_{AB} 为导体 A、B 的相对佩尔捷系数。与泽贝克系数类似，相对佩尔捷系数 π_{AB} 与材料 A、B 的绝对佩尔捷系数(π_A、π_B)之间的关系如下：

$$\pi_{AB} = \pi_A - \pi_B \tag{1.6}$$

对于图 1.2(b)回路，规定当电流在右边接头处由导体 A 流入导体 B 时，该接头吸热，另一接头放热，则 π_{AB} 为正，反之，π_{AB} 为负。与利用泽贝克效应进行温差发电类似，我们通常将 P 型和 N 型半导体连接在一起使用，佩尔捷效应不仅可以用来制冷，还可以用于控温。

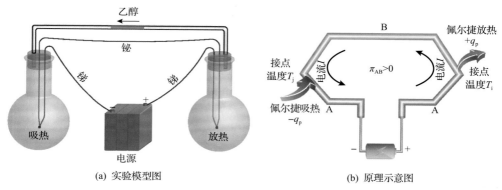

(a) 实验模型图　　　　　　　　　　(b) 原理示意图

图 1.2　佩尔捷效应的发现

1.2.3　汤姆孙效应

泽贝克效应和佩尔捷效应都是在两种导体组成的回路中发现的，均起源于不同导体中载流子携带能量的不同。但二者之间的关联性一直未被发现。1855 年，威廉·汤姆孙(William Thomson)利用热力学理论将本来互不相干的泽贝克系数和佩尔捷系数建立起了联系。他又提出，当电流在有温度梯度的单一导体中流过时，该导体除产生不可逆的焦耳热外，还会吸收或放出一定的热量，这一现象后来被称为汤姆孙效应，成为继泽贝克效应和佩尔捷效应之后的第三个热电效应。

如图 1.3 所示，流过均匀导体的电流为 I，沿电流方向上的温差为 ΔT 时，则在这段导体上单位时间内吸收(或放出)的热量 Q 可表示为

$$Q = \beta I \Delta T \tag{1.7}$$

式中，β 为导体的汤姆孙系数，单位为 V/K。当电流方向与温度梯度方向一致时，若导体吸热，则汤姆孙系数为正，反之为负。汤姆孙效应的起因与佩尔捷效应类似，不同之处在于佩尔捷效应中的电势差由两种导体中不同载流子的势能差引起，而汤姆孙效应中的电势差则是由同一导体中的温度梯度引起。

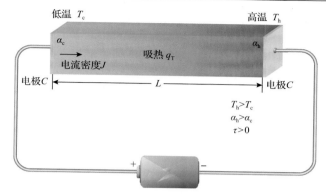

图 1.3　汤姆孙效应示意图

　　实际上，汤姆孙效应可以视为泽贝克效应和佩尔捷效应的叠加。对于某种材料，其泽贝克系数通常随温度而改变。因而，当材料内部存在温度梯度时，沿温度梯度方向每个位置的泽贝克系数也不相同。此时，可将该材料等效为一系列相互连接的"微元"，每个微元视为泽贝克系数不同的材料。根据佩尔捷效应产生的条件，通电时这些"微元"上会出现空间上连续的佩尔捷效应，从而产生吸热或放热。上述过程可推广至两种材料相互连接的结点上，可得[5]

$$\beta_{\mathrm{A}} - \beta_{\mathrm{B}} = \frac{\mathrm{d}\pi_{\mathrm{AB}}}{\mathrm{d}T} - \alpha_{\mathrm{AB}} \tag{1.8}$$

式中，β_{A}、β_{B} 分别为两种材料的汤姆孙系数。

　　汤姆孙根据热力学理论导出泽贝克系数、佩尔捷系数和汤姆孙系数之间的关系式[5]，即

$$\pi_{\mathrm{AB}} = \alpha_{\mathrm{AB}} \cdot T \tag{1.9}$$

$$\beta_{\mathrm{A}} - \beta_{\mathrm{B}} = T\frac{\mathrm{d}\alpha_{\mathrm{AB}}}{\mathrm{d}T} \tag{1.10}$$

式(1.9)和式(1.10)称为开尔文关系，其严格推导需从非可逆热力学理论出发进行求解[6]。后来，在诸多金属和半导体材料的实验研究中也证实了上述两方程的正确性。

　　汤姆孙系数对于佩尔捷系数的获取有着重要意义。因为在实验测量中，佩尔捷效应的产生必然伴随着焦耳热的产生，通常很难直接测得佩尔捷系数。相对来说，泽贝克系数则较容易通过实验测定。因此，一般来说要获得佩尔捷系数可先测量泽贝克系数，再通过式(1.9)转换为佩尔捷系数。

　　对于单一材料而言，汤姆孙系数在数值上通常远小于泽贝克系数和佩尔捷

系数。因此，在热电器件的设计中，通常忽略汤姆孙效应的影响。同时，根据以上关系式可以看出，如果在一个较宽范围内测量材料的汤姆孙系数，那么可以通过使用汤姆孙关系对其进行积分的方法确定泽贝克系数和佩尔捷系数的绝对值。这样就只需要对一种材料进行测量，因为当成对材料中其中之一的泽贝克系数已知，那么另一种材料的泽贝克系数就可以通过测量整个回路的泽贝克系数再减去已知的泽贝克系数求得。当泽贝克系数已知时，佩尔捷系数即可通过式(1.9)求得。

1.2.4 完整热电方程

为了更严谨地描述热电转换系统中热与电的关系，需要构建一个更为完整的热电方程。由于热电转换涉及热量与电荷两个方面，因此可以从热流和电荷流两个角度出发对泽贝克效应、佩尔捷效应与汤姆孙效应及其关联进行讨论。其中，热流主要由温度变化驱动，电流则由电子化学势的变化驱动。这些变化与它们引起的热流和电流之间的关系本质上是由原子与电子的分布决定的。

通常在热电材料中，原子和电子运动的尺度很小，局限于微观尺度。同时，驱动热流和电流的温度和电势在空间分布的梯度较小，因此可对其进行泰勒级数展开并略去高阶项，并以微分形式表示，这样就可以更直观地描述材料中的热流和电流与热电效应的关系[7]。对于各向同性的材料而言，当电流恒定时，电流密度 $\vec{J}$ 存在以下关系:

$$\vec{\nabla} \cdot \vec{J} = 0 \qquad (1.11)$$

此时，电势差 $\vec{E}$ 由电流密度 $\vec{J}$ 和温度梯度 $\vec{\nabla}T$ 决定，其数值可由欧姆定律和泽贝克效应表示，具体关系如下:

$$\vec{E} = \vec{J}\rho + \alpha\vec{\nabla}T = \vec{J}/\sigma + \alpha\vec{\nabla}T \qquad (1.12)$$

电流密度可表示为

$$\vec{J} = \sigma(\vec{E} - \alpha \cdot \vec{\nabla}T) \qquad (1.13)$$

式中，σ 为材料的电导率; ρ 为材料的电阻率。

对于各向同性的材料，在稳态情况下，热流 $\vec{q}$ 可表示为

$$\vec{q} = \alpha T\vec{J} - \kappa\vec{\nabla}T \qquad (1.14)$$

式中，κ 为材料的热导率。根据式(1.13)，热流 $\vec{q}$ 可进一步表示为

$$\vec{q} = -(\kappa + \alpha\pi\sigma)\vec{\nabla}T - \sigma\pi\vec{E} \tag{1.15}$$

式中，π 为佩尔捷系数。

此时，由电能产生的热量 $\dot{q}$ 可表示为

$$\dot{q} = \vec{E} \cdot \vec{J} = \vec{J}^2 / \sigma + \vec{J} \cdot \alpha\vec{\nabla}T \tag{1.16}$$

进一步，由于材料内部的能量可近似看作热能与载流子携带的能量总和，因此材料内部的能量积累 $\dot{e}$ 可由这两种能量相对空间的变化，表示为

$$\dot{e} = -\vec{\nabla} \cdot \vec{q} + \dot{q} + Q_{外界} = -\vec{\nabla}(\kappa \cdot \vec{\nabla}T) + (\vec{J}^2 / \sigma + \vec{J} \cdot \alpha\vec{\nabla}T) + Q_{外界} \tag{1.17}$$

在式(1.17)中，等式右边第一项为基于傅里叶热传导定律的表达式，第二项为载流子所携带的能量，第三项的 $Q_{外界}$ 为材料从外部获取的热量。

若整个材料是稳态的，则认为电荷和温度的分布是稳定的，此时相当于 $\dot{e} = 0$ 和 $\vec{\nabla} \cdot \vec{J} = 0$。根据公式(1.17)，上述从外部吸收的热量可表示为

$$Q_{外界} = \vec{\nabla}(\kappa \cdot \vec{\nabla}T) - \vec{J}^2 / \sigma - \vec{J} \cdot \alpha\vec{\nabla}T \tag{1.18}$$

在式(1.18)中，右边第二项是焦耳热，第三项包括每个"微元"连接处的泽贝克效应及"微元"内部的泽贝克系数随空间的变化，即同时包含了佩尔捷效应和汤姆孙效应。当整个材料处于非稳态情况时，我们还需考虑系统的电容、电感、热容等动态效应。

最后需要指出的是，毫无疑问汤姆孙效应描述的是单个材料内部的热电效应，而泽贝克效应和佩尔捷效应通常需要用两种材料来描述，但它们并非两个材料界面的效应，同样是材料内部所产生的效应。对于泽贝克效应而言，其产生原因是热端高能载流子有向冷端扩散的趋势，而扩散后的载流子所产生的自建电场平衡了这种趋势，其本质是不同温差下载流子在材料内部的分布情况，涉及整段温差区间。对于佩尔捷效应而言，其本质是载流子跨越两种材料界面的能级后与晶格发生能量交换以达到新的稳定能量的过程，它涉及载流子与材料晶格的能量交换，而并非与界面的作用。因此，热电效应都为体过程，而非界面效应。

1.3 热电转换效率

热电转换效率是描述热电器件最重要的性能参数，以典型的 π 型热电单偶元件为例，基于泽贝克效应的温差发电器件和基于佩尔捷效应的制冷器件的示意图分别如图 1.4(a) 和图 1.4(b) 所示。

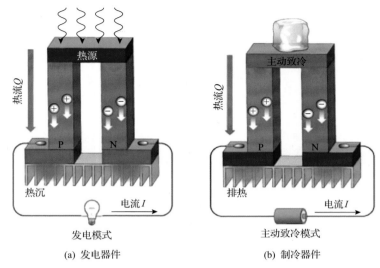

(a) 发电器件　　　　　　　　　　(b) 制冷器件

图 1.4　π 型结构热电单偶元件示意图[8]

1.3.1　温差发电效率

根据泽贝克效应,在闭合回路中,当热电器件两端存在温差时,在器件两端会产生电势差,从而使回路中产生电流。温差发电器件的理论热电转换效率 $\eta_{理论}$ 为

$$\eta_{理论}=\frac{P}{Q_h}=\frac{P}{Q+Q_P-Q_J-Q_T} \tag{1.19}$$

式中,P 为负载上的输出功率;Q_h 为流入器件高温端的热量;Q 为传导热;Q_P 为佩尔捷热;Q_J 为传至高温端的焦耳热;Q_T 为汤姆孙热。

对于理想热电器件,暂不考虑电极和热电材料之间的界面接触电阻、接触热流及对流辐射等的影响(为提高热电器件的转换效率,可在实际生产中通过优化工艺措施来尽量减小这些因素的影响),可推导出如下关系式,即

$$\eta=\frac{T_h-T_c}{T_h}\left[1+\frac{1}{2m}\left(1+\frac{T_c}{T_h}\right)+\frac{(m+1)^2}{m}\frac{1}{T_hZ}\right]^{-1} \tag{1.20}$$

式中,m 为负载电阻与器件内阻的比值,当 $m=(1+\overline{Z}\,\overline{T})^{1/2}$,$\overline{T}=\dfrac{T_h-T_c}{2}$ 时,器件的转换效率达到最大为

$$\eta_{max}=\frac{T_h-T_c}{T_h}\frac{\sqrt{1+\overline{Z}\,\overline{T}}-1}{\sqrt{1+\overline{Z}\,\overline{T}}+T_c/T_h} \tag{1.21}$$

上述两式中，$\overline{ZT}$ 为 T_c 和 T_h 之间各个温度下 Z 值和 T 值的平均；Z 为某一温度下热电单偶元件的热电优值，其表达式为

$$Z = \frac{\alpha_{pn}^2}{K_{tot} R_{tot}} = \frac{(\alpha_p - \alpha_n)^2}{\left(\dfrac{l_p}{A_p} \rho_p + \dfrac{l_n}{A_n} \rho_n\right)\left(\dfrac{A_p}{l_p} \kappa_p + \dfrac{A_n}{l_n} \kappa_n\right)} \tag{1.22}$$

式中，α_{pn} 为热电单偶元件的泽贝克系数；K_{tot} 为热电单偶元件的总热导；R_{tot} 为热电单偶元件的总电阻；ρ 为热电材料的电阻率；l 为热电臂的臂长；A 为热电臂的截面积。根据式 (1.22) 可知，热电优值 Z 与热电单偶元件的热电性质及其几何尺寸有关。

1.3.2　热电制冷效率

热电制冷器件是基于佩尔捷效应制成的，当在电路中通以电流时，热电器件会出现一端放热，一端吸热的现象，从而达到制冷效果。制冷器件的理论制冷效率可以表示为

$$\phi_{理论} = \frac{Q_c}{P} = \frac{Q_P - Q - Q_J - Q_T}{P} \tag{1.23}$$

同样地，不考虑电极和热电材料之间的界面接触电阻、接触热流及对流辐射等影响理想制冷器件的最大制冷效率可以表示为

$$\phi_{max} = \frac{T_c}{T_h - T_c} \frac{\sqrt{1 + \overline{ZT}} - T_h / T_c}{\sqrt{1 + \overline{ZT}} + 1} \tag{1.24}$$

从中可以看出，最大热电制冷效率与 $\overline{ZT}$ 呈正相关。

综上所述，无论是温差发电器件还是制冷器件其转换效率都与热电材料的热电优值 Z 有关。因此，热电优值 Z 是衡量材料热电性能的重要指标，也自然成为热电材料研究工作的重要着眼点。由式 (1.22) 可知，Z 的量纲为 K^{-1}，并且在实际使用中通常需要结合工作温度进行考虑，故通常情况下将其与绝对温度相乘，称为 ZT 值，这是一个无量纲的数值。需要注意的是，对于器件而言，由于热电优值 Z 表达式中的各参数都与温度相关，所以器件 ZT 值和材料 ZT 值是有区别的，特别是材料 ZT 值随温度的变化幅度较大且热电兼容因子较大的情况[9]。虽然大部分报道仍关注材料 ZT 峰值，但器件的 ZT 值可以更好地描述材料在实际应用中的能力。最简单的计算方式即是计算材料 ZT 的平均值，也常称为平均 ZT 值。但简单地求平均值并不是最合理的方法，通常可以通过材料的温度函数计算器件的 ZT

值，即

$$ZT = \left[\frac{T_{\mathrm{h}} - T_{\mathrm{c}}(1-\eta)}{T_{\mathrm{h}}(1-\eta) - T_{\mathrm{c}}} \right]^2 - 1 \tag{1.25}$$

式中，η 可由材料随温度变化的泽贝克系数、电导率、热导率及其对应的低温端温度和高温端温度计算得到。计算方法主要是通过数学方法优化电流大小（即优化载荷的电阻大小）来得到最高效率[10]。

此外，热电器件的工作效率还受其结构、几何尺寸等因素的影响。因此，在实际制造和使用过程中可以通过以下方法来提高热电器件的转换效率：优化器件结构和尺寸；改善热电材料的热电性能；增大热电发电器件两端的温差。

1.4　热　电　器　件

热电器件具有不需要机械运动部件、无噪声、寿命长等突出优势，根据功能不同可以分为制冷热电器件、发电热电器件及传感器热电器件三大类。热电器件可以根据尺寸的差异分为传统器件和微型器件，传统器件主要包含 π 形结构和环形结构等，其结构相似，种类偏少。相比之下，微型器件可根据不同的应用环境设计成多种样式。下面对部分典型的热电器件结构进行简单介绍。

1.4.1　传统热电器件结构

目前，最常见的热电器件结构如图 1.5（a）所示，当单独的 P、N 型热电臂通过导电片相连后与符号"π"类似，故称为 π 形结构。从图 1.5（a）可以看出，π 形结构热电器件由多个 P、N 型热电臂通过焊料与金属导电片连接后，再由绝缘陶瓷片封装成型。由于外部陶瓷的刚性，所以具有 π 形结构的热电器件适用于热流方向单一的环境。

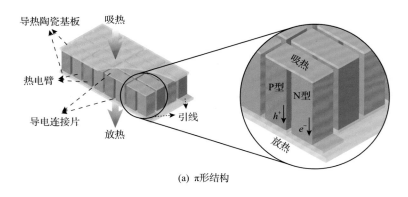

(a) π形结构

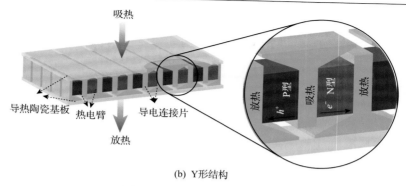

(b) Y 形结构

图 1.5　传统热电器件结构[11,12]

　　这类热电器件使用的金属导电片通常为金属铜，因为其价格低廉且导热导电性能良好。对于焊料的选择，以碲化铋基热电器件为例，通常采用锡基焊料，如 Sn-Bi、Sn-Ag-0.5Cu 等。同时，在实际应用中，科研人员发现金属导电片和焊料会扩散至热电材料中，从而产生掺杂效果，使材料的热电性能下降，影响器件的工作效率与寿命。因此，在焊料和热电材料之间通常会添加一层过渡金属材料。对这种过渡金属层的要求十分严格。首先，过渡金属层必须能够阻挡或减缓金属导片和焊料向热电材料的扩散；其次，过渡金属层与金属导片和焊料之间的接触电阻、热阻要尽可能小，同时三者之间的界面结合强度要高；最后，过渡金属层的热稳定性要尽可能高，同时必须和热电材料的热膨胀系数相匹配。

　　另一种常见的热电器件结构为 Y 形结构，如图 1.5(b) 所示。Y 形结构的电极连接板之间夹有矩形或圆柱形的 N 型和 P 型热电材料，它的电极连接板不仅为相邻的 P 型和 N 型热电材料提供导电路径，也可作为集热和传热元件。N 型和 P 型热电材料在横向上的热膨胀避免了因膨胀系数不同而引起的应力集中，这使其在热电材料高度和面积的设计上具有更大的灵活性。此外，这种 Y 形结构可使各热电模块在结构上实现独立优化，因各热电材料可具有不同的高度和界面结构，从而有利于分段结构的制造。然而，Y 形器件中热电材料的热流密度和电流密度不均匀，这在一定程度上将影响热电材料的最佳性能，从而降低器件效率。此外，连接高温端和低温端的电极连接板也会造成相当大的热泄漏，这也造成器件的转换效率难以提高。

　　除上述结构外，在实际应用中，热电器件还会被设计成分段结构和多级结构。分段结构的器件如图 1.6(a) 所示，它主要应用于温差发电。其诞生背景是热电器件的性能与材料性能及器件两端的温差密切相关，但在实际应用中，器件的热电臂只有一部分能处于最优温差范围内，所以热电器件的性能较低。分段式结构可以有效解决该问题，它将器件工作时冷端至热端的温度范围划分为不同区间，并在不同区间选择热电性能最优的热电材料。通过该设计，可以有效提高热电器件的输出性能。

　　然而，不同堆叠材料之间的不均匀性及其不同的机械性能，特别是热膨胀系数、机械应力、热稳定性和化学稳定性，可能会影响分段材料的兼容性，进而降低最大热电转换效率。而最大热电转换效率只有在相对电流密度等于所有分段材料的兼容系数时才能实现。因此，为了解决不相容问题，需要构建多级结构以对不同材料的排列方式进行适当的级联处理，并且每一级都与负载电路相连。在级联排列的每一级，电学的瞬时响应特性可以使各层级器件之间无须考虑电性能、机械性能、热学性能的相互耦合，而这将产生更高的热电转换效率。图 1.6(b) 为三级热电模块的示意图。

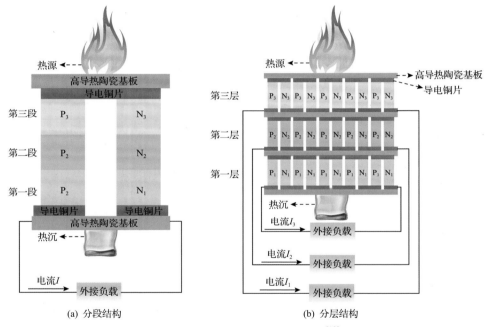

(a) 分段结构　　　　　　　　　　(b) 分层结构

图 1.6　分段或分层热电器件结构[13]

1.4.2　新型热电器件结构

　　传统热电器件因具有较低的能量密度、功率密度和转换效率，所以很难在大功率发电方面与传统热机竞争，但热电器件的长效性、灵活性和分散性等优势又使其在微型发电和制冷领域占据一席之地。几十年前可穿戴技术的出现及其后续发展，使可穿戴传感器和设备已朝着更具柔性的方向发展，因此微型热电器件在医学诊断、物理学和军事等领域也开始扮演愈发重要的角色。

　　微型热电器件是指热电臂的特征尺寸在数百乃至几十微米，包含二维微型器件和三维微型器件。三维微型器件结构与传统微型器件类似，但热电臂尺寸主要在微米级别，同时可选用柔性基底作为绝缘层，使器件可以在一定程度上进行弯曲，以满足非平面热源的使用条件。2018 年，Wang 等[14]提出一种新型的可穿戴热电发电器，如图 1.7 所示，它由 52 对方型热电臂组成，可采集人体热量。其中，P、N 型热电臂均由 Bi_2Te_3 基粉末材料组成，并通过焊料连接在一起。作者设计了以具有特殊孔的柔性印刷电路板作为基底，以期增强可穿戴热电发电器的灵活性。实验结果表明，该器件可以在温差 50K 时生成 37.2mV 的开路电压，同时具有较低的内阻 1.8Ω。当该器件被戴在人体手腕上时，可吸取身体的热量，并为配套的微型加速度计供能以检测身体的运动状态。

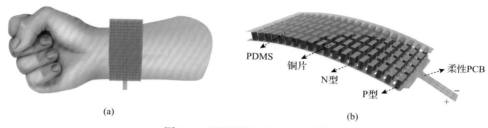

(a)   (b)

图 1.7　可穿戴柔性热电器件[14]

二维微型热电器件即薄膜器件，其热电臂由 P 型和 N 型热电薄膜组成，它可以根据热电臂与基板的位置关系分为面内(in-plane)和面外(cross-plane)两大类。目前，基于硅纳米线的微型热电器件正成为大功率热电器件领域的一个热门领域。它们与 CMOS 技术兼容，具有低导热性、低制造成本和较高的易操作性等特点。传统面内薄膜器件类似于一个"口"字形结构，如图 1.8(a)所示。Watanabe 等[15]研究了硅纳米线长度对微型热电器件电参数的影响，并开发了一种全新的可在热端和冷端导体之间串联的更短的"非"字形热电器件结构。该产品由悬浮在 50μm 硅晶片上的 0.25μm 宽的 P、N 型硅纳米线组成，如图 1.8(b)所示。同时，他们采用干刻蚀技术和电子束光刻技术制备了 400 个硅纳米线，硅线宽度为 100nm，长度为 8～90μm。结果表明，当热电臂为最短的 8μm 时，该系统具有最大功率(≈1000pW)和较低内阻(≈0.3kΩ)。

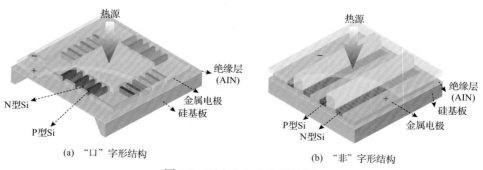

(a)　"口"字形结构   (b)　"非"字形结构

图 1.8　面内热电发电器件[15]

2010 年，Su 等[16]制备了一种具有二维面外结构的热电发电器件，如图 1.9 所示，薄膜 P、N 型热电臂呈倒 V 字形夹在两片硅衬底之间。该器件的制备流程较为复杂，首先需要一层 6μm 的 SiO_2 作为牺牲层，并将其刻蚀成凸块，随后依次沉积绝缘层、热电臂和电极材料，最后将 SiO_2 去除，留下悬空的热电臂。由于对垂直的热电臂进行图案化十分困难，所以采用这种方法制备的器件其热电臂并不完全与基板垂直，存在一定的倾斜角度。Su 等[16]通过这种方法成功集成了 1300 对热电臂，在温差为 55K 时可以输出 0.7V 电压。

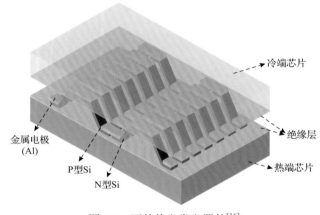

图 1.9　面外热电发电器件[16]

1.5　主 要 应 用

热电转换技术的最早应用可追溯至泽贝克效应在测温热电偶中的应用。由于金属材料的泽贝克系数小，所以测温热电偶产生的信号很微弱。到 20 世纪 50 年代，实验性的热电发电装置和热电制冷冰箱相继问世，这可以认为是热电转换技术实用化的开端。随后，人们对以 Bi_2Te_3 为基础的赝二元、赝三元合金热电材料进行了深入研究，热电器件的制备工艺也日趋完善，产品形成标准化、系列化，生产形成规模化。尽管热电转换效率不高，但热电材料在空间探测、边远地区石油管线、海上灯塔、军事等特殊场合获得了应用。近年来，随着工业化的高速发展，全球性的环境恶化和能源危机正威胁着人类的长期稳定发展，各国政府对绿色环保技术的研究与利用给予了前所未有的关注和支持。热电转换技术是一种全固态能量转换方式，无需化学反应或流体介质，在发电过程中具有无噪声、无磨损、无介质泄露、体积小、重量轻、移动方便、使用寿命长等优点，在工业、民用等诸多领域得到了广泛应用[17-21]。本部分简单介绍热电发电和热电制冷的应用进展。

1.5.1　热电发电

基于泽贝克效应的热电发电技术是一种新型能源技术，它可以将热能直接转化成电能，是一种全固态的能量转化方式。热电发电的效率较低，一般在 5%左右，最大不超过 10%，主要应用于空间探测、边远地区石油管线、海上灯塔、军事等特殊场合。近年来，随着工业化的高速发展，全球性的环境恶化和能源危机正威胁着人类的长期稳定发展。与此同时，热电材料的性能提升极大地推动了热电发电技术的发展，新材料、新技术不断出现，热电发电也从军用不断向工业、民用领域发展[19]。

1. 热电发电在空间探索、军事及远距离通信等领域的应用

近年来，随着空间探索和航天技术的发展，人们将目标投向更远的星球，甚至是太阳系以外的远程空间。在远离太阳的黑暗、冰冷和空洞的世界里，太阳的辐射量极其微小，太阳能电池很难发挥作用，所以使用热源稳定、结构紧凑、性能可靠、寿命长的放射性同位素热电发电器(radioisotope thermoelectric generator, RTG)成为理想的选择。利用热电发电技术，一枚硬币大小的放射性同位素热源能够提供长达二十年以上连续不断的电能，这是其他任何一种能源技术不能比拟的。相比于太阳能电池，放射性同位素热电发电系统不仅具有寿命长和性能可靠的优点，而且还拥有诱人的比体积小、比重量低和抵抗恶劣环境的能力。迄今为止，在星际飞行器使用的众多种类的电源中，放射性同位素热电发电器仍被认为是最佳选择。

20 世纪 60 年代，美国首次将放射性同位素热电发电器 SNAP-3B 应用于导航卫星子午仪(Transit-4A)上作为卫星的辅助电源。此后，美国在太空飞行中使用的同位素热电发电器总数达四十多个，这些同位素热电发电器的输出功率为 2.7～300W，质量为 2～56kg，最高热电转换效率接近 7%，最长工作时间已超过 30 年。1977 年发射的旅行者 2 号行星际飞行器，使用 ^{238}Pu 同位素热电发电器已成功飞越了木星、土星、天王星和海王星，2018 年底已飞出太阳系，目前热电发电器仍正常工作。近年来，研究人员针对 RTG 进行标准化通用设计，即发电器采用模块化设计，使用标准的热源模块和发电模块。常用的通用热源放射性同位素热电发电器(GPHS-RTG)已成功应用于伽利略、尤利西斯、卡西尼、新视野号等空间工程的高温热电发电器，它采用热源中心型热电元件分列式结构，电功率为 300W，热电材料为 SiGe,热电转换效率为 6.7%，比功率为 5W/kg(图 1.10)。苏联在 1970～1973 年发射的月球车一号和二号上也使用了同位素热电发电器，其输出电功率为 1.6W，热功率达 800W。我国原型同位素电池采用 ^{210}Po 电池，于 1971 年 3 月 12 日点燃，产生热能 35.5W，输出电功率 1.4W，热电转换效率达到 4.2%，并进行了模拟空间应用的地面实验，但尚未获得空间应用[22]。放射性同位素发电系统还可以在深海中为无线电信号转发系统供电和为陆军部队野外供电等。

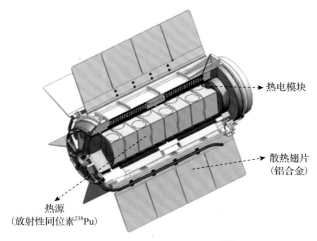

图 1.10　RTG 结构示意图[23]

热电发电装置性能稳定、无须维护的特点使其在发电和输送电困难的偏远地区也发挥着重要作用，目前已用于极地、沙漠、森林等无人地区的微波中继站电源、远地自动无线电接收装置和自动天气预报站、无人航标灯、油管的阴极保护等[24]。苏联从 20 世纪 60 年代末开始先后制造了 1000 多个放射性同位素热电发电机，以 ⁹⁰Sr 为热源，能够稳定提供 7～30V、80W 的输出，可广泛用于灯塔和导航标志。美国 Global Thermoelectric 公司制造的用于管道监控、数据采集、通信和腐蚀防护的热电发电设备，输出功率可达 5000W。

2. 热电发电在工业、民用领域的应用

20 世纪 90 年代热电材料的研究迎来了第二次发展热潮，热电发电技术的应用从军事、航空航天等高端领域转向工业、民用领域。

(1)工业余热和垃圾焚烧热发电。随着工业化进程的加快，化工厂、钢铁工业、水泥工业、造纸业、石油冶炼业等在生产过程中产生的废水和废液成倍增加，而其中的余热相当可观。垃圾中的二次能源如有机可燃物等所含的热值高，焚烧 200t 垃圾产生的热量可发电 2000kW，其"资源效益"极为可观。但这类余热的品质较低，传统的发电方法很难对其进行有效利用，而热电发电技术在低品质余热发电方面展示出极大的优势和应用前景[25-27]。1984 年，日本东京发电公司制作了利用工业余热发电的热电发电机组。1991 年，日本大阪大学与英国威尔士大学合作研究了大规模利用工业低温余热产生兆瓦级电功率的项目[28]，该研究以钢铁厂98℃的循环水为热源，25℃的冷却水为冷源，整个循环温差接近 70℃，发电效率在 8%～10%。1997 年，Tsuyoshi 等对热电发电在固体垃圾废料处理中的应用进行了研究，并建立实验台来测试其商业化的可能性，经过测试，每块热电发电模块的最高发电量为 500W，在 200℃温差下的效率可达到 6%[29]。2003 年，美国能源部公布了"工业废热热电发电用先进热电材料"资助项目，主要应用对象是利用冶金炉等工业高温炉的废热发电以降低能耗[30]。2006 年，日本研发了一种用于真空烧结炉的热电发电系统，利用真空烧结炉中的高温辐射发电，在 354.8℃温差下热电发电系统的转换效率高达 6.59%[31]。2017 年，Meng 等开发了一种由 120mm 方形管组成的废水余热回收装置，余热回收效率为 1.28%，设备成本回收周期约 8 年[32]。垃圾焚烧余热利用方面，日本开发了千瓦级固体垃圾焚烧热热电发电系统，实现了垃圾的二次利用[29,33]。

(2) 汽车尾气余热发电。近年来，随着汽车行业的发展，汽车在给人们带来便捷的同时也引发了尾气排放的问题。研究表明，汽车燃油获得的能量有 40%以高温汽车尾气的形式排放至空气。利用热电发电技术可将高温汽车尾气的热能转换成电能供汽车使用，不仅提高了燃油利用率、节省了能源，同时也降低了汽车尾气对环境的污染[34,35]。

20 世纪 90 年代，美国 Hi-Z 公司设计制造了与柴油发动机相匹配的尾气废热热电发电装置，该装置由 72 块 Bi_2Te_3 基热电模块组成，热电模块布置于发动机的排气管周围，与发动机冷却系统共用水冷冷却，当发动机正常工作时，热电发电装置的实际输出功率为 1kW，转换效率约为 5%[36]。1998 年，日本尼桑汽车公司 (Nissan)[23] 开发了与汽油发动机相匹配的汽车尾气废热热电发电器，该装置由 72 个 Si-Ge 基热电模块组成，并布置于排气管周围，采用水冷方式冷却。当 3000ml 汽油发动机汽车以 60km/h 的速度爬坡时，热电发电器的输出功率为 35.6W，转换效率为 0.9%[37]。2003 年，美国克拉克森大学、Hi-Z、德尔福和通用汽车公司共同开发了一套名为 AETEG 的皮卡车用尾气废热热电发电装置，该装置采用 16 个 HZ-20 热电发电模块，在热端温度为 200℃、冷端温度为 50℃的条件下能输出 300～330W 的功率，在典型工况下最多可节省 3%～4%的燃油量[38]。2005 年，美国通用汽车公司开发了新型平板式热电发电装置，并将其安装在雪佛兰 Suburban 车型的底盘上，在城区工况和高速公路工况下的输出功率分别可达 350W 和 600W，将燃油经济性提高了 5%[39,40]。2008 年，德国大众公司在"热电技术——汽车工业的机遇"会议上展示了一辆安装有余热回收热电发电装置的家用轿车。该热电发电装置在高速公路驾驶工况下可输出 600W 的电功率，满足全车 30%的用电需求，降低了发动机机械载荷，将燃油消耗量降低了 5%。

我国在汽车尾气废热热电发电方面的研究正处于起步阶段。由武汉理工大学、东风汽车公司和中国科学院上海硅酸盐研究所等组成的研究团队，在汽车尾气热电发电技术和示范汽车研发方面进行了深入研究。实车验证方面，在东风公司猛士越野车上封装了 4 个 TEG 器件，可将汽车尾气的低品废热进行再次回收利用。实现了基于 TEG 系统的弱混合动力驱动方案，在转鼓实验台实现了回收电能 940W 且节油约 15%，在路试状态下实现热电发电功率达到 620W[41,42]。

（3）自然热发电。太阳辐射热、海洋温差热、地热等自然热都是大自然赋予人类取之不尽、用之不竭的最理想的动力能源[14]。传统的自然热发电方式都是用热机、发电机或蒸汽汽轮机作为原动机，这样的系统只有在大容量发电的场合才能获得良好的技术经济指标。现在，国际上将目标转向无运动部件、无声且无需维护的热电发电系统，极大地简化了传统发电系统能量转换部件的结构，发展潜力巨大。其中，对太阳能热电发电的研究较早，影响其应用的最大因素是热电转换效率低[26]。1954 年，Telkes 成功研发了具有 25 对热电偶的太阳能热电发电机，其最大温差可达 247℃，效率达到 3.35%[43]。后来，Crane 等设计了一台太阳能热电发电器，利用可自动跟踪太阳的反射式镜面将太阳辐射聚焦到与热电元件紧贴的集热器上，进而提高发电器的发电效率[44]。2004 年，Maneewan 等将热电发电技术应用到家庭生活中，将热电发电器布置在屋顶上，热端采用铜板接收太阳光辐射能，冷端采用风机制冷的方式与室外空气形成对流，从而降低冷端温度，在太阳能辐照强度为 800W/m^2 条件下屋顶联合发电装置可以发出的电能为 1.2W，热电发电效率为 1%～4%[45,46]。2013 年，Chavez 等采用平面镜进行聚光，将 6 块由 Bi$_2$Te$_3$ 材料构成的热电发电模块串联到一起。发电模块的冷端采用水箱，进行水冷散热。在冷热端温差为 150℃ 的情况下，该装置产生了 20 W 的电力[47]。2017 年，Zhang 等设计了一种新型水冷光伏-热电发电系统，由于每个热电器件底部都有一个水冷却块，所以该系统通过控制冷却块中的水循环可以调节被水冷却的热电发电机的数量，以实现根据太阳辐射的强弱调节整个模块的温度，这种系统比一般无控制水冷光伏-热电发电系统的效率更高[48-50]。

（4）其他热电发电应用。近年来，热电发电在民用领域的应用越来越广泛。例如，江西纳米克热电电子股份有限公司开发的热电半导体茶蜡 LED 灯是一款由小型茶蜡燃烧供给热量，经热电半导体发电器件转化为电能的照明产品。茶蜡 LED 灯稳定工作时的亮度约为单颗茶蜡燃烧亮度的 15 倍，一支茶蜡正常燃烧提供的热量可满足该产品稳定工作 4h。市场上还有热电发电自动搅拌咖啡杯、野营炉具、灭蚊机等。热电发电装置因其体积小、重量轻，还非常适合用作小功率电源。在各种无人监视的传感器、微小短程通信装置及医学和生理学研究用的微小型发电机、传感电路、逻辑门和各种纠错电路需要的短期微瓦、毫瓦级电能方面，热电技术均可发挥其独特的作用[51-53]。日本精工仪器公司研制出一种利用人体体温发电的微型热电发电器，可供手表正常工作[54]。美国美敦力公司(Medronic Inc)设计制造的用热电发电器供电的心脏起搏器，其工作寿命达到 85 年以上。

1.5.2　热电制冷

热电制冷基于佩尔捷效应，是一种在冷端吸收热量并产生制冷效果，同时在热端排放热量的一种新型固态制冷技术，又称为半导体制冷或佩尔捷制冷。与传统气体压缩制冷相比，热电制冷的效率与制冷容积无关，在小容积或微型制冷及有特殊要求的制冷场合具有显著优势，并且通过调节电压或电流可实现精确控温。热电制冷系统还具有结构简单、无任何机械运动部件、无噪声、无磨损、可靠性高、寿命长、维修方便、体积小、重量轻、启动快、控制灵活、操作具有可逆性等独特优点，近年来受到广泛关注。

1. 热电制冷空调

从 20 世纪 60 年代开始，半导体制冷就已经开始应用于军事、国防等领域。在这些领域主要考虑的因素是设备结构的可靠性、稳定性及其适应性，而成本和效率是次要的。美国陆军的军用汽车搭载了 AFTAC20 型半导体制冷空调，其制冷量高达 6kW[55,56]。1991 年，美国中西研究所开发了适合军用直升机机组人员使用的微型气候空调系统，该系统包括 12 只标准热电制冷器、液体泵和循环管等。设备重量约 10kg，制冷量在 320W 左右[57]。在电子通信车空调系统的标准工况下，其制冷功率达 7kW，两侧散热器的表面温差为 50℃，COP 值为 1.0[58]。潜艇、舰艇空调以海水为冷、热源，平稳运行时制冷的 COP 值可达 1.1～2.1[59-62]。

在民用领域，热电制冷空调的成本与制冷量接近线性增长的关系，千瓦级热电空调的成本可能达到压缩制冷空调成本的 3 倍以上，而百瓦级小型空调装置的成本与压缩制冷空调的成本相差不大，而且具有系统简单可靠、无制冷工质、调控方便易行等优点，因而适合在驾驶室、手术室、密闭空间等特殊场合应用。10W级微型空调装置的成本则远低于压缩制冷装置，在电子设备冷却、密闭空间降温、局部微环境温度控制方面具备压缩制冷装置无法替代的优势[63]。

制冷量达到千瓦级的热电制冷空调称为大功率空调，应用较少。法国开发了用于火车机车及车厢的大功率空调系统，该系统装设在车厢地板下面，电源使用线路上的 24V 直流供电，系统总功率达到数十千瓦，车厢内温度保持在 22℃，当外界温度升高后，车厢内温度不超过 26℃。

家用空调一般需要百瓦级的制冷功率。美国博格华纳公司(Borg-Warner)生产的 AHP-1700 型热电制冷空调，在环境温度为 25℃，温差为 0℃时标称的最大制冷量为 320W，温差为 20℃时的制冷量为 160W[17]。

百瓦级以下的热电制冷空调主要用于计算机、精密仪器等工作的小空间制冷。例如，瑞典超酷公司(Supercool)生产的 LK03 型热电制冷空调，当温度在 30℃时，其制冷功率约为 25W[17]。近年来，广东富信电子科技有限公司生产了多款小型热电制冷空调产品，如便携式热电空调扇，通过直接冷却室内空气来实现制冷，其额定功率约为几十瓦，重量仅为几公斤，办公、居家使用非常方便[64]。此外，还有冷暖床垫、冷暖办公椅垫等个人空调产品，冷暖床垫主机中的半导体热电模块利用半导体热电制冷原理给主机中的水进行加热或制冷，然后再通过水管将加热/制冷的水送到床垫中[64]。

2. 热电制冷冰箱

热电制冷冰箱自 20 世纪 60 年代开始已有较深入的研究，这也是热电制冷产品中应用最广泛的一类。热电制冷冰箱主要装备在汽车上，容积为 9～11L，利用汽车电瓶提供的 12V 直流电源，用于存放冷饮和食品[17]。除这种汽车装备的便携式冰箱外，还有家用热电制冷冰箱，最早的家用冰箱的原型样机是苏联在 20 世纪50 年代开发的 40～50L 热电制冷冰箱[17]。热电制冷冰箱以便携、不易损坏等优点，还被广泛应用于生物医学领域，如血液制品、疫苗、药物等的低温保存和运输[17]。近年来，我国开发了多种适用于不同场合的家用热电制冷冰箱，如小型冰箱、酒柜、冰淇淋机、化妆品柜、雪茄柜、除湿柜、移动冰袋、冷链物流配送箱、饮料罐头冷却袋、野餐篮等，已在市场上大量出售(图 1.11)。此外，还有一种太阳能热电冰箱对于野外作业人员非常实用。Dai 等研究太阳能热电制冷冰箱的实验结果表明，冰箱内温度可维持在 5～10℃，制冷系数 COP 值约为 0.23[65, 66]。

　　(a) 热电制冷冰箱　　　　　　　(b) 热电制冷酒柜　　　　　　　(c) 冰淇淋机

图 1.11　热电制冷冰箱在民用领域的应用举例

3. 热电制冷在汽车领域的应用

热电制冷已在多款高端汽车座椅的控温上得到了广泛应用。1999 年，美国艾梅瑞冈公司(Amerigon，现更名为 Gentherm 公司)推出了汽车专用控温座椅(Climate Control Seat)，该座椅利用热电制冷装置进行调温，具有既可加热又可制冷的主动控制功能，可同时满足不同乘客对座椅温度的要求[67]。热电制冷还可以用于混合动力汽车电池仓的冷却，稳定汽车电池的温度，使电池在任何环境下都能有出色的表现。另外，热电制冷在汽车冷杯、车载冰箱、抬头显示、汽车动力电池热管理等方面的应用也有很多。

4. 热电制冷在生物医疗领域的应用

热电制冷在生物医疗领域已有数十年的应用，如冷台、冷刀、冷帽、PCR仪、生化分析仪、家用胰岛素冷却器、医学恒温箱、减肥仪、基因检测、医用冰箱等[68]。Wartanowicz 等报道的热电制冷手术器械，其刀头手术部分的温度可低至−50℃，采用二级制冷器，刀头可装配 3～12mm 的各种型号尖头，刀头与控制部分用软管连接。在−50℃时，尖头冷量可达 2W，已在临床上应用于皮肤病治疗和眼科白内障摘除手术等[69]。

5. 热电制冷在电子器件、工业温控等领域的应用

热电制冷已广泛应用于红外探测器的冷却，用以降低工作噪音、提高灵敏度和探测率。半导体制冷器在红外探测器内的应用主要可以分为两种，第一种应用是单级半导体制冷器，制冷器处于常温运行，属于非制冷型焦平面探测器。例如，美国霍尼韦尔公司(Honeywell)生产的平面探测器，采取单级半导体制冷器进行制冷，应用精密控温系统进行控制，属于微测辐射热计焦平面探测器。第二种应用是多级半导体制冷器，制冷器处于非常温状态下运行，属于制冷型焦平面探测器。美国 Teledyne Judson Technologies 公司生产的红外探测器 J12-12TE 采用二级半导体制冷冷却 InAs 探测器，工作温度为−30℃。对工作于中红外波段 4.4μm 的 TeCdHg 芯片分别采用二级和三级制冷，工作温度可降低至−55～−30℃。对于更长波段 11μm 的 TeCdHg 探测器，采用四级制冷器，工作温度可降低至−75℃[17]。目前，多级半导体制冷器已经发展到六级半导体制冷器，如法国研发的中波多元红外探测器组件，其工作温度为−93℃[70]。

热电制冷还可大量应用于电荷耦合探测器(charge coupled device，CCD)的冷却，以降低暗电流，大幅度提高信噪比和灵敏度。1998 年，美国的波尔公司(Ball)为美国国家航空航天局(NASA)研发了一套广角 CCD 相机系统，主要用于哈勃太空望远镜(Hubble space telescope)的探测任务。该系统采用四级半导体制冷，制冷温度达到−90℃。2011 年，Ingley 等[71]为欧洲航天发射中心(ESA)和美国国家航空航天局进行的非载人火星探测任务 ExoMars 计划研制了一套 TEC 制冷的 CCD 装置，TEC 冷端与 CCD 外壳相接，其热端与真空腔室连接，最低制冷温度为−40℃。该系统装配有激光拉曼散射信号，同时可进行化学成分的分析。在民用高性能 CCD 探测器方面，英国安道尔公司(Andor)生产的 Newton 系列 CCD 相机，采用

先进的热电制冷技术,CCD 制冷温度达到–100℃。热电制冷还应用于激光二极管、通信系统接收器、光阴极、X 射线光谱仪探测器的冷却及精密恒温槽、冰点仪、露点测定仪等高精度温控。

此外,微型热电制冷器件(Micro TEC)是 5G 激光通信实现精准温控的唯一解决方案。其关键技术长期把持在美国 Marlow、俄罗斯 RMT、日本大和电子等公司。近年来,国内涌现出一批本土公司,他们致力于寻找 Micro TEC 的国产化替代方案,如见炬科技、华北制冷、赛格瑞、富信等。目前,见炬科技研发的 Micro TEC 的室温最大制冷温差可达到 76K,达到国际领先水平。

6. 热电制冷在其他消费类电子产品中的应用

热电制冷器件的体积小、使用方便,近年来在消费类电子领域的应用开发迅速发展,市场上涌现了多款热电制冷产品,展现出广阔的应用前景。例如,电子冷却枕、除湿机、冰酒机、冷热杯、酸奶机、Nd-YAG 激光手术器、呼吸机气泵、冷冻切片机等热电制冷新型应用。

不断拓展半导体制冷的应用领域是其加速发展的牵引力。可以深信,未来半导体制冷将得到更广泛的应用和很好的发展。

参 考 文 献

[1] Oupil C, Ouerdane H, Zabrocki K, et al. Thermodynamics and Thermoelectricity[M]. Weinheim Germany: Wiley-VCH Verlag GmbH & Co.kgaA, 2016.

[2] Seebeck T J. Magnetische polarisation der metalle und erze durch temperatur-differenz[J]. Annalen der Physik, 1826, 82(2): 253-286.

[3] Goldsmid H J. The thermoelectric and related effects[M/OL]. Introduction to thermoelectricity. Berlin, Heidelberg: Springer Berlin Heidelberg, 2016.

[4] Peltier J C A. Nouvelles expériences sur la caloricité des courans électriques[J]. Annales de Chimie Et de Physique, 1834, 56: 371-386.

[5] Thomson W. 4. on a mechanical theory of thermo-electric currents[J]. Proceedings of the Royal society of Edinburgh, 1857, 3: 91-98.

[6] Degroot S R. Thermodynamics of Irreversible Processes[M]. Amsterdam: North Holland Publishing Company, 1952.

[7] Lee H S. The thomson effect and the ideal equation on thermoelectric coolers[J]. Energy, 2013, 56: 61-69.

[8] Li J F, Liu W S, Zhao L D, et al. High-performance nanostructured thermoelectric materials[J]. NPG Asia Materials, 2010, 2 (4): 152-158.

[9] Snyder G J. Application of the compatibility factor to the design of segmented and cascaded thermoelectric generators[J]. Applied Physics Letters, 2004, 84 (13): 2436-2438.

[10] Snyder G J, Snyder A H. Figure of merit ZT of a thermoelectric device defined from materials properties[J]. Energy & Environmental Science, 2017, 10 (11): 2280-2283.

[11] LaLonde A D, Pei Y, Wang H, et al. Lead telluride alloy thermoelectrics[J]. Materials Today, 2011, 14 (11): 526-532.

[12] Shi X L, Zou J, Chen Z G. Advanced thermoelectric design: From materials and structures to devices[J]. Chemical

Reviews, 2020, 120（15）：7399-7515.

[13] Jaziri N, Boughamoura A, Müller J, et al. A comprehensive review of thermoelectric generators: Technologies and common applications[J]. Energy Reports, 2020, 6: 264-287.

[14] Wang Y, Shi Y, Mei D, et al. Wearable thermoelectric generator to harvest body heat for powering aminiaturized accelerometer[J]. Applied Energy, 2018, 215: 690-698.

[15] Watanabe T, Asada S, Xu T, et al. A scalable Si-based micro thermoelectric generator[C]//IEEE Electron Devices Technology and Manufacturing Conference（EDTM）, Toyama, 2017.

[16] Su J, Vullers R J M, Goedbloed M, et al. Thermoelectric energy harvester fabricated by stepper[J]. Microelectronic Engineering, 2010, 87(5-8)：1242-1244.

[17] 高敏, 张景韶, Rowe D M. 温差电转换及其应用[M]. 北京: 兵器工业出版社, 1996.

[18] Riffat S B, Ma X L. Thermoelectrics: A review of present and potential applications[J]. Applied Thermal Engineering, 2003, 23（8）: 913-935.

[19] Bell L E. Cooling, heating, generating power, and recovering waste heat with thermoelectric systems[J]. Science, 2008, 321（5895）: 1457-1461.

[20] Pourkiaei S M, Ahmadi M H, Sadeghzadeh M, et al. Thermoelectric cooler and thermoelectric generator devices: A review of present and potential applications, modeling and materials[J]. Energy, 2019, 186: 115849.

[21] 陈立东, 刘睿恒, 史迅. 热电材料与器件[M]. 北京: 科学出版社, 2018.

[22] 蔡善钰, 何舜尧. 空间放射性同位素电池发展回顾和新世纪应用前景[J]. 核科学与工程, 2004, 24（2）: 97-104.

[23] Zoui M A, Bentouba S, Stocholm J G, et al. A review on thermoelectric generators: Progress and applications[J]. Energies, 2020, 13（14）: 3606.

[24] Nuwayhid R Y, Rowe D M,min G. Low cost stove-top thermoelectric generator for regions with unreliable electricity supply[J]. Renewable Energy, 2003, 28（2）: 205-222.

[25] Kolay P K, Singh D N. Application of coal ash in fluidized thermal beds[J]. Journal of Materials in Civil Engineering, 2002, 14（5）: 441-444.

[26] He W, Zhang G, Zhang X, et al. Recent development and application of thermoelectric generator and cooler[J]. Applied Energy, 2015, 143: 1-25.

[27] Champier D. Thermoelectric generators: A review of applications[J]. Energy Conversion and Management, 2017, 140: 167-181.

[28] Mastuura K, Rowe D, Tsvyoshi A, et al. Large scale thermoelectric generator's of low grade heat[C]//10th International Conference on Thermoelectrics（ICT 91）, Babrow, Cardiff, UK, 1991.

[29] Tsuyoshi A, Kagawa S, Sakamoto M, et al. A study of commercial thermoelectric generation in a processing plant of combustible solid waste[C]//16th International Conference on Thermoelectrics（ICT 97）, Dresden, Germany, 1997.

[30] Efficiency, Energy, and Renewable Energy. Progress report for advanced combustion engine research & development. 2003.

[31] Ota T, Fujita K, Tokura S, et al. Development of thermoelectric power generation system for industrial furnaces[C]//25th International Conference on Thermoelectrics（ICT 06）Vienna, Austria, 2006.

[32] Meng F, Chen L, Xie Z, et al. Thermoelectric generator with air-cooling heat recovery device from wastewater[J]. Thermal Science and Engineering Progress, 2017, 4: 106-112.

[33] 李建保, 李敬锋. 新能源材料及其应用技术[M]. 北京: 清华大学出版社, 2005.

[34] Shen Z G, Tian L L, Liu X. Automotive exhaust thermoelectric generators: Current status, challenges and future prospects[J]. Energy Conversion and Management, 2019, 195: 1138-1173.

[35] Kober M. Holistic development of thermoelectric generators for automotive applications[J]. Journal of Electronic Materials, 2020, 49（5）: 2910-2919.

[36] Bass J C, Elsner N B, Leavitt F A. Performance of the 1kW thermoelectric generator for Diesel engines[C]//13th International Conference on Thermoelectrics（ICT 94）, Kansas City, Macao, 1995.

[37] Ikoma K, Munekiyo M, Furuya K, et al. Thermoelectric module and generator for gasoline engine vehicles[C]//7th International Conference on Thermoelectrics. Proceedings IC98（Cat. No. 98TH8365）. IEEE, 1998: 464-467.

[38] Karri M, Thacher E, Helenbrook B, et al. Thermoelectrical energy recovery from the exhaust of a light truck[C]//Proceedings of the 15th Diesel engine-efficiency and emissions research（DEER）, New York, America, 2003.

[39] Yang J, Center G. Develop thermoelectric technology for automotive waste heat recovery[C]//Proceedings of the 15th Diesel engine-efficiency and emissions research（DEER）, Dearborn, Michigan, America, 2009.

[40] Park S, Yoo J, Cho S. Low and high temperature dual thermoelectric generation waste heat recovery system for light-duty vehicles[C]//Proceedings of the 15th Diesel engine-efficiency and emissions research（DEER）, Dearborn, Michigan, America, 2009.

[41] Liu X, Deng Y D, Li Z, et al. Performance analysis of a waste heat recovery thermoelectric generation system for automotive application[J]. Energy Conversion and Management, 2015, 90: 121-127.

[42] Wang Y, Li S, Zhang Y, et al. The influence of inner topology of exhaust heat exchanger and thermoelectric module distribution on the performance of automotive thermoelectric generator[J]. Energy Conversion and Management, 2016, 126: 266-277.

[43] Telkes M. Solar thermoelectric generators[J]. Journal of Applied Physics, 1954, 25（6）: 765-777.

[44] Crane D T, Jackson G S. Optimization of cross flow heat exchangers for thermoelectric waste heat recovery[J]. Energy Conversion and Management, 2004, 45（9-10）: 1565-1582.

[45] Maneewan S, Khedari J, Zeghmati B, et al. Investigation on generated power of thermoelectric roof solar collector[J]. Renewable Energy, 2004, 29（5）: 743-752.

[46] 李漾, 郑少华, 李伟光. 太阳能温差发电技术的研究现状[J]. 机电工程技术, 2015, 2: 74-79.

[47] Chavez Urbiola E A, Vorobiev Y. Investigation of solar hybrid electric/thermal system with radiation concentrator and thermoelectric generator[J]. International Journal of Photoenergy, 2013, 2013: 704087.

[48] Zhang J, Xuan Y. Performance improvement of a photovoltaic-thermoelectric hybrid system subjecting to fluctuant solar radiation[J]. Renewable Energy, 2017, 113: 1551-1558.

[49] Zoui M A, Bentouba S, Stocholm J G, et al. A review on thermoelectric generators: Progress and applications[J]. Energies, 2020, 13（14）: 3606.

[50] Rehman N U, Uzair M, Siddiqui M A. Optical analysis of a novel collector design for a solar concentrated thermoelectric generator[J]. Solar Energy, 2018, 167: 116-124.

[51] Weinberg F J, Rowe D M, Min G. Novel high performance small-scale thermoelectric power generation employing regenerative combustion systems[J]. Journal of Physics D-Applied Physics, 2002, 35（13）: L61-L63.

[52] Schmidt M A. Portable MEMS power sources[C]//IEEE International Solid-State Circuits Conference, San Frandisco, 2003.

[53] Yan J, Liao X, Yan D, et al. Review of micro thermoelectric generator[J]. Journal of Microelectromechanical Systems, 2018, 27（1）: 1-18.

[54] Kishi M, Nemoto H, Hamao T, et al. Micro thermoelectric modules and their application to wrist watches as an energy source[C]//18th International Conference on Thermoelectrics（ICT99）, Baltimore, 1999.

[55] 罗清海, 汤广发, 李涛. 半导体制冷空调的应用与发展前景[J]. 制冷与空调, 2005, 5 (6): 5-9.

[56] 徐德胜. 半导体制冷与应用技术[M]. 上海: 上海交通大学出版社, 1992.

[57] Goldsmid H J, Gopinathan K K, Matthews D N, et al. High-TC superconductors as passive thermo-elements[J]. Journal of Physics D-Applied Physics, 1988, 21 (2): 344-348.

[58] Purcupile J C, Stillwagon R E, Franseen R E. Development of a two-ton thermoelectric environmental control unit for the U. S. army[J]. Ashrae Transactions, 1968, 74 (2): 53-69.

[59] Mole C J, Meenan D F. Direct transfer thermoelectric cooling[J]. Ashrae Transactions, 1964, 70 (1): 130-138.

[60] Andersen J R, Wright P E. Performance estimation of a thermoelectric air conditioner[J]. Ashrae Transactions, 1964, 70 (1): 149-155.

[61] Crouthamel M S, Pans J F, Shelpuk B. Nine-ton thermoelectric air-contioning system[J]. Ashrae Transactions, 1964, 70 (1): 139-147.

[62] Mole C J, Purcupile J C. Recent development on direct transfer thermoelectric cooling for shipboard dus[J]. Ashrae Transactions, 1968, 74 (2): 78-90.

[63] Rowe D. CRC Handbook of Thermoelectrics[M]. Boca Raton: CRC Press, 1995.

[64] Stockholm J G. Applications in thermoelectricity[J]. Materials Today: Proceedings, 2018, 5 (4): 10257-10276.

[65] Dai Y J, Wang R Z, Ni L. Experimental investigation and analysis on a thermoelectric refrigerator driven by solar cells[J]. Solar Energy Materials and Solar Cells, 2003, 77 (4): 377-391.

[66] Dai Y J, Wang R Z, Ni L. Experimental investigation on a thermoelectric refrigerator driven by solar cells[J]. Renewable Energy, 2003, 28 (6): 949-959.

[67] 靳鹏, 彭辉, 郭孔辉. 热电技术在汽车上的应用综述[J]. 汽车技术, 2010, 5: 1-5.

[68] Liu J, Xu C G, Xiang H Y, et al. Applications in medical reagent test equipment of semiconductor refrigeration[J]. Applied Mechanics and Materials, 2013: 703-707.

[69] Wartanowicz T, Czarnecki A. Thermoelectric cascade for cryosurgical destroyer[C]//16th International Conference on Thermoelectrics (ICT 97), Dresden, Germany, 1997.

[70] 黄宗坦, 陈晓屏. 半导体制冷器在红外探测器中的应用及发展趋势[C]//第九届全国低温工程大会, 合肥, 2011.

[71] Ingley R, Hutchinson I, Edwards H G M, et al. ExoMars Raman laser spectrometer breadboard: Detector design and performance[C]//Conference on Instruments, Methods, and Missions for Astrobiology XIV, San Diego, 2011.

第2章　热电性能测试基本原理与方法

2.1　引　　言

材料的热电优值(ZT 值)是衡量热电材料性能的重要指标，其大小直接影响热电转换效率。ZT 值很直观，没有量纲，便于比较，但测量相对比较复杂，通常需要分别测量电导率(σ)、泽贝克系数(α)、热导率(κ)，再根据公式 $ZT=\sigma\alpha^2 T/\kappa$ 计算 ZT 值。其中，热导率通常还要分别测量热扩散系数 D、密度ρ、比定压热容 C_p，再通过计算三者的乘积得出($\kappa=\rho C_p D$)。因此，ZT 值的测量误差相对比较大。商用仪器对各项参数的测量误差分别为[1]：电导率测量误差$\pm 3\%$；泽贝克系数测量误差$\pm 4\%$，密度测量误差$\pm 1\%$，热扩散系数测量误差$\pm 3\%$，比定压热容测量误差$\pm 5\%$。最终，ZT 值的综合测量误差可能超过$\pm 15\%$。因此，精准测量各个热电参数具有重要意义。此外，霍尔系数、声速等参数对于理解热电输运性质的物理本质具有重要意义。为此，本章着重讲解电导率(σ)、泽贝克系数(α)、霍尔系数(R_H)、热导率(κ)及声速(v)的测量，并在此基础上介绍热电器件转换效率的基本测量原理与方法。

2.2　电导率测量

2.2.1　四探针法

电导率测量的基本原理为欧姆定律，但一般测得的电阻包含样品电阻和接触电阻。对金属来说，金属与探针间的接触电阻通常都很小，"双探针"法[2]即可较精确地测得试样的电阻 $R_{试样}$，再进一步通过式(2.1)得到电导率 σ。

$$\sigma = \frac{1}{\rho} = \frac{l_d}{A \times R_{试样}} \approx \frac{l_d \times I}{A \times \Delta U_{双探针}} \tag{2.1}$$

式中，l_d 为试样的长度；A 为试样的横截面积；I 为通入的电流；$\Delta U_{双探针}$ 为"双探针"法测得的电压。

对于半导体材料来说，探针与试样之间的接触电阻通常比较大，采用"双探针"法测试存在较大误差，所以通常采用"四探针"法[2]来消除接触电阻的影响。从图 2.1 可以很容易地看出"双探针"法与"四探针"法的区别，$\Delta U_{四探针}$ 表示"四探针"法测得的电压。采用"四探针"法时，电压探针仅测试样品中间部分的电压，从而有效消除了接触电阻的影响。"四探针"法是测试热电材料电导率最常用的方法，通常可以和泽贝克系数的测试同时进行。

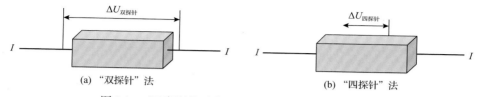

图 2.1　　"双探针"法与"四探针"法测电导率的异同

绝大多数热电材料属于半导体，所以测试过程中采用"四探针"法可以得到更准确的结果。然而，与普通的半导体相比，热电材料具有显著的佩尔捷效应[2]。当电流通过试样时，将在试样两端产生温差，由此产生的电动势也会影响测试结果[3]。因此，"四探针"法测试得到的 $\Delta U_{四探针}$ 不仅有材料本身电阻的贡献，还有热电效应的贡献。$\Delta U_{四探针}$ 可以用式 (2.2) 表示：

$$\Delta U_{四探针} = IR_{试样} + \alpha_a \cdot \Delta T \tag{2.2}$$

式中，ΔT 为两探针之间的温差；α_a 为两探针之间的泽贝克系数差。为了消除热电效应对测量的影响，需对样品 AB 正反两个方向各通一次电流 I 并分别测量相应的电压 ΔU_1 和 ΔU_2[3]。此时，通过样品 AB 的电导率 σ 可由下式计算：

$$\sigma = \frac{1}{\rho} = \frac{l_d}{A \times R} = \frac{l_d}{A} \left| \frac{2I}{\Delta U_1 + \Delta U_2} \right| \tag{2.3}$$

从式 (2.3) 可以看到，电导率的测量精度不仅与电流表、电压表的精度有关，还与试样的尺寸因子 l_d/A 密切相关。测试过程中通入的电流不宜过大，同时应尽可能降低焦耳热对样品温度的影响，为了消除热电效应的影响还可通过方波脉冲电流等方式测量内阻[2]。此外，为了尽可能减小样品的测试误差，对试样和探针有以下要求：

(1) 探针与样品之间的接触面积应尽可能小，以提高 l_d 的精度；

(2) 试样与探针的接触面应尽可能地窄，以抑制横向电流对电压的影响；

(3) "四探针"法的试样尺寸一般为长条状，目前商用测试设备中建议的尺寸为 12mm×3mm×3mm 的长方体。

通常情况下，"四探针"法测量电导率的误差在 ±3% 以内。

2.2.2　范德堡法

范德堡法[4]是另一种测量电导率的常用方法，如图 2.2 所示。该方法适用于任意形状且厚度均匀的薄片状样品或薄膜样品。利用四个测量探针接触待测样品边缘，在位于一个边上的 1、2 电极接电流探针，在另外两个 3、4 电极接电压探针并测试电压，标记为 ΔU_1。然后在 1、2 探针上施加反向电流，再次测试 3、4 电极间的电压，标记为 ΔU_2。将电流探针与电压探针调换，即 1、2 电极接电压探针，3、4 电极接电流探针，并施加正、反向电流，测得电压分别记为 ΔU_3 和 ΔU_4。再将 1、3 电极设为一组，2、4 电极设为一组，再次进行电压测试，分别标记为 $\Delta U_5 \sim \Delta U_8$。由以上参数可以求得薄片状样品在平行方向和垂直方向的平均电阻，分别记为 $R_{水平}$ 与 $R_{垂直}$。具体可用式(2.4)和式(2.5)表示[5]：

$$R_{水平} = (\Delta U_1 + \Delta U_2 + \Delta U_3 + \Delta U_4)/4I \tag{2.4}$$

$$R_{垂直} = (\Delta U_5 + \Delta U_6 + \Delta U_7 + \Delta U_8)/4I \tag{2.5}$$

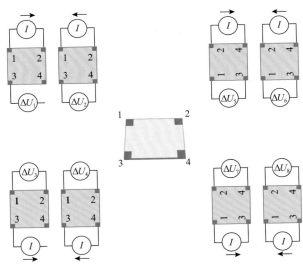

图 2.2　范德堡法测电阻原理示意图

在上述测量过程中，通过在同一边上进行两个方向的测量可以抵消热电效应对测量产生的影响。通过测得的 $R_{水平}$ 和 $R_{垂直}$ 可以进一步求得薄膜材料的方块电阻 R_s，如式(2.6)所示：

$$e^{-\pi R_{水平}/R_s} + e^{-\pi R_{垂直}/R_s} = 1 \tag{2.6}$$

试样的方块电阻 R_s 与电阻率及试样厚度 t 满足式(2.7)的关系：

$$R_s = \rho / t = 1 / \sigma t \tag{2.7}$$

实际测量中，通常将薄片状样品制成规则的正方形，从而方便对方块电阻的求解。对于正方形的薄膜电阻，可以通过 $R_{水平}$ 与 $R_{垂直}$ 的平均值 R 求得电阻率 ρ 和电导率 σ。具体公式如式 (2.8) 和式 (2.9) 所示：

$$R = (R_{水平} + R_{垂直}) / 2 \qquad (2.8)$$

$$\rho = \frac{\pi R}{t \ln 2}; \quad \sigma = \frac{t \ln 2}{\pi R} \qquad (2.9)$$

与"四探针"法相比，范德堡法不受热电效应的影响，也不受形状限制，适用于对各种形状的薄片状样品的电导率进行测量。范德堡法测量电导率要求薄片状样品的厚度均匀；不同位置的厚度偏差不超过 ±1%；探针应尽可能靠近样品边缘且接触面积应远小于样品表面积；样品厚度应远小于探针间距。范德堡法不仅可以用于测量电阻率，还可以测量霍尔系数。

2.3 泽贝克系数测量

泽贝克系数是一个重要的热电材料的电输运参数。其本质是由材料两端存在温差 ΔT 而导致其内部载流子分布不均匀所产生的电势差 ΔU，可以用式 (2.10) 来表示：

$$\alpha = \lim_{\Delta T \to 0} \frac{\Delta U}{\Delta T} \qquad (2.10)$$

泽贝克系数测试时需要在试样一端加热，使材料内部形成温差 ΔT，从而产生温差电动势 ΔU，再用测得的温差电动势计算泽贝克系数。这种利用 $\Delta U \sim \Delta T$ 曲线得出泽贝克系数的方法称为微分法[1, 4]。

为了建立适当的温差，同时减少高温下热辐射带来的热损失，试样通常为细长条状。将测试的条状试样置于上下电极之间并压紧，整个测试装置固定在密闭腔内，测试时先抽真空，然后再向密闭腔内充入少量氦气保护气。一方面，氦气可以保护试样，防止高温测试阶段的试样氧化；另一方面，氦气相比于氩气的导热性更好，可以使腔体中的温度分布更均匀。为了测量不同温度下的泽贝克系数，商用设备通常采用红外加热的方式加热样品腔，使试样的环境温度达到预设的 T_0。测试过程中，先启动下电极的辅助加热器，使样品上下端建立稳定的温度梯度。如图 2.3 所示，通过热电偶探针测量样品 A、B 两端的电压 ΔU 和温差 ΔT，则由样品和热电偶探针构成的整个回路的泽贝克系数为 $\Delta U/\Delta T$。为了提高测量的精确度，一般在同一温度点附近至少测量 3 组 ΔU 和 ΔT 值，并做出 $\Delta U \sim \Delta T$ 曲线，采用斜率法拟合求出整个回路的泽贝克系数，再扣除已知热电偶探针自身的泽贝克系数后，就可以得到样品的泽贝克系数。

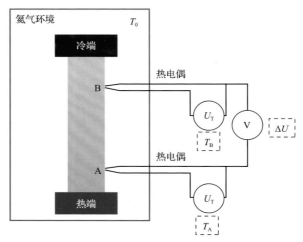

图 2.3　泽贝克系数的测试原理

　　泽贝克系数的测量误差主要来源于温差和电势差的测量，而与样品尺寸无关，故当热电偶探针被污染时需要打磨或更换探针。此外，需要定期用标样校准热电偶，甚至定期更换热电偶。对于挥发严重的热电材料，可以在测试前对试样表面喷涂氮化硼喷剂，以避免样品在高温测试过程中因表面挥发而引起的设备污染和测试误差。为了减小泽贝克系数的测量误差，测试时需要考虑以下几方面因素[4]。①需要在尽可能小的温差条件下测量，因为当温差较大时所测得的泽贝克系数是该温度区间的平均泽贝克系数。但是过小温差产生的温差电动势的信号很小，误差偏大。实际测量中的温差通常在 4～10K。②温差和电压要尽可能处于稳定状态。实际测量过程中，温度和电压总是在不断波动，通常采用多次测量求平均值的方法提高测试精度。同时，为了防止温度和电压波动导致的测试错误，商用仪器中通常有温度和电压的稳定性指数，只有当稳定性指数达到一定指标时才开始测量温差和电压信号。③温度和电压的测试应在同一位置，实际测试过程中，A 和 B 点分别是两个热电偶探针同时测量的温度和电压。④测试过程中应尽可能避免热电偶探针与样品的高温化学反应。热电偶探针与样品接触界面处的化学反应会影响测量信号的稳定性。另外，界面处生成的新的化合物可能会使热电偶探针与试样间接接触，所以热电偶探针测得的温度并不是试样的真实温度。界面处生成的化合物会影响热电偶探针自身的泽贝克系数，进而影响测试结果。通常情况下，商用设备测量泽贝克系数的误差在±7%以内。

　　从图 2.3 可以看到，微分法测泽贝克系数与"四探针"法测电导率有共通的地方。因此，在实际测试过程中通常将泽贝克系数测试与电导率测试集成在一台设备上。其具体原理如图 2.4 所示，将试样安装在加热端和散热端的上下电极之间，上下电极外接恒流源。利用热电偶探针检测出 A、B 点的电势差信号，利用电压、电流信号即可算出试样的电导率。目前商用的泽贝克系数/电导率综合测试系统均采用该原理测试。

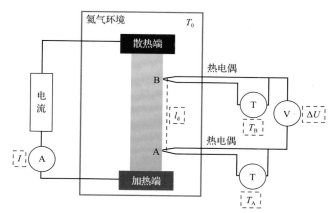

图 2.4 泽贝克系数和电导率综合测试系统的测试原理

2.4 霍尔系数测量

2.4.1 霍尔系数测量原理

测量材料的霍尔系数可以得到载流子浓度和载流子迁移率，这对分析材料内部载流子的传输特性非常重要。霍尔效应的基本原理如图 2.5 所示[2,6]，当电流 I_x 垂直于外磁场 B_z 通过导体时，导体在垂直于磁场和电流方向的两个端面之间会出现电势差 ΔU_y，这一物理现象称为霍尔效应。其本质是载流子在磁场中受到洛伦兹力的作用而在某一垂直表面聚集，形成内建电场，达到稳态时内建电场力与洛伦兹力达到平衡，此时洛伦兹力与电场力相等。霍尔系数 R_H 与霍尔电压 ΔU_H、电流 I_x、磁场强度 B_z 及样品厚度 d 有关，具体可以用式 (2.11) 表示：

$$R_H = \frac{\Delta U_H d}{I_x B_z} \tag{2.11}$$

根据霍尔效应，将通电试样置于强度为 B_z 的均匀磁场中，电流强度为 I_x，载流子在洛伦兹力的作用下发生偏转并在试样的一侧聚集，正负电荷的偏转方向相反，进而会在试样内部产生一个垂直于磁场方向的电场 E_y，电场强度随着电荷的积累不断增强，而载流子受到的电场力又会阻碍电荷偏转，最终洛伦兹力和电场力达到平衡。平衡时试样两侧的电势差 ΔU_y 即为霍尔电压 ΔU_H。

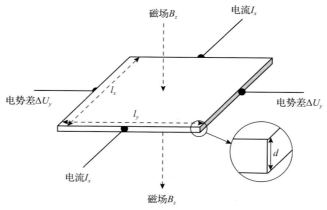

图 2.5　霍尔效应基本原理

当电场力和洛伦兹力平衡时，可以用式 (2.12) 表示：

$$ev_xB_z = e\frac{\Delta U_y}{l_y} \tag{2.12}$$

此外，电流 I_x 可以用式 (2.13) 表示：

$$I_x = neAv_{e,x} = nel_ydv_{e,x} \tag{2.13}$$

式中，A 为 I_x 穿过试样的横截面积，可用 $A = l_y \cdot l_z$ 表示；n 为单位体积的载流子数目（即载流子浓度）；$v_{e,x}$ 为载流子的平均运动速度。

结合式 (2.12) 和式 (2.13)，厚度为 d 的样品的霍尔电压 ΔU_H 可以用式 (2.14) 表示：

$$\Delta U_H = \Delta U_y = \frac{I_xB_z}{ned} = R_H \cdot \frac{I_xB_z}{d} = K_H I_x B_z \tag{2.14}$$

式中，R_H 为霍尔系数；K_H 为霍尔元件灵敏度。样品的载流子浓度 n_H 和迁移率 μ_H 可分别用式 (2.15) 和式 (2.16) 表示：

$$n_H = \frac{1}{R_H e} \tag{2.15}$$

$$\mu_H = R_H \sigma \tag{2.16}$$

在霍尔效应测试时还伴随着副效应[7-9]，如不等位电势差、埃廷斯豪森 (Ettingshausen) 效应、能斯特 (Nernst) 效应、里吉-勒迪克 (Righi-Leduc) 效应等。

1. 不等位电势差

探针位置的非对称性和样品的非均匀性导致不均匀电势差的存在。电流 I_x 流过一段导体，在导体不同位置处（C、D 点）存在电势差（$\Delta U_{CD} = U_C - U_D$），如图 2.6 所示。这一不等位电势差与电流大小和方向有关，与磁场大小和方向无关。因此，通常可采用改变电流大小和方向的方式来消除其对霍尔电压的影响。

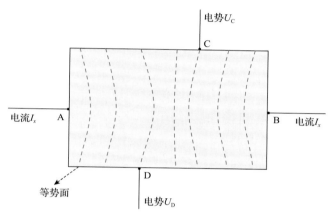

图 2.6　不等位电势差示意图

2. 埃廷斯豪森效应

试样中载流子的运动可以等效成理想气体分子的运动，其热运动基本遵循麦克斯韦速率分布规律，即一部分载流子的速度大于平均速度，另一部分则小于平均速度。如图 2.7 所示，当样品受垂直于纸面向内的磁场 B_z，电流从 B 流向 A 时，则 C 和 D 点之间由于霍尔效应的影响而构建了一个内建电场 E，不同电子的运动速率关系为 $v_1 > v_2 > v_0 > v_3 > v_4$，其中 v_0 等于电子的平均运动速度。当电子的运动速度为 v_0 时，电场力与洛伦兹力平衡，电子将沿直线方向移动。当电子的运动速度为 v_1、v_2 时，此时洛伦兹力大于电场力，电子向 D 侧偏转，且电子的运动速度越大，偏转越大。反之，当电子的运动速度为 v_3、v_4 时，此时洛伦兹力小于电场力，电子向 C 侧偏转，且电子的运动速度越小，偏转越大。根据温度的微观解释，温度与平衡态时粒子的平均动能成正比，可见电子的速率越大，温度越高，所以沿霍尔电场的方向，温度由高到低分布，形成温度梯度，进而产生温差电压 ΔU_E。该电压的大小与霍尔电压相似，与流过的电流 I、磁感应强度 B_z 的乘积成正比，方向与电流方向和磁场方向均有关系，并始终与霍尔电压的方向相同。这一现象就是通常所说的埃廷斯豪森效应。

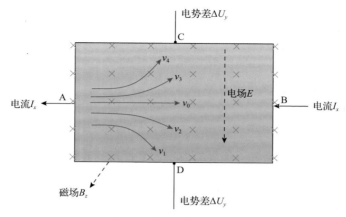

图 2.7　埃廷斯豪森效应图

　　由于埃廷斯豪森效应引起的电压方向始终与霍尔电压方向相同，它们同时随工作电流方向和磁感应强度方向的改变而改变，所以采用改变电流方向和磁感应强度方向的方法均无法消除埃廷豪森效应对霍尔电压的影响。由埃廷斯豪森效应引起的电压非常小，所以大多数测量忽略了它的影响。为了抑制埃廷斯豪森效应的影响，通常在霍尔测试时使用的电流为交流电，这是由于霍尔效应建立所用的时间很短（$10^{-14} \sim 10^{-12}$s），而稳定的温度差的建立所需时间较长（约几秒）。选用50Hz 的交流电进行测试，霍尔效应已十分稳定，而温度差还没有建立，电流就开始反向了，这样就基本保证了霍尔样品面内温度均匀，从而抑制了埃廷斯豪森效应对霍尔效应的影响。

3. 能斯特效应

　　如图 2.8 所示，当电流探针 A、B 之间存在温度差 ΔT_{AB} 时，将在 A、B 之间

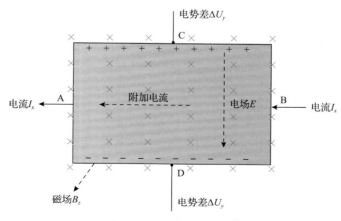

图 2.8　能斯特效应原理图

产生汤姆孙电动势，进而产生额外的附加电流 I_N。附加电流 I_N 同样会在磁场 B_z 的影响下在 C、D 探针间产生额外的电势差，这一现象称为能斯特效应。能斯特效应产生的电势差与工作电流 I_x 的平方和磁感应强度 B_z 的乘积成正比。电势差的正负与磁感应强度 B_z 的方向有关，而与工作电流 I_x 的方向无关。霍尔测试中可以通过改变磁感应强度 B_z 的方向来消除其对霍尔电压的影响。

4. 里吉-勒迪克效应

里吉-勒迪克效应是由于探针与试样之间的接触电阻有差异，当样品产生霍尔效应时，样品沿电流方向也存在温度差 ΔT_{AB}，由所产生的附加电流 I_N 所引起的一种埃廷斯豪森效应。

里吉-勒迪克效应引起的电势差方向仅与磁感应强度 B_z 的方向有关，而与通过样品的霍尔电流 I_x 的方向无关。里吉-勒迪克效应是一种埃廷斯豪森效应，可以通过改变磁感应强度 B_z 的方向再结合交流电来抑制其对霍尔电压的影响。

2.4.2　范德堡法

范德堡法可以准确测量满足尺寸要求的任何形状样品的霍尔系数，测试过程便捷、结果可靠性高，是常用的霍尔系数测试方法之一。如图 2.9 所示，在试样厚度方向施加正向磁场（记为+B，用"×"表示），1、2 处接电流探针，3、4 处接电压探针，测得的电压标记为 $\Delta U_1^{(+B)}$。将磁场反向（记为–B，用"·"表示），同时施加反向电流，测得的电压标记为 $\Delta U_2^{(-B)}$。将电流探针与电压探针反接，测

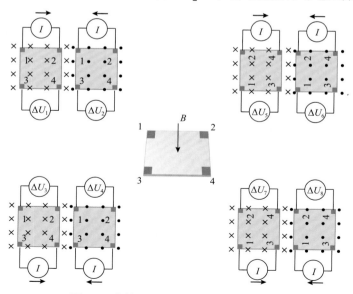

图 2.9　范德堡法测霍尔系数的基本原理

得的电压分别标记为 $\Delta U_3^{(+B)}$、$\Delta U_4^{(-B)}$。之后进一步将 2、4 设为一组，1、3 设为一组，分别接电流探针和电压探针，测得电压分别为 $\Delta U_5^{(+B)}$、$\Delta U_6^{(-B)}$、$\Delta U_7^{(+B)}$、$\Delta U_8^{(-B)}$。则霍尔电压可以通过式(2.17)~式(2.19)求得[10]：

$$\Delta U_A = (\Delta U_1^{(+B)} + \Delta U_2^{(-B)} + \Delta U_3^{(+B)} + \Delta U_4^{(-B)}) / 4 \qquad (2.17)$$

$$\Delta U_B = (\Delta U_5^{(+B)} + \Delta U_6^{(-B)} + \Delta U_7^{(+B)} + \Delta U_8^{(-B)}) / 4 \qquad (2.18)$$

$$\Delta U_H = (\Delta U_A + \Delta U_B) / 2 \qquad (2.19)$$

从式(2.14)可以看到，样品的厚度与霍尔系数密切相关。因此，为了减小测试误差，要求试样的厚度尽可能均匀，实际测试中要求样品为 $(8 \times 8)\,mm^2$ 的方片状，厚度为 $300 \sim 1000 \mu m$，不同位置的厚度偏差不超过 $\pm 5 \mu m$。

2.4.3　五点探针法

综合物性测试系统(PPMS)中通常用五点探针法测试霍尔系数及电导率[11]，具体原理如图 2.10 所示。在厚度为 d 的样品上，施加与电流 I 方向垂直的磁场 B_z，因受到洛伦兹力的作用，载流子会发生偏转并在样品两侧积累而产生霍尔电压 ΔU_H(即 $U_2 - U_0$)，则霍尔系数 R_H 可由式(2.11)得到。撤去磁场 B_z 后，给样品施加电流 I，在样品一侧可观察到电势差 ΔU(即 $U_2 - U_1$)，再结合式(2.1)可以测得样品的电导率 σ。根据式(2.15)和式(2.16)，由 R_H 和电导率 σ 可计算得到样品的迁移率 μ_H 和载流子浓度 n_H。为了保证霍尔系数测试的准确性和精度，样品尺寸约为 $(8 \times 2 \times 1)\,mm^3$，且样品的平行度优于 1%。此外，为了减小样品与导线的接触电阻，需要将样品与五根导线通过锡焊焊接起来。

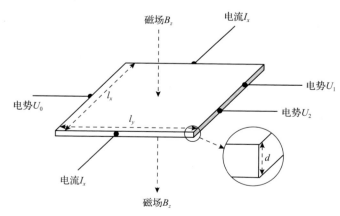

图 2.10　五点探针法测试霍尔系数的原理示意图

2.5　热导率测量

2.5.1　稳态法

热导率 κ 是一个反映材料传热能力的物理量。稳态法是最早使用的测量热导率的方法。然而，随着温度的升高，辐射对流等对试样热导率测试的影响增大，所以热导率的测试误差也较大[2]。因此，目前稳态法主要用于在低温下的热导率测试。

稳态法测试的基本原理如图 2.11 所示，将样品放在上下两个高导热热沉之间，一端热沉加热，使热端和冷端热沉维持有一定的温差，当温差达到稳态时，两个热电偶探针分别测量 A、B 点的温度，记为 T_A 和 T_B，A 和 B 两点之间的距离设为 l_d。测试过程中，整个测试装置置于真空腔体中。

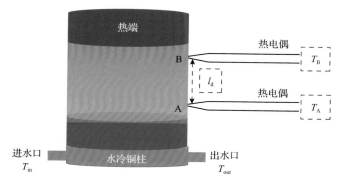

图 2.11　稳态法测试热导率原理示意图

在理想条件下，即不考虑辐射和对流的影响，所有热量仅沿试样方向传递，根据热传导的傅里叶定理可知，材料中流过的热流密度可以用式(2.20)表示：

$$J = -\kappa \frac{\mathrm{d}T}{\mathrm{d}x} \tag{2.20}$$

由式(2.20)可得，再已知热流密度 J，A 和 B 两点之间的温差 $\Delta T = T_B - T_A$ 及距离 l_d 的情况下，可求出热导率 κ。在冷端热沉下方加一个水冷铜柱，通过测量进水口和出水口的温度，可测得热流量 Q 和热流密度 J，如式(2.21)和(2.22)所示：

$$Q = C_v v \Delta T \tag{2.21}$$

$$J = Q / S \tag{2.22}$$

式中，C_v 为水的定容比热容；v 为循环水的流速；ΔT 为出水口与进水口的温度差，

即 $\Delta T = T_{\text{out}} - T_{\text{in}}$；$S$ 为水冷铜柱的横截面积。

这种稳态法测量不能排除热辐射的影响，误差较大。因此，在此基础上进一步发展了稳态比较法。其思路是将已知热导率的标样和待测试样同时夹在冷、热端之间，此时标样和试样的热流密度相同，根据式(2.20)，由已知标样的热导率可以推出待测试样的热流密度，进而求得待测试样的热导率。

2.5.2　激光闪烁法

如前所述，稳态法主要用于低温热导率的测试，室温以上的高温热导率测试通常采用激光闪烁法。激光闪烁法是一种准静态的测试方法，具有测试精度高、测试速度快的优点。激光闪烁法直接测试得到热扩散系数 D，再结合密度 ρ 和比定压热容 C_p，并根据式(2.23)即可计算出材料的热导率 κ：

$$\kappa = D \times \rho \times C_p \tag{2.23}$$

下面分别介绍 D、ρ 和 C_p 的测试方法。

1. 热扩散系数测量

热扩散系数 D 是计算热导率的重要参数，对于高温热导率的测量也主要是对热扩散系数的精确测量。激光闪烁法[4]是目前最常用的热扩散系数测试方法，常用设备为激光导热仪，原理如图 2.12 所示。将厚度为 d 的试样放置在支架上(绝热近似)，在某一设定温度 T(可由炉体控制)下达到稳态后，向试样的下表面发射激光脉冲，下表面的温度瞬间升高。在温度梯度的作用下，热量从试样的下表面向上表面扩散，由红外探测器监测样品上表面的温度变化可以得到相应的信号强度对时间的变化曲线，如图 2.13 所示。热扩散系数 D 可用式(2.24)表示[6]：

$$D = 0.1388 \times \frac{d^2}{t_{0.5}} \tag{2.24}$$

式中，$t_{0.5}$ 为试样上表面温度上升到最高温度的 1/2 时所用的时间。

为了减小热扩散系数测量的误差，需注意以下几个方面。

(1) 由于激光加热和信号检测分别是基于下表面的光吸收和上表面的红外辐射，所以通常需要喷涂石墨涂覆层来避免光透射、深层光吸收。此外，要求石墨涂覆层的厚度较薄且各处均匀。

(2) 根据不同样品选择合适的样品厚度。对于高热导率材料，为了减小厚度测量的相对误差和涂覆层热阻的影响，样品可以适当厚一点(2~4mm)；而对于低热导率材料，太厚则会导致热损耗严重，从而影响信号检测的精度，故一般样品厚度不超过 1mm。

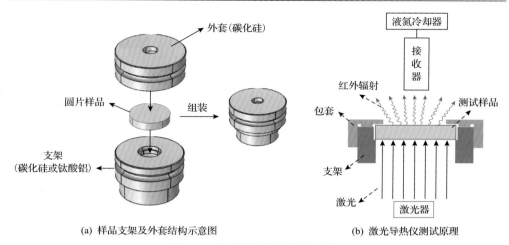

(a) 样品支架及外套结构示意图　　　　(b) 激光导热仪测试原理

图 2.12　激光导热仪的原理示意图

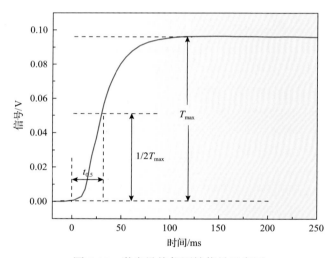

图 2.13　激光导热仪原始信号示意图

（3）一般来说，样品形状通常为圆形或正方形的片状，要求厚度均匀，上下表面不同位置的厚度差应小于±5%。样品平整度和样品尺寸的测量都会影响测量误差。商用设备的热扩散系数测试的误差在±5%以内。考虑比定压热容和密度的测试误差，热导率的测试误差为±（7%～10%）。

热扩散系数测试的方向可沿圆片状样品的面外方向获得。对于各向异性的样品，需保证电性能和热性能沿同一方向测量，从而得出可靠的 ZT 值。此时，需要制备圆柱状样品，并按照特定规则切割样品。图 2.14 分别表示圆柱状样品的面内方向和面外方向的试样切割示意图。如果受样品尺寸限制，面内热导率将无法直接测量。此时可以采用 Xie 等[12]提出的"三步法"，对材料进行切割、翻转和黏接后，可以成功测量材料的面内热导率，具体细节如图 2.15 所示。"三步法"可以很方便地测量样品的面内热导率，但是黏接的质量将直接影响热导率测试的结果，此处需要特别注意[13]。

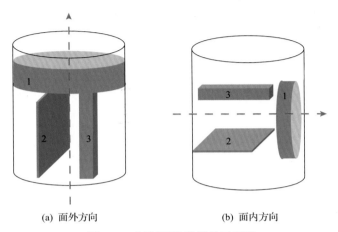

(a) 面外方向　　　　　　　　　(b) 面内方向

图 2.14　切割圆柱状样品示意图

1.激光热导仪待测试样；2.霍尔系数待测试样；3.泽贝克系数和电导率待测试样

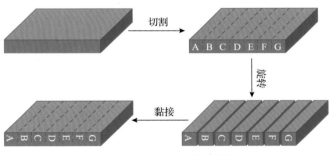

图 2.15　"三步法"制备样品

2. 密度测量

（1）几何法。对于形状规则的样品可以直接测量尺寸并计算其体积，再根据样品质量计算密度[6]。以长条状样品为例，分别用游标卡尺测量试样的长、宽、高，并标记为 a、b、c，称取样品在空气中的质量，标记为 m，则密度 ρ 可通过式（2.25）求得，即

$$\rho = \frac{m}{abc} \tag{2.25}$$

（2）阿基米德排水法。对于形状不规则但表面孔隙较少的样品，可以采用阿基米德排水法进行测量[14,15]。具体方法是使用天平称取干燥样品的质量，记为 m_0。

将试样完全浸没在液体中，试样完全浸没于液体时的试样质量记为 m_1。则样品在液体中所受的浮力可以表示为 $F_{浮}=(m_0-m_1)g$。此时，试样的密度可以用式 (2.26) 表示，即

$$\rho=\frac{m_0}{m_0-m_1}\cdot\rho_0 \tag{2.26}$$

式中，ρ_0 为液体的密度。由式 (2.26) 可知，待测样品的质量不宜太小，否则误差偏大。在测量过程中既要保证试样完全浸没，又不与盛放液体的容器壁、底接触，盛放液体的容器由支架撑住且不与天平秤盘接触。用于浸没的液体密度应小于待测试样，同时对试样的润湿性好、不发生反应、不使试样溶解或溶胀，常用蒸馏水、无水乙醇及煤油等，其中蒸馏水最为常用。如果试样中存在大量开气孔，那么还需要考虑开气孔体积的影响。此种情况下，可将多孔样品放入熔融的石蜡中，待石蜡封住表面开气孔后快速取出擦干，这样可以避免测试过程中液体浸入试样的开气孔。此时，可根据式 (2-26) 计算密度：

$$\rho=\frac{m_0}{m_{10}-m_{20}}\cdot\rho_0 \tag{2.27}$$

式中，m_{10} 和 m_{20} 分别为石蜡涂敷后样品在空气和液体中称出的重量。

阿基米德排水法简单快捷、准确度高，是目前最常用的测试方法。然而，阿基米德排水法通常用于室温附近的密度测试，高温下的样品密度通常采用变温 XRD 进行测试。

（3）X 射线衍射仪法。对变温 X 射线衍射仪测试获得的数据进行 Rietveld 精修，得到不同温度下的晶胞常数，并计算试样的密度。具体原理可以用式 (2.28) 表示：

$$\rho=\frac{M_0}{V}=\frac{M_0}{(\vec{a}\times\vec{b})\cdot\vec{c}} \tag{2.28}$$

式中，M_0 为单胞的分子质量；$\vec{a}$、$\vec{b}$、$\vec{c}$ 为单胞的晶格矢量。该种测试方法简便快捷，但是测试得到的样品密度为材料的晶体密度，因此仅可用于致密样品的密度测量，而无法用于多孔材料的密度测量。

3. 比定压热容测量

（1）差示扫描量热（DSC）比较法。DSC 是 20 世纪 60 年代后发展的一种热分析方法。它是在程序控制下，测量待测试样和参比物之间温度差/功率差与温度关系的一种技术。根据测量方法的不同，又可分为两种类型：功率补偿型和热流型。

功率补偿型 DSC 的主要特点是试样和参比物分别具有独立的加热器和传感器。整个仪器由两个控制系统进行监控，其中一个控制温度，使试样和参比物在预定速率下升温或降温；另一个用于补偿试样和参比物之间所产生的温差。这个温差是由试样的放热或吸热效应产生的。通过功率补偿使试样和参比物的温度保持相同，这样就可以从补偿的功率直接求得热流率。热流型 DSC 的特点是利用康铜盘将热量传输到试样和参比物，并将康铜盘作为测温热电偶节点的一部分。传输到试样和参比物的热流差通过其平台下的镍铬-康铜热电偶进行测量，试样的温度则由镍铬板下方的镍铬-镍铝热电偶直接测量得到。

DSC 比较法需要测试已知比热的标准样品(如标准蓝宝石)在一定条件下的 DSC 曲线，然后与未知比热的待测样品的测量结果进行比较，通过公式换算得到待测样品的比定压热容[16-19]。然而在使用 DSC 测量比定压热容的实际操作过程中，并不能明确地测量出有些物质的比定压热容，如熔融盐。使用 DSC 比较法测试熔融盐的比定压热容时，所得曲线没有明确的峰值，所以不能通过此种方法获得比定压热容的值。因此，对于一些在升温过程中会发生相变的材料，用 DSC 测试比定压热容的难度比较大，而且测量结果的误差也比较大。

图 2.16 表示 DSC 测试得到的基线、蓝宝石标样和待测试样的吸热曲线示意图。物质的吸热量可以根据式(2.29)得到：

$$Q = C_{\text{p}} m \Delta T \tag{2.29}$$

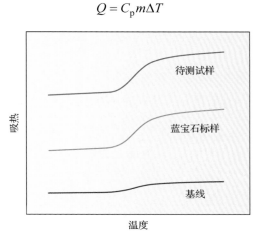

图 2.16 DSC 测试的基线、蓝宝石标样和待测样品的吸热曲线

功率补偿型 DSC 测试满足的基本边界条件为 $\Delta T_{\text{待测}} = \Delta T_{\text{标样}}$。其中，$\Delta T_{\text{标样}}$ 为蓝宝石标样的温差；$\Delta T_{\text{待测}}$ 为待测试样的温差。标样和待测样品满足关系式(2.30)：

$$\frac{Q_{\text{待测}}}{C_{\text{待测}} m_{\text{待测}}} = \frac{Q_{\text{标样}}}{C_{\text{标样}} m_{\text{标样}}} \tag{2.30}$$

为了消除坩埚对吸放热的影响，待测样品的 $C_{待测}$ 可以用式 (2.31) 表示：

$$C_{待测} = C_{标样} \cdot \frac{m_{标样}}{m_{待测}} \frac{(Q_{待测} - Q_{基线})}{(Q_{标样} - Q_{基线})} \tag{2.31}$$

热流型 DSC 需满足的基本边界条件为 $Q_{待测} = Q_{标样}$。同时考虑空坩埚对比定压热容的影响，则待测样品的比定压热容可以用式 (2.32) 表示：

$$C_{待测} = \frac{m_{标样}}{m_{待测}} \cdot \frac{\Delta T_{标样} - \Delta T_{基线}}{\Delta T_{待测} - \Delta T_{基线}} \cdot C_{标样} \tag{2.32}$$

为了尽可能减小测试误差，测试时应尽可能满足以下条件：①样品可以使用粉体也可以使用块体，如果使用块体试样，样品应与蓝宝石标样类似，为圆片状，以使其尽可能紧贴坩埚底部；②坩埚的盖子要盖好；③待测样品的质量和标样的质量应满足 $C_{待测} m_{待测} \approx C_{标样} m_{标样}$。

(2) 激光导热比较法。激光导热仪 (LFA) 测试 C_p 的原理与热流型 DSC 测试的原理非常相似[20]。如图 2.12 所示，分别将待测样品、蓝宝石标样放入支架中，同时放置一个空支架作为基线参考。使用相同能量的激光束分别照射在样品、标样及空支架的下表面，利用红外探测器测定上表面的温度，并根据式 (2.32) 通过比较法计算出 C_p。

(3) 杜隆-珀蒂定律法。尽管 DSC 比较法和 LFA 比较法可以测出样品的 C_p，但由于比较法本身的缺陷，所以其误差通常较大。当测试温度远高于德拜温度时，材料的原子热容符合杜隆-珀蒂定律。因此，对于室温及以上的定容比热容通常采用杜隆-珀蒂定律来估算[5,6]。杜隆-珀蒂定律可以用式 (2-33) 表示：

$$C = 3R = 3N_A k_B \tag{2.33}$$

式中，C 为某元素的原子热容；R 为气体普适常数；N_A 为阿伏伽德罗常数；k_B 为玻尔兹曼常数。对于含有多种元素的化合物而言，还需要满足柯普定律，如式 (2.34) 表示：

$$C = \sum C_i n_i \tag{2.34}$$

式中，C_i 为元素 i 的原子热容；n_i 为 1mol 化合物中元素 i 的摩尔分数；C 为最终的平均原子热容。原子热容 C 结合相对分子质量即可转化为比定压热容 C_p。杜隆-珀蒂定律仅考虑了晶格简谐振动项对比定压热容的影响，实际计算中还应考虑晶格膨胀项对比定压热容的贡献[5]。

2.6 声 速 测 量

声速是热学和力学中的一个重要概念，与块体材料的弹性性质和晶格热导率息息相关。声速可以采用超声回声法测得，已知声速后可以求出弹性性能参数、剪切模量、杨氏模量，还可以计算出材料的比定压热容，进而得到材料的晶格热导率[21-25]。

　　材料的声速在一定程度上反映了化学键结合的能力。超声回声法通过超声发生器结合横纵波探头产生横波与纵波信号，并用示波器采集超声波穿透试样前后的信号[15]。测试原理如图 2.17 所示，对于两面平整且平行的样品，在其中一个表面涂抹耦合剂，然后将信号发射头(同时也是信号接收头)紧贴于该表面，施加的声波信号在样品内部传输后会在另一表面发生反射，此时在信号接收头可接收到反射信号。声速随时间变化的衰减信号如图 2.18 所示。在该过程中会采集到逐渐衰减的多个反射信号，通过示波器不难找到信号的周期 Δt_i(下标 $i = 1$, t 分别代表

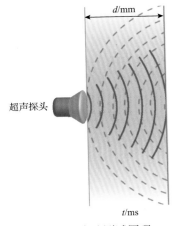

图 2.17　声速测试原理

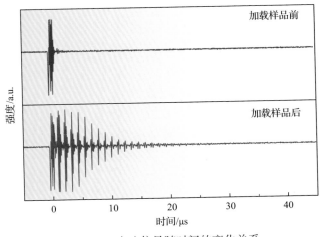

图 2.18　声速信号随时间的变化关系

纵波与横波)。对于厚度为 d 的样品,信号传输距离为 $2d$,声速可以由式 (2.35) 计算得到:

$$v_i = \frac{2d}{\Delta t_i}, \qquad i = l, t \tag{2.35}$$

2.7　转换效率测量

热电器件的最大转换效率和最大输出功率是评价热电器件性能的重要参数。在实际测试中,一般会在器件的热端 (T_h) 和冷端 (T_c) 之间建立稳定的温差,通过"四探针"法来测定输出电压 ΔU 和输出功率 P,冷端热流 Q_c 则通过稳态法来确定[26](图 2.19)。转换效率可采用式 (2.36) 计算[27]:

$$\eta = \frac{P}{P + Q_c} \times 100\% \tag{2.36}$$

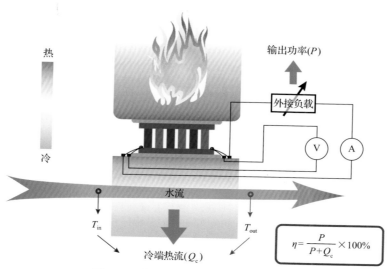

图 2.19　热电发电器件评价装置原理图

在一定的温差条件下,通过调整负载电阻 R,可以得到 $\Delta U \sim I$ 曲线图和 $P \sim I$ 曲线图。$\Delta U \sim I$ 曲线中的斜率即为器件内阻,与 y 轴的截距即为开路电压 ΔU_{oc}。当器件内阻等于负载电阻 R 时,可得到器件的最大输出功率 P_{max}。Q_c 可以通过热流计法和循环水法进行测定。热流计法的实质是在器件冷端下方放置一个热流计或已知热导率的铜柱,此时 Q_c 可由式 (2.37) 计算得到[28]:

$$Q_{\mathrm{c}} = \kappa \frac{T_1 - T_2}{h}(l \times w) \tag{2.37}$$

式中，κ 为热流计/铜柱的热导率；T_1、T_2 分别为热流计/铜柱的热端温度和冷端温度；l、w 分别为热流计/铜柱垂直于输出热流流动方向横截面积的长度和宽度；h 为热流计/铜柱热端和冷端之间的高度差。

目前商用设备主要采用循环水法来测试 Q_{c}，即在器件冷端下方放置一中空的铜柱，铜柱中有循环水，通过测量进水口和出水口的温度，并由式(2.38)和式(2.39)计算得到 Q_{c}[26]。

$$Q_{\mathrm{c}} = v \cdot C_{\mathrm{p}} \cdot \Delta T \tag{2.38}$$

$$\Delta T = T_{\mathrm{out}} - T_{\mathrm{in}} \tag{2.39}$$

式中，v 为单位时间内循环水的流速；C_{p} 为循环水的比定压热容；T_{in} 和 T_{out} 分别为进水口和出水口的温度；ΔT 为循环水进水口和出水口的温差。测得的 Q_{c} 包含了器件本身的传导热、焦耳热、佩尔捷热。

图 2.20 表示测得器件的输出电压 ΔU、功率 P、冷端热流 Q_{c} 和转换效率 η。在转换效率测试中的误差来源主要有：①器件冷热端的测试温度难以长时间稳定、精确控制，这在中高温度段的器件测试中更为明显；②测试过程中会不可避免地造成热对流和热辐射两种形式的热损失；另外，随着测试电流的增大，焦耳热也呈上升的趋势；③目前的测试设备对热电单臂的测试都需要进行电极的焊接，缺乏对材料单臂更为直接的测试方式，这对单一热电材料性能的评估十分不利。

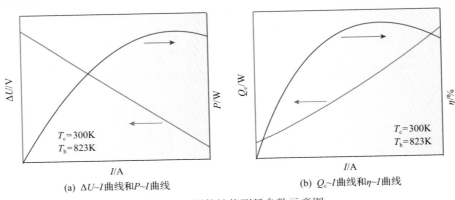

(a) $\Delta U \sim I$ 曲线和 $P \sim I$ 曲线　　　　　(b) $Q_{\mathrm{c}} \sim I$ 曲线和 $\eta \sim I$ 曲线

图 2.20　器件性能测量参数示意图

参 考 文 献

[1] Wei T R, Guan M, Yu J, et al. How to measure thermoelectric properties reliably[J]. Joule, 2018, 2（11）: 2183-2188.

[2] 高敏, 张景韶, Rowe D M. 温差电转换及其应用[M]. 北京: 兵器工业出版社, 1996.

[3] Goldsmid H J. Introduction to Thermoelectricity[M]. Berlin: Springer, 2010, Vol. 121.

[4] 陈立东, 刘睿恒, 史迅. 热电材料与器件[M]. 北京: 科学出版社, 2018.

[5] Wang H. High temperature transport properties of Lead chalcogenides and their alloys[D]. California Institute of Technology, 2014.

[6] 潘瑜. 碲化铋基热电材料的热电输运特性和性能优化研究 [D]. 北京: 清华大学, 2018.

[7] 谭晴. Sn-S 基化合物热电材料的制备及其性能 [D]. 北京: 清华大学, 2016.

[8] 黄响麟, 何琛娟, 廖红波, 等. 变温霍尔效应中副效应的研究[J]. 大学物理, 2011, 30 (3): 48-51,65.

[9] 倪忠楚. 霍尔效应中副效应的理论研究[J]. 电子世界, 2018, 5: 172-173.

[10] Ndlela Z, Bates C W. Sampling procedure for measuring Hall-coefficients using the vanderpauw method[J]. Review of Scientific Instruments, 1989, 60 (11): 3482-3484.

[11] Borup K A, de Boor J, Wang H, et al. Measuring thermoelectric transport properties of materials[J]. Energy & Environmental Science, 2015, 8 (2): 423-435.

[12] Xie W, He J, Zhu S, et al. Investigation of the sintering pressure and thermal conductivity anisotropy of melt-spun spark-plasma-sintered (Bi,Sb)$_2$Te$_3$ thermoelectric materials[J]. Journal of Materials Research, 2011, 26 (15): 1791-1799.

[13] Chen B, Li J, Wu M, et al. Simultaneous enhancement of the thermoelectric and mechanical performance in one-step sintered n-type Bi$_2$Te$_3$-based alloys via a facile MgB$_2$ doping strategy[J]. ACS Applied Materials & Interfaces, 2019, 11 (49): 45746-45754.

[14] 裴俊. 碲化物基热电材料及器件的制备与表征[D]. 北京: 北京科技大学, 2019.

[15] Pei J, Li H, Zhuang H L, et al. A sound velocity method for determining isobaric specific heat capacity[J]. InfoMat, 2022, 4 (12): e12372.

[16] Mathot V B F, Pijpers M F J. Heat-capacity, enthalpy and crystallinity for a linear polyethylene obtained by DSC[J]. Journal of Thermal Analysis, 1983, 28 (2): 349-358.

[17] Boller A, Jin Y, Wunderlich B. Heat-capacity measurement by modulated DSC at constant-temperature[J]. Journal of Thermal Analysis, 1994, 42 (2-3): 307-330.

[18] Schawe J E K. A comparison of different evaluation methods in modulated temperature DSC[J]. Thermochimica Acta, 1995, 260: 1-16.

[19] Merzlyakov M, Schick C. Step response analysis in DSC-a fast way to generate heat capacity spectra[J]. Thermochimica Acta, 2001, 380 (1): 5-12.

[20] Abdulagatov I M, Abdulagatova Z Z, Kallaev S N, et al. Thermal-diffusivity and heat-capacity measurements of sandstone at high temperatures using laser flash and DSC methods[J]. International Journal of Thermophysics, 2015, 36 (4): 658-691.

[21] Mayer B, Anton H, Bott E, et al. Ab-initio calculation of the elastic constants and thermal expansion coefficients of Laves phases[J]. Intermetallics, 2003, 11 (1): 23-32.

[22] Belomestnykh V N. The acoustical Gruneisen constants of solids[J]. Technical Physics Letters, 2004, 30 (2): 91-93.

[23] Belomestnykh V N, Tesleva E P, Soboleva E G. Maximum gruneisen constants for polymorph transformations in crystals[J]. Technical Physics Letters, 2008, 34 (10): 867-869.

[24] Sanditov D S, Belomestnykh V N. Relation between the parameters of the elasticity theory and averaged bulk modulus of solids[J]. Technical Physics, 2011, 56 (11): 1619-1623.

[25] Li W, Zheng L, Ge B, et al. Promoting SnTe as an eco-friendly solution for p-PbTe thermoelectric via band convergence and interstitial defects[J]. Advanced Materials, 2017, 29 (17): 1605887.

[26] Hu X, Nagase K, Jood P, et al. Power generation evaluated on a bismuth telluride unicouple module[J]. Journal of Electronic Materials, 2015, 44 (6): 1785-1790.

[27] Pei J, Li L, Liu D, et al. Development of integrated two-stage thermoelectric generators for large temperature difference[J]. Science China-Technological Sciences, 2019, 62 (9): 1596-1604.

[28] Hu X, Jood P, Ohta M, et al. Power generation from nanostructured PbTe-based thermoelectrics: comprehensive development from materials to modules[J]. Energy & Environmental Science, 2016, 9 (2): 517-529.

第3章 经典热电材料

3.1 引　言

　　热电效应被发现的一百多年后,对热电材料的研究从金属材料转移到半导体材料。20 世纪 30 年代,苏联科学家 Ioffe 通过理论预测了在 II-V、IV-VI、V-VI 族半导体化合物中有可能获得高性能热电材料。此后,在 Ioffe 的倡导下热电材料及其应用技术的研究被列入苏联的第一个五年国家项目中,与此同时热电研究也引起了美国 Radio Corporation of America 和 General Electric Corporation 等公司的重视。20 世纪 50 年代中期开始,碲化铋(Bi$_2$Te$_3$)、碲化铅(PbTe)、硅锗(SiGe) 等重要的半导体热电材料体系被相继发现[1-3],热电领域的发展迎来了飞跃。

　　上述三种热电化合物称为经典热电材料,也称为第一代热电材料。三者的带隙按照上面的顺序由小到大,分别对应低、中、高温区,因此也是最具有代表性的低、中、高温热电材料。前两者都是碲化物,其组成都是重元素且元素间的电负性相差很小,满足低热导率化合物的条件。锗与硅可形成无限固溶体,相比单质硅或锗的热导率有显著下降。碲化铅和硅锗在同位素热电发电机上也实现了应用[4],但其工业应用较少,而碲化铋作为最具代表性的热电材料之一,已经被广泛应用于室温附近的温差发电或热电制冷。

　　从 20 世纪中期到 90 年代初期,虽然热电转换技术得到一些应用,也出现了一些专门生产热电器件的公司,但对热电材料的研究却进展缓慢,热电材料的性能并没有获得突破。直到 20 世纪末,热电材料的研究才迎来新一波高潮,人们寄希望于利用热电转换技术实现余热发电来提高能源使用效率。同时,得益于纳米技术的发展,热电材料的理论和制备技术研究也取得了重大进展。本章将重点介绍三种经典材料的基本特性和近期研究进展。

3.2 碲化铋基热电材料

　　Bi$_2$Te$_3$ 基热电材料是研究最早的热电材料之一,因其在近室温区具有优异的热电性能,已在固态制冷/控温等领域获得相当规模的产业化应用,如精密电子器件控温仪、胰岛素低温存放箱、高级红酒柜、车载便携式小冰箱等领域。近年来,随着计算机技术和物联网技术的发展,Bi$_2$Te$_3$ 基热电材料还有望用于 CPU 控温、物联网传感器供电、智能家居等领域。

3.2.1　基本特性

通常所说的 Bi_2Te_3 基热电材料为 $(Bi,Sb)_2(Te,Se)_3$ 赝二元固溶体,其中 P 型成分通常为 $(Bi,Sb)_2Te_3$,N 型成分通常为 $Bi_2(Te,Se)_3$。$(Bi,Sb)_2(Te,Se)_3$ 赝二元固溶体又可以看成 Bi_2Te_3、Sb_2Te_3 和 Bi_2Se_3 组成的固溶体。Bi_2Te_3、Sb_2Te_3 和 Bi_2Se_3 具有相同的空间群,因此具有相似的性质。下面以 Bi_2Te_3 为主,简要介绍 Bi_2Te_3、Sb_2Te_3 和 Bi_2Se_3 与热电相关的基本性质。

1. 晶体结构

Bi_2Te_3、Sb_2Te_3 与 Bi_2Se_3 同属菱方相结构,空间群是 $R\bar{3}m$(166),其晶胞常数分别为 $a = b = 0.4385$ nm,$c = 3.0497$ nm;$a = b = 0.4264$ nm,$c = 3.0424$ nm 和 $a = b = 0.413$ nm,$c = 2.855$ nm。以 Bi_2Te_3 为例,为简单起见,通常也将其视为六面体层状结构,每五个原子层构成一个沿 c 轴的周期单元,每个单元里层与层的原子排布为 $-Te^{(1)}-Bi-Te^{(2)}-Bi-Te^{(1)}-$,如图 3.1 所示[5,6]。

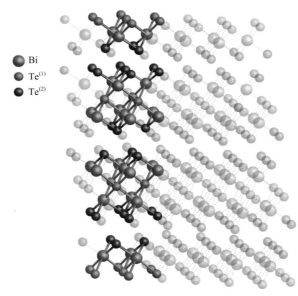

图 3.1　Bi_2Te_3 的晶体结构(每五层-$Te^{(1)}$-Bi-$Te^{(2)}$-Bi-$Te^{(1)}$-原子构成一个沿 c 轴方向的周期单元)

$Te^{(2)}$ 与 Bi 层之间为较强的离子-共价键,而 $Te^{(1)}$ 与 $Te^{(1)}$ 层间则为较弱的范德瓦耳斯力,这使得 Bi_2Te_3 容易产生相邻两 $Te^{(1)}$ 层的层间解理[7]。另外,得益于 Bi 元素较大的相对原子质量及非谐性的极性共价键,Bi_2Te_3 表现出很低的热导率,室温时单晶的面内晶格热导率约为 $1W/(m\cdot K)$。由于 Bi_2Te_3 的层状晶体结构,其电导率和热导率在沿 a 轴和 c 轴两个方向存在很明显的差异,a 轴方向的电导率

和热导率分别为 c 轴方向的 4 倍和 2 倍[8]。而泽贝克系数在单一载流子情况下沿 a 轴和 c 轴几乎一样(本征激发后由于电子和空穴迁移率在两个方向的差别可导致泽贝克系数的各向异性)[8-10]。这导致沿 ab 面内方向通常具有更加优异的热电性能。

2. 能带结构

Bi_2Te_3 具有较复杂的能带结构,在热电及拓扑绝缘体领域中已有大量研究。由于重元素 Bi 在该体系中引入了较大的自旋轨道耦合效应,原本交叠的导带和价带被劈开,这使得新的导带底和价带顶都移向了非高对称点,同时形成了较小的能隙和较高的能带简并度[11]。Bi_2Te_3 的多能谷特点和较小的单带有效质量为其优异的热电性能提供了保障。图 3.2 为 Bi_2Te_3 的电子能带结构[12]、禁带宽度[13]及布里渊区[11],从图中可以看出碲化铋的电子结构具有多带、多能谷、窄禁带等特点。有研究人员[14-16]发现,能带极值在第一布里渊区反射面处形成的六能谷模型可用来描述 Bi_2Te_3 的电子能带结构。其费米面的形状取决于载流子浓度,随着费米能的升高,更多的带将形成更复杂的费米面[17]。因此,调节载流子浓度对该体系的热电性能将产生较大影响,这也同样适用于 Sb_2Te_3。与之不同的是,Bi_2Se_3 的费米面相对简单,载流子浓度调节对其热电性能的影响较小。

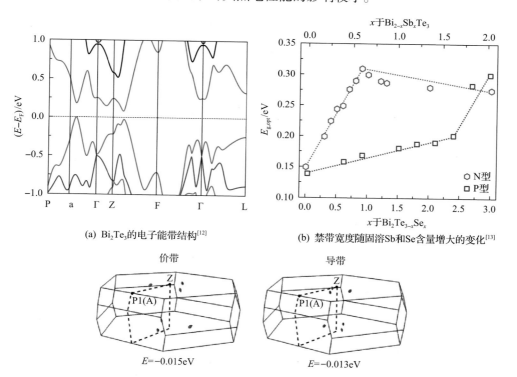

(a) Bi_2Te_3 的电子能带结构[12]　　　　　(b) 禁带宽度随固溶 Sb 和 Se 含量增大的变化[13]

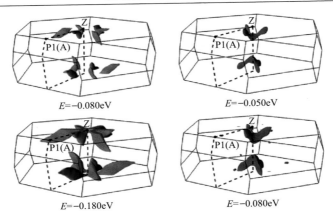

$E=-0.080\text{eV}$　　　　　　　　　　　$E=-0.050\text{eV}$

$E=-0.180\text{eV}$　　　　　　　　　　　$E=-0.080\text{eV}$

(c) 六能谷费米面随费米能增大的变化示意图[17]

图 3.2　Bi_2Te_3 的能带结构、费米面变化及禁带宽度随成分的变化关系

　　光学测试结果表明室温下 Bi_2Te_3 的带隙约为 0.14eV，随着温度的升高，带隙以 $0.95\times10^{-4}\text{eV/K}$ 的速度略微缩减[13]。Sb_2Te_3 和 Bi_2Se_3 的合金化对带隙的影响较大。一般认为，固溶 Se 使带隙增大，当 Se 的固溶量达到 $Bi_2Te_2Se_1$ 时 (Se 全部取代 $Te^{(2)}$ 位置，Se 因具有更强的电负性会首先取代 $Te^{(2)}$ 位置) 带隙达到最大，进一步增大 Se 的含量，带隙开始变小。而固溶 Sb 可使带隙缓慢增大，当 Sb_2Te_3 含量超过 85% 时才出现显著增大[13]。

　　一般认为，当能带发生简并时，电子能够在多个带中进行传输，所以材料具有较高的迁移率和较大的泽贝克系数，从而能够有效提高功率因子。如图 3.3 所示，区熔法制备的 P 型 $(Bi,Sb)_2Te_3$ 在不同 Bi/Sb 比例下的有效质量将发生改变，并在对应成分为 $Bi_{0.5}Sb_{1.5}Te_3$ 附近出现一个峰值，说明在此成分下能带发生了简并。由此可知，$Bi_{0.5}Sb_{1.5}Te_3$ 的高热电性能不仅是因为载流子浓度达到最优值，而且能带简并也发挥了重要作用。Kim 等[18]通过双带模型很好地解释了实验测得的热电性能随 Sb 含量 (x) 改变的趋势。

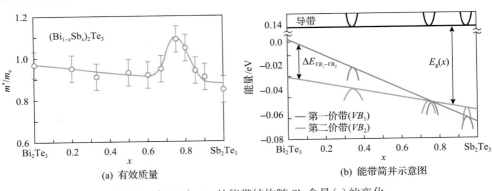

(a) 有效质量　　　　　　　　　　　　　(b) 能带简并示意图

图 3.3　$(Bi,Sb)_2Te_3$ 的能带结构随 Sb 含量 (x) 的变化

3. 相图及点缺陷

Bi$_2$Te$_3$ 基热电材料的相图和本征点缺陷的相关研究可以追溯到 20 世纪 50 年代，Satterthwaite 和 Ure[19] 及 Brebrick[20] 等揭示了高温相图的固相线与化学计量比的关系。Bi-Te 二元相图如图 3.4(a) 所示。Bi$_2$Te$_3$ 中 Bi 和 Te 原子的化学原子计量比并非固定为 2∶3，而是在 2∶3 附近稍有波动。从相图放大图(图 3.4(b))可知，当区熔铸锭中 Bi 和 Te 的化学计量比为 2∶3 时，铸锭会天然地形成富 Bi 的 Bi$_2$Te$_3$ 相[19]。由于 Bi$_2$Te$_3$ 熔点对应的成分偏离了化学计量比，所以在冷却过程中必然伴随本征点缺陷的产生。由于点缺陷本身带电荷，所以不同的生长条件会在材料中引入不同的点缺陷，从而明显影响样品的载流子浓度，进而影响样品的热电输运性质。Bi 和 Te 具有非常相近的鲍林电负性(Pauling electronegativity)和共价半径(covalent radii)。如表 3.1 所示，Bi 的鲍林电负性为 1.90，Bi 的共价半径为 1.46Å，Te 的鲍林电负性为 2.10，Te 的共价半径为 1.36Å。此外，Te 的汽化热(52.55kJ/mol)显著低于 Bi 的汽化热(104.80kJ/mol)，所以 Te 更容易挥发，进而形成富 Bi 环境。在富 Bi 环境中，Bi$_2$Te$_3$ 易形成 Bi$'_{Te}$ 反位缺陷，每个 Bi$'_{Te}$ 反位缺陷将在价带中引入一个空穴[21]。其具体的缺陷方程可以描述为

$$\text{Bi}_2\text{Te}_3 = \left(2 - \frac{2}{5}x\right)\text{Bi}_{\text{Bi}}^{\times} + (3-x)\text{Te}_{\text{Te}}^{\times} + x\text{Te(g)} \uparrow$$
$$+ \left(\frac{2}{5}x\text{V}_{\text{Bi}}''' + \frac{3}{5}x\text{V}_{\text{Te}}^{\bullet\bullet}\right)^{\times} + \frac{2}{5}x\text{Bi}_{\text{Te}}' + \frac{2}{5}xh^{\bullet} \tag{3.1}$$

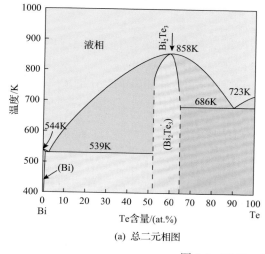

(a) 总二元相图

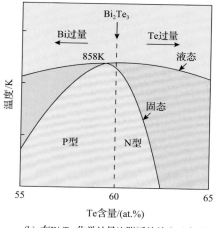

(b) 在Bi$_2$Te$_3$化学计量比附近的放大示意图

图 3.4　Bi-Te 二元相图[22]

表 3.1 Bi、Sb、Te、Se 四种元素的共价半径、鲍林电负性和汽化热

元素名称	共价半径/Å	鲍林电负性	汽化热/(kJ/mol)
Bi	1.46	1.90	104.80
Sb	1.40	2.05	77.14
Te	1.36	2.10	52.55
Se	1.16	2.55	26

这正是区熔法制备的 Bi_2Te_3 铸锭天然地表现出 P 型输运特性的原因。反之，在富 Te 环境中可以抑制 $Bi_{Te}^{'}$ 反位缺陷的形成，而促进 $Te_{Bi}^{·}$ 反位缺陷的形成，每个 $Te_{Bi}^{·}$ 会引入 1 个电子，从而形成 N 型的 Bi_2Te_3。其具体的缺陷方程可以描述为

$$Bi_2Te_3 = 2Bi_{Bi}^{\times} + (3-x)Te_{Te}^{\times} + xTe_{Bi}^{·} + xe' \tag{3.2}$$

Bi、Sb、Te、Se 的鲍林电负性及汽化热如表 3.1 所示。电负性差值越小，反位缺陷形成能越低。Bi_2Te_3 基二元化合物反位缺陷形成能的关系如式 (3.3)，即

$$E_{AS}(\text{Sb-Te}) < E_{AS}(\text{Bi-Te}) < E_{AS}(\text{Sb-Se}) < E_{AS}(\text{Bi-Se}) \tag{3.3}$$

反位缺陷的形成能越小，越容易形成反位缺陷，载流子浓度越高；反之，反位缺陷的形成能越大，类施主效应越明显。因此，Sb_2Te_3 中将存在更多的 $Sb_{Te}^{'}$ 反位缺陷，具有更高的空穴载流子浓度，表现出 P 型的输运性质。Se 的汽化热比 Te 的汽化热更小，Bi_2Se_3 中 Se 的挥发现象更为严重，从而促进形成 $V_{Se}^{··}$；同时 Bi-Se 之间的鲍林电负性差值更大，以抑制 $Bi_{Se}^{'}$ 反位缺陷的形成。因此，Bi_2Se_3 表现出 N 型的输运特性。同样地，Bi_2Te_3 中引入 Se 也可抑制 $Bi_{Te}^{'}/Bi_{Se}^{'}$ 反位缺陷的形成，促进 $V_{Te}^{··}$ 或 $V_{Se}^{··}$ 的形成，有效提升电子载流子浓度。

Bi_2Te_3 的理论密度为 $7.86g/cm^3$，但因点缺陷的存在其密度通常低于理论密度。其熔点为 858K，比组成元素 Bi（熔点 544K）和 Te（熔点 723K）高。Sb_2Te_3 和 Bi_2Se_3 合金都具有与 Bi_2Te_3 相同的晶体结构，因此在全组分范围内可与其构成赝二元的连续固溶体。正是 Bi_2Te_3、Sb_2Te_3 和 Bi_2Se_3 的相互固溶对点缺陷的天然影响才导致不同的载流子浓度，实验上可通过调节不同的固溶比例达到调节载流子浓度的目的。

4. 基本物性

表 3.2 列出了 Bi_2Te_3 基热电材料的基本物理性质。总体而言，Bi_2Te_3 基热电材料是一个窄禁带的半导体，但由于其具有较高的本征缺陷浓度，所以其电阻率和泽贝克系数都呈现出类金属特性，即电阻随温度升高而增大，泽贝克系数也随温度升高而增大。然而，由于其窄禁带特性，在稍高的温度下极容易发生本征激

发过程，所以泽贝克系数急速下降。室温下，泽贝克系数与载流子浓度拟合所得的 $Bi_{0.5}Sb_{1.5}Te_3$ 和 $Bi_2Te_{2.7}Se_{0.3}$ 的有效质量分别约为 $1.0m_e$ 和 $0.8m_e$[18,23]。另外，得益于较低的声子传输速度和较大的格林艾森常数，该体系的热导率很低。

表 3.2　Bi_2Te_3 基热电材料的基本物理性质

物理性质	大小
熔点	858K (Bi_2Te_3) [19]
密度	7.856g/cm^3 (Bi_2Te_3) [24]
室温禁带宽度	0.14eV (Bi_2Te_3) [13]
有效质量	$1.0m_e$ ($Bi_{0.5}Sb_{1.5}Te_3$) [18] $0.8m_e$ ($Bi_2Te_{2.7}Se_{0.3}$) [23]
声速	2147m/s (a 轴)，2070m/s (c 轴) [25]
格林艾森常数	1.5 (Bi_2Te_3)、2.3 (Sb_2Te_3)、1.4 (Bi_2Se_3) [26]

粉末烧结的细晶粒样品中的本征点缺陷比区熔法制备的铸锭要复杂得多。制备条件和成分偏差都会明显影响本征点缺陷的种类和浓度。总体而言，细晶粒样品引入了两个新的影响因素：一个是缺陷反应引起的类施主效应[27]，另一个是晶界作用[28]。在粉末烧结样品的制备过程中，研磨、球磨、机械合金化及热压等一切引起较大机械变形的因素都会使样品中的电子浓度增大，该现象可归因于类施主作用，可用如下缺陷反应方程描述：

$$2V_{Bi}''' + 3V_{Te}^{\bullet\bullet} + Bi_{Te}' = V_{Bi}''' + Bi_{Bi}^{\times} + 4V_{Te}^{\bullet\bullet} + 6e' \tag{3.4}$$

其中，参与反应的 Bi_{Te}' 和 $V_{Te}^{\bullet\bullet}$ 都是在机械变形过程中产生的。因为该类施主效应的作用，粉末烧结样品通常表现为 N 型[27-29]。为了获得 P 型粉末烧结样品，通常会在 Bi 位固溶较多的 Sb，从而增加空穴的浓度。因此，对应最优载流子浓度的粉末烧结样品和区熔铸锭样品的成分有所不同。近年来，Zhang 等[30]发现通过提高烧结温度也可以降低类施主效应的能量势垒，同时增加电子载流子浓度。晶界的影响则主要体现在由裸露的悬挂键而引起的电荷失衡。晶界处的悬挂键可以看作带电点缺陷，这在 N 型样品中尤为显著。正因如此，晶粒尺寸也会对载流子浓度产生一定影响。研究发现，SiC 颗粒复合会改变载流子浓度[31]，虽然 SiC 颗粒本身并不会起到化学掺杂作用，但它会影响晶粒尺寸和缺陷结构。

3.2.2　研究进展

基于 Bi_2Te_3 的 P 型 $(Bi,Sb)_2Te_3$ 和 N 型 $Bi_2(Te,Se)_3$ 热电材料因其优异的电学性能(高迁移率、较大的能带简并度)和较低的热导率，自 1960 年起就已在热电制冷领域获得重要应用。近年来，研究者基于新的理论和先进的实验条件，希望将其热电性能进一步提升，以拓宽其应用范围。Bi_2Te_3 的研究大致可以分为以下两个阶段。

(1) 第一阶段：单晶/类单晶研究阶段(20 世纪 50 年代～21 世纪初)。20 世纪 50 年代，人们发现半导体材料相比于金属导体具有更优的热电性能，采用布里奇曼法或区熔法制备了 N 型/P 型碲化铋材料，并着眼于其近室温区的热电性能研究。热电理论也在这一过程中逐步发展起来。20 世纪 60 年代，Goldsmid 研究了区熔大块晶体或布里奇曼法制备的单晶 Bi_2Te_3 的热电性能[8]，报道了不同载流子浓度 Bi_2Te_3 的输运性质的各向异性及能带结构特性。Goldsmid[8] 和 Situmorang[9] 发现 Bi_2Te_3 的泽贝克系数具有各向异性。这一时期的研究对象不再局限于二元 Bi_2Te_3，人们开始研究三元化合物，如 Sb 与 Se 固溶体(P 型通常与 Sb_2Te_3 固溶，N 型与 Bi_2Se_3 固溶)，并通过掺杂的形式调控载流子浓度并优化其热电性能，使其区熔铸锭在 300K 时的 ZT 值达到 1 左右。Miller 和 Li[24] 通过密度测试证明了 Bi_2Te_3 中存在反位缺陷，Horak 等[32] 研究了外部掺杂原子对 Sb_2Te_3 和 Bi_2Te_3 的反位缺陷的影响，Navratil 等[27] 进一步提出了点缺陷相关的"类施主效应"，表明材料制备过程可引入多余的电子。研究者还对其晶体结构、热膨胀系数等进行了深入研究。此外，还出现了有关 Bi_2Te_3 基化合物的能带结构、有效质量、载流子散射等的理论研究。在此阶段，大量的研究工作逐步确定了 P 型碲化铋的最优成分为 $(Bi,Sb)_2Te_3$ 合金，具体成分为 $Bi_{0.5}Sb_{1.5}Te_3$，通过加入过量的 Te 可以有效提升载流子浓度。N 型碲化铋的最优成分为 $Bi_2(Te,Se)_3$，具体成分为 $Bi_2Te_{2.7}Se_{0.3}$ 或 $Bi_2Te_{2.85}Se_{0.15}$，通过加入金属卤化物可调节载流子浓度。这一时期的一些研究结果对于目前的研究仍具有重要的指导意义。

(2) 第二阶段：多晶及纳米化研究阶段(21 世纪初至今)。传统的区熔法和布里奇曼法制备的碲化铋基材料具有极高的晶体取向度，类似于单晶。如前所述，碲化铋为层片状结构，层间由范德瓦尔斯结合。因此，类单晶的碲化铋基热电材料极易在层间发生解理断裂，力学性能较差。这极大地影响了该材料的加工性能和使用寿命。因此，碲化铋的多晶化及纳米化研究逐渐成为主流。第二阶段起源于 21 世纪初，其标志性的转折点为 2008 年 Poudel 等[33] 采用球磨法结合热压烧结成功制备了 P 型 $Bi_{0.5}Sb_{1.5}Te_3$ 多晶块体，通过球磨法制得了大量细小的纳米晶粉末，热压过后保留了大量纳米结构，在维持高功率因子的同时获得了超低的热导率，块体样品的 ZT 峰值在 373K 可达 1.4。随着测试技术和新型设备的发展，人们不仅研究了其室温热电性能，还系统研究了其在较宽温度范围内的热电输运性质。

近年来，随着新型制备工艺的出现及位错工程、纳米工程等新概念的提出，多晶碲化铋的研究获得了长足的发展。不同的制备工艺可以产生不同的微观结构，这极大地影响了碲化铋的热电性能。目前，碲化铋的主要制备方法除传统区熔法外，还有球磨法、化学法等。近年来，粉末冶金技术中又衍生出液相烧结及循环液相烧结等工艺，这些工艺的开创有效地提升了材料的热电性能。因此，下面首先以制备工艺为主线介绍碲化铋的研究进展。

(1)区熔法。区熔法是一种已经商用化的制备碲化铋的方法。近年来，有部分学者研究通过优化区熔工艺来提升碲化铋的热电性能。Zhai 等[34]系统研究了石英管锥度、元素纯度、温度梯度和生长速率对 N 型和 P 型碲化铋铸锭热电性能的影响。Zhou 等[35]发现在微重力环境中生长的 N 型 $Bi_2Te_{0.79}Se_{0.21}$+0.08wt%TeI_4样品沿生长方向的成分分布相比于地表环境下生长的晶体更均匀，晶体结晶性更强，其在 300K 时的 ZT 值可达 1.14，相比地表环境下生长的晶体提升了 29%。

(2)粉末冶金法。Poudel 等[33]采用球磨法和热压烧结法制备出具有纳米微结构的$(Bi,Sb)_2Te_3$块体样品，在 373K 时其 ZT 峰值可达 1.4。Lan 等[36]通过对其微观结构的分析发现基体中包含纳米晶和微米晶，纳米晶之间存在 4nm 厚的富 Bi 界面层，这种微纳米结构增强了声子散射，使热导率大幅降低。Zhang 等[37]在球磨过程中向球磨罐中加入少量的有机溶剂-油酸，从而有助于细化晶粒，并产生纳米级微孔，从而使晶格热导率下降。油酸的引入还抑制了点缺陷(如Sb'_{Te}反位缺陷)的产生，降低空穴载流子浓度，使泽贝克系数增大、电导率降低、功率因子减小。当油酸含量为 2.0wt%时，ZT 峰值提高至 1.3(373K)。Chen 等[38]报道了在球磨过程中加入液氮，采用低温研磨的方式将原始尺寸为～5mm 的 Bi_2Te_3 粗晶颗粒研磨为～70 nm 的粉末。与传统高能球磨制备的纳米 Bi_2Te_3 粉末不同的是，这种低温研磨工艺制备的纳米 Bi_2Te_3 粉末不存在非平衡的非晶相，也未发生物相分解。值得注意的是，区熔法制备的 Bi_2Te_3 样品为 P 型半导体，而粉末冶金制备的 Bi_2Te_3 则表现出 N 型传导特性。这主要是因为 Bi_2Te_3 在机械粉碎的过程中受类施主效应和晶粒细化双重作用的影响。

由于类施主效应和能带简并的双重影响，不同的材料制备方法对其最优组分将产生影响。Chen 等[39]通过机械合金化法结合放电等离子体烧结法制备了一系列$Bi_xSb_{2-x}Te_3$块体样品。他们发现在区熔样品最佳成分 $Bi_{0.5}Sb_{1.5}Te_3$ 的基础上，增加 Sb 的含量可增加载流子浓度和电导率。当 Sb 含量增加到 $Bi_{0.3}Sb_{1.7}Te_3$ 时，在 323K 获得的最大功率因子为 31.4μW/(cm·K^2)，远高于 $Bi_{0.5}Sb_{1.5}Te_3$ 样品的功率因子 22.7μW/(cm·K^2)，其 ZT 峰值提高至 1.23(423K)。该研究表明，区熔法制备样品和粉末冶金法制备样品的最佳组分并不相同，然而由于 $Bi_{0.5}Sb_{1.5}Te_3$ 样品可以表现出能带收敛的特性，因此一部分学者在后续研究中采用 $Bi_{0.3}Sb_{1.7}Te_3$、$Bi_{0.4}Sb_{1.6}Te_3$等作为基体成分，另一部分学者仍以传统区熔的最佳成分 $Bi_{0.5}Sb_{1.5}Te_3$ 作为基体成分。

Pan 等[40]研究了粉末烧结条件下 Se 含量对 N 型碲化铋热电性能的影响。研究表明，粉末烧结制备的 N 型碲化铋材料出现了类施主效应，从而影响了载流子浓度。其最优成分 $Bi_2Te_{2.5}Se_{0.5}$ 和 $Bi_2Te_{2.2}Se_{0.8}$ 在低温（323～423K）时热电性能的差别不大，但由于 $Bi_2Te_{2.2}Se_{0.8}$ 具有更宽的禁带，可有效抑制双极效应，所以 $Bi_2Te_{2.2}Se_{0.8}$ 在继续升温的过程中其 ZT 值持续增大，直至 473K 时达到峰值 0.82。Mei 等[41]采用半固态粉末加工工艺制备了 N 型碲化铋多晶块体热电材料，其最小的晶格热导率仅为 $0.163W/(m·K)$，ZT 峰值在 423K 达到 0.89。Song 等[42]通过机械合金化法结合热压法将 Al 掺杂的 ZnO 纳米颗粒（简称 AZO）引入 N 型 $Bi_2Te_{2.7}Se_{0.3}$，最优成分 $Bi_2Te_{2.7}Se_{0.3}(AZO)_{0.05}$ 的 ZT 峰值约 0.85（323K）。

（3）热变形工艺。前述可知，碲化铋为层状结构，ab 面内和 c 轴方向很容易表现出各向异性的热电输运性质。热变形工艺是在一定温度下通过施加外力使材料发生热塑性变形，变形过程中通常伴随着层间滑移、晶粒翻转和晶粒长大，从而提高其取向性。热变形工艺又可分为热锻工艺和热挤压工艺。热变形过程中施加额外的机械力通常引起类施主效应，从而改变载流子浓度。此外，热变形工艺还会引入晶格扭曲、位错和纳米晶，从而降低晶格热导率，提高材料的热电性能。通过热变形工艺制备的具有取向性的多晶碲化铋基材料，同时兼顾优良的热电性能和力学性能。因此，热变形工艺因其独特的优势而受到人们的广泛关注。

Shen 等[43]和 Zhu 等[44]通过热锻工艺制备了 P 型 $Bi_{0.5}Sb_{1.5}Te_3$ 块体。微观结构分析并没有观察到明显的织构，但样品的热导率却极低。研究表明，热锻过程中发生了晶粒再结晶过程，出现了大量的原位纳米结构和高密度晶格缺陷，显著增强了声子散射并降低了热导率，获得了较大的室温 ZT 值，其值大于 1.3。此外，Hu 等[45]通过热变形工艺制备了一系列 $Bi_{2-x}Sb_xTe_3$ 固溶体。研究发现增加 Sb 含量，可以增加载流子浓度和禁带宽度，进而抑制双极扩散，并使 ZT 峰值向高温移动。当 $x=1.7$ 时（即 $Bi_{0.3}Sb_{1.7}Te_3$），在 380K 达到 ZT 峰值为 1.3。在 300～480K 温度范围内平均 ZT 值达到 1.18。Xu 等[46]调整 Bi/Sb 比例，通过热变形工艺结合 In 掺杂，实现了能带结构工程和多尺度微结构的协同调控，得到 $Bi_{0.3}Sb_{1.625}In_{0.075}Te_3$ 的 ZT 峰值达到～1.4（500K），在 400～600K 温区的平均 ZT 值高达～1.3[47]。

Zhang 等[30]从热力学和动力学的角度分析了点缺陷形成的机制。研究发现，热变形工艺可以增强类施主效应，机械形变可以促进阳离子空位的形成及类施主效应的发生；提升烧结温度可以为 Bi'_{Te} 反位缺陷提供额外的能量，有助于 Bi'_{Te} 翻越能量势垒恢复为 $V^{••}_{Te}$ 空位，从而产生电子，导致载流子浓度升高。Yan 等[48]通过二次热压工艺将 N 型 $Bi_2Te_{2.7}Se_{0.3}$ 晶粒细化，并观察到择优取向。二次热压后，功率因子由之前的 $25\mu W/(cm·K^2)$ 提升至 $35\mu W/(cm·K^2)$，其 ZT 峰值从 0.85 提升至 1.04。Hu 等[49]通过多次热锻工艺将商用 N 型 $Bi_2Te_{2.79}Se_{0.21}$ 块体的 ZT 峰值提升至 1.2，相比于 N 型区熔铸锭提升了 30%。

（4）挤出液相 Te 工艺。2015 年，Kim 等[50]在 $Bi_{0.5}Sb_{1.5}Te_3$ 中引入过量的 Te，由此产生的共晶液相在放电等离子体烧结（SPS）过程中可以被挤出，从而在晶界处产生高密度的位错。高密度位错强烈地散射中频声子，从而降低晶格热导率，在 320K 时得到高达 1.86 的 ZT 值。早期研究中，人们发现额外加入 Te 可以有效调节 $(Bi,Sb)_2Te_3$ 的载流子浓度，而 Kim 等[50]则通过挤出液相 Te 在晶界处产生高密度位错。尽管形式上都是在碲化铋基体中加入过量 Te，但挤出液相 Te 工艺与之前调控载流子浓度的内在机制并不相同，其机制示意图如图 3.5 所示。

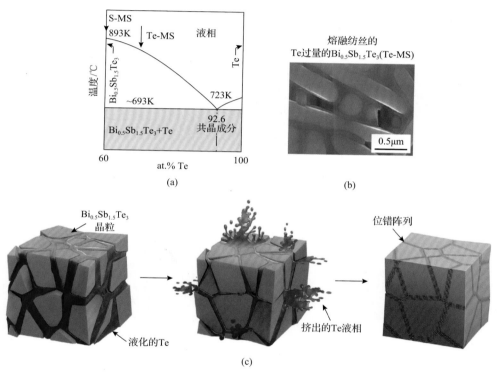

图 3.5　液相 Te 挤出工艺原理示意图[50]

由挤出液相 Te 工艺还演变出了一系列类似工艺。Pan 等[51]提出一种熔融离心工艺制备高性能 P 型碲化铋基热电材料。其具体工艺如图 3.6 所示，在碲化铋基体原料中加入过量 Te，随后在加热条件下经高速离心以甩出共晶液相，采用该方法也可在晶界附近引入大量位错。由于离心力较小，甩出共晶液相后将在原来的位置留下孔洞。基于有效介质理论分析发现，这可显著降低晶格热导率，从而使其热电性能显著提高。实验得到 $Bi_{0.5}Sb_{1.5}Te_{4.31}$ 的 ZT 峰值达 1.2（373K）。随后，Pan 等[52]使用两步烧结工艺，即先在共晶点以下温度烧结 5min，将粉末完全烧结为块体，然后在共晶点以上温度保温 5min 以挤出过量 Te。微观结构分析发现样品内部存在大量富 Sb 纳米析出相，从而有效降低了晶格热导率。通过调整 Bi/Sb 比例进一步优化载流子浓度，在 323K 获得的 ZT 峰值为 1.38。Zhuang 等[53]报道了循环液相烧结制备过量 Te 的(Bi,Sb)$_2$Te$_3$ 材料，即烧结温度在共晶温度附近循环波动的变化，具体烧结工艺如图 3.7 所示。通过循环液相烧结，一方面加压产生的塑性变形可引入大量位错，晶格热导率大幅降低；另一方面，循环烧结还可以促进晶粒长大，从而提高载流子迁移率和功率因子。实验得到 Bi$_{0.4}$Sb$_{1.6}$Te$_{3.2}$ 的 ZT 峰值达 1.46（348K）。

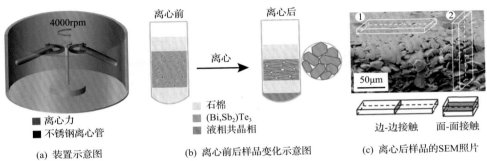

(a) 装置示意图　　　　(b) 离心前后样品变化示意图　　　(c) 离心后样品的SEM照片

图 3.6　熔融离心法制备 Bi$_{0.5}$Sb$_{1.5}$Te$_3$ 的装置及样品

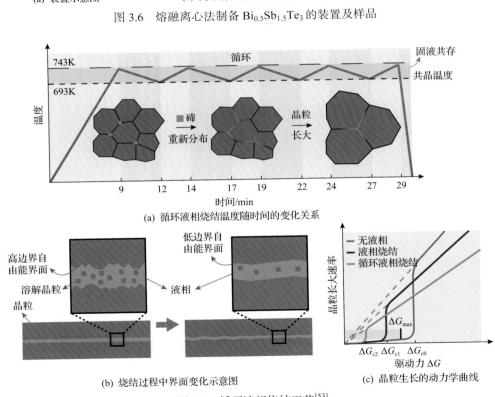

(a) 循环液相烧结温度随时间的变化关系

(b) 烧结过程中界面变化示意图　　　　(c) 晶粒生长的动力学曲线

图 3.7　循环液相烧结工艺[53]

Wu 等[54]探究了液相辅助的热变形工艺对 N 型 $Bi_2Te_{2.7}Se_{0.3}$ 的影响。通过引入过量 Te，在烧结过程中将 Te 转为液相挤出。液相挤出工艺促进了晶粒的旋转，增强了 (001) 的织构度，提升了载流子迁移率。热变形过程中产生的高密度位错显著降低了晶格热导率，N 型 $Bi_2Te_{2.7}Se_{0.3}$+16wt%Te 的 ZT 峰值为 1.1 (400K)。

化学合成法。为了获得细小的纳米晶以降低晶格热导率，大量学者还研究了通过化学合成法制备纳米碲化铋前驱体粉体，再通过热压烧结或放电等离子体烧结制得块体。Cao 等[55]还通过大规模温和的化学镀 Ag 法制备了高性能的 $Ag/Bi_{0.5}Sb_{1.5}Te_3$ 纳米复合材料。一部分 Ag 进入 $(Bi,Sb)_2Te_3$ 晶格内，另一部分 Ag 在基体中形成 Ag_2Te 第二相，从而可以有效散射声子，使晶格热导率降低至 0.34W/(m·K)。实验得到的 ZT 峰值达到 1.07 (373K)。Cao 等[56]通过水热法结合热压烧结法制备了纳米晶 $(Bi,Sb)_2Te_3$ 材料，纳米晶有效地增强了声子散射，降低了热导率。在 303K 获得 ZT 峰值为 1.28。随后，他们将水热法制得的层厚为 5～50nm 的 Bi_2Te_3 和 Sb_2Te_3 纳米层片状粉末以 1∶1 均匀混合烧结得到块体，其 ZT 峰值可达 1.47 (450K)[57]。

近年来，采用化学法合成 N 型碲化铋一直是人们的研究重点之一。Yang 等[58]通过溶剂热法合成了 N 型 Bi_2Te_3 纳米颗粒，然后采用放电等离子体烧结制备块体。N 型 Bi_2Te_3 块体保持了细小的纳米晶，从而可以有效地散射声子，降低晶格热导率 [约 0.2W/(m·K)]，得到 ZT 峰值为 0.88 (400K)。通过溶剂热法合成了含有 Cr_2TeO_6 的 Bi_2Te_3 纳米片，其中 Cr_2TeO_6 抑制了 Te 空位，使载流子浓度由约 $1×10^{20}cm^{-3}$ 降至约 $7×10^{19}cm^{-3}$，最低热导率为 0.48W/(m·K)。在 420K 获得 ZT 峰值约为 1.1，在 320～470K 时的平均 ZT 值约为 1。Hong 等[59]进一步通过微波辅助的无表面活性剂的溶剂热法合成了高质量的三元 $Bi_2Te_{3-x}Se_x$ 纳米片，所获得的 N 型 $Bi_2Te_{2.7}Se_{0.3}$ 纳米结构块体在 480K 时获得了超高的 ZT 值 1.23。

化学合成法所制备碲化铋材料的电输运性能偏低，这可能是由于化学合成的前驱体粉末不可避免地会吸附一定量的有机物，即使在烧结过程中也很难去除。有机物的存在会强烈散射载流子，降低载流子迁移率，从而使功率因子偏低。如果能去除前驱体粉末中的有机物，则化学合成法制得的材料有望获得更高的热电性能。

熔融旋甩法、热爆法及燃烧法。2007 年，Tang 等[60]通过熔融旋甩结合放电等离子体烧结制备了具有层片状纳米结构的 P 型碲化铋基块体材料。结果表明这种独特的层片状结构可以有效地散射声子，降低晶格热导率。其所获得的 ZT 峰值为 1.35 (300K)。Zheng 等[61]研究了熔融旋甩过程中保护气氛对 P 型 $Bi_{0.52}Sb_{1.48}Te_3$ 的熔融旋甩形态及其热电性能的影响。研究发现，Ar 气氛不仅可以抑制熔融旋甩过程中的热损失，还可以抑制 Te 的挥发。Ar 气氛下制备的碲化铋材料的平均 ZT 值是 He 气氛下制备样品的 3 倍。Xie 等采用熔融旋甩结合放电等离子烧结得到了一种独特的微结构，这种微结构由非晶结构、5～15nm 细纳米晶微区及纳米晶区域的共格界面组成。由熔融旋甩制得的 P 型 $Bi_{0.52}Sb_{1.48}Te_3$ 块体材料在 300K 时获得的最佳 ZT 值为 1.56[62,63]。Qiu 等[64]通过热爆技术结合选区激光熔融技术（SLM）制备了具有高取向度的 P 型 $Bi_{0.4}Sb_{1.6}Te_3$，细长的柱状晶沿构建方向生长，其取向因子高达 0.9，接近于单晶。退火后，在晶体生长方向上得到了最大 ZT 值，约为1.1。Zheng 等[65]通过燃烧合成法，即诱导激光合成法（TIFS），制备了 P 型 $Bi_{0.5}Sb_{1.5}Te_3$ 块体，进一步粉碎后使用放电等离子体烧结，其 ZT 峰值约为1.2（373K）。Qiu 等[66]通过超快热爆法结合放电等离子体烧结成功制备了力学性能良好的高性能 P 型 $Bi_{0.4}Sb_{1.6}Te_{3.72}$ 块体材料。研究发现，过量 Te 可以增强（001）方向的织构度，可以获得极高的功率因子 $50\mu W/(cm\cdot K^2)$，同时可以引入高密度的位错。织构度的增加提升了载流子迁移率，从而进一步提升了电子热导率。高密度的位错则强烈地散射声子，显著降低了晶格热导率。实验得到的 ZT 峰值为1.4（350K），这比区熔样品提升了 40%。

和 P 型碲化铋一样，熔融旋甩法、燃烧法、热爆法作为快速合成大量前驱粉体的方法，在 N 型碲化铋的合成中同样受到人们的重视。Wang 等[67]通过熔融旋甩法结合放电等离子体烧结制备了 $Bi_2(Te_{0.8}Se_{0.2})_3$ 材料，调节 Se 含量可以有效调节载流子浓度，在 420K 时获得最佳 ZT 值 1.05，平均 ZT 值约为 0.97。Mao等[68]进一步采用燃烧法结合基于选区激光熔融技术的激光非平衡 3D 打印法制备了 N 型 $Bi_2Te_{2.7}Se_{0.3}$ 热电臂，其 ZT 峰值为 0.84（400K），可与商用区熔的样品相媲美。

掺杂及复合改性。作为半导体材料，掺杂及复合是调控 P 型 $(Bi,Sb)_2Te_3$ 热电输运性质的重要手段。Hao 等[69]系统研究了 Cu 掺杂对 $Bi_{0.5}Sb_{1.5}Te_3$ 的影响。他们发现无论是以 $Cu_xBi_{0.5}Sb_{1.5-x}Te_3$ 的形式还是 $Cu_xBi_{0.5}Sb_{1.5}Te_3$ 的形式进行 Cu 掺杂，Cu 原子都倾向于进入 Sb 位形成 $Cu_{Sb}^{\bullet}$，这在提高载流子浓度的同时增强了声子散射，使晶格热导率降低，其获得的 ZT 峰值约为 1.4（420K）。Zhuang 等[70]采用机械合金化结合放电等离子体烧结制备了 Cu 掺杂 $Bi_{0.3}Sb_{1.7}Te_3$，在 400K 时获得的ZT 峰值为 1.32，并通过脉冲电流处理检验了 Cu 掺杂的稳定性。Tao 等[71]通过熔融-淬火-退火工艺和熔融旋甩工艺制备了含有 Cd（Cd 单质掺杂及 CdTe 复合）的$Bi_{0.46}Sb_{1.54}Te_3$ 样品。研究发现，Cd 在 BiSbTe 中可以作为受主杂质贡献空穴，而用 CdTe 复合时其中的 Cd 也会替换 Bi/Sb 使空穴浓度增加。此外，Cd 的引入可以增强点缺陷的声子散射，有效降低晶格热导率。当引入 CdTe 时，熔融旋甩过程中会原位生成纳米结构的 CdTe，并且由于晶粒细化，可在保留前述电学性能的同时进一步降低热导率。当 CdTe 含量为 0.05 时，ZT 峰值增加到 1.30。Deng 等[72]在 P 型 $Bi_{0.46}Sb_{1.53}Te_3$ 中引入 ZnTe，原位形成的 ZnTe 纳米析出物可以有效降低晶格热导率，最低仅为 0.35W/(m·K)，接近非晶极限[0.31W/(m·K)]，实验得到的ZT 峰值可达 1.40（400K）。Li 等[73]将超顺磁 Fe_3O_4 纳米颗粒引入 P 型 $Bi_{0.5}Sb_{1.5}Te_3$

后增强了声子散射，使热导率大幅降低。与此同时，Fe_3O_4 纳米颗粒与 $Bi_{0.5}Sb_{1.5}Te_3$ 复合后还提高了材料的泽贝克系数。在 340K 时材料的 ZT 值达到最大，约 1.5。Yang 等[74]在 P 型 $Bi_{0.5}Sb_{1.5}Te_3$ 中复合碳纤维，有效降低了晶格热导率，在 375K 时获得的 ZT 峰值达 1.4。此外，他们还在 $Bi_{0.5}Sb_{1.5}Te_3$ 中引入纳米无定形的 B，产生了高密度的纳米结构和位错，从而有效降低了晶格热导率，ZT 峰值提高至 1.6（375K）[75]。

在 N 型碲化铋中，掺杂卤素替代 Te 原子会表现出施主效应，可用于优化载流子浓度。在卤化物中，施主掺杂通常采用具有较低形成能且易于溶解进 Bi_2Te_3 固溶体中的化合物，如 SbI_3、AgI、AgBr 等。Jiang 等[76]通过区熔法制备了 TeI_4 掺杂 $(Bi_2Te_3)_{0.93}(Bi_2Se_3)_{0.07}$ 热电材料，在 325K 时获得 ZT 峰值为 0.90。Hao 等[77]通过引入过量的 Te 和 I 掺杂，Te 和 I 均扮演电子施主的角色，可以有效降低空穴浓度，同时抑制双极扩散，得到 $Bi_2Te_{2.41}Se_{0.6}$ 样品的 ZT 峰值为 1.0（400K），在 300～600K 时的平均 ZT 值为 0.8。Wang 等[78]通过区熔法制备了 Cu、Zn 纳米颗粒镶嵌的 $Bi_2(Te_{0.9}Se_{0.1})_3$ 铸锭，Cu 的引入会补偿 Te 空位，从而有效调整了电子浓度；Zn 则是一种弱施主杂质，可以增加态密度有效质量并提升泽贝克系数，得到 $Bi_2(Te_{0.9}Se_{0.1})_3$ 的 ZT 峰值可达 1.15。

综上所述，近年来由于 Te 液相挤出工艺的提出，P 型多晶碲化铋的 ZT 值得到了有效提高，ZT 值甚至可达 1.4～1.5。而 N 型多晶碲化铋的性能并未得到明显改善，有相当一部分 N 型碲化铋的 ZT 值仍在 1 以下，仅有少部分工作表明 N 型碲化铋的性能可大于 1。图 3.8 表示近十年来有关 N 型和 P 型碲化铋的代表性工作[12]。从图中可以看出，P 型碲化铋基的 ZT 峰值明显高于 N 型，且 N 型碲化铋的 ZT 峰值所对应的温度偏高。目前来看，通过织构化结合纳米复合工艺可能是

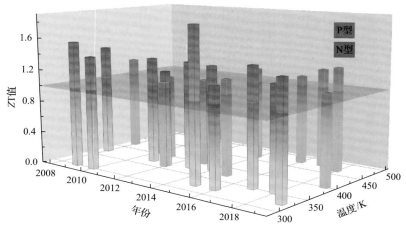

图 3.8　近 10 年来 N 型和 P 型碲化铋的代表性成果汇总图[12]

提升 N 型碲化铋热电性能的重要手段。此外，N 型碲化铋的 ZT 峰值向高温移动实际上并不利于碲化铋的室温发电及制冷应用。ZT 峰值向高温移动的原因在于，多晶化工艺的 $Bi_2Te_{2.7}Se_{0.3}$ 样品具有很高的载流子浓度，高的载流子浓度会抑制双极扩散效应，降低高温阶段的双极热导。而增加 N 型碲化铋基体中的 Se 含量虽然可以降低载流子浓度，但 Se 的引入将增加禁带宽度，而这同样会抑制双极扩散效应，使 ZT 峰值向高温移动。因此，N 型碲化铋还需要考虑如何将 ZT 峰值向近室温区进行调整。

力学性能的提升。实用热电器件不仅要求热电材料具有高的热电性能，还要求其具有良好的力学性能。优良的力学性能不仅可以改善热电材料的机械加工成品率，提升热电器件的寿命，还可制备小型化、微型化器件。商用区熔铸锭沿 c 轴方向的抗弯强度约为 10MPa，垂直于 c 轴的抗弯强度约为 55MPa。Jiang 等[79]通过将区熔 P 型 $Bi_{0.4}Sb_{1.6}Te_3$ 铸锭粉碎，再进行放电等离子体烧结得到块体，其抗弯强度由区熔样品的 10MPa 提升至了 80MPa。Xu 等[46]研究发现热变形工艺制得块体样品的维氏硬度可达 600MPa，抗弯强度为 60MPa。而同样区熔样品的维氏硬度仅为 300MPa，抗弯强度仅为 25MPa。Zheng 等[65,80]通过燃烧法制备的块体样品不存在择优取向，同时还具有良好的力学性能，抗压强度达 110MPa，抗弯强度达 70MPa，相比于区熔样品分别提升了 250%和 30%。Zheng 等[81]通过熔融旋甩法结合放电等离子体烧结制备了 P 型 $Bi_{0.5}Sb_{1.5}Te_3$ 块体，其维氏硬度达 400MPa；样品的断裂韧性达 $1.1MPa \cdot m^{1/2}$，相比于区熔样品提升了近 30%；样品的抗压强度达 110MPa，相比于区熔样品提升了 8 倍；样品的抗弯强度达 70MPa，相比于区熔样品提升了 6 倍。通过进一步退火可以减小残余应力，从而轻微提升抗弯强度和抗压强度。Pan 等[39]通过机械合金化法结合放电等离子体烧结所制备块体样品的抗弯强度可达 58MPa，相比于区熔样品(约 17MPa)提升了 3 倍。维氏硬度由区熔铸锭的 600MPa 提升至 1000MPa。

3.3 碲化铅基热电材料

PbTe 化合物是开发最早的传统热电材料之一，在中温区(600～900K)具有良好的热电性能。早在 20 世纪 50 年代，科学家就已对其热电性能进行了研究，并应用在放射性同位素热电发电装置(RTG)上，现已被广泛应用于空间特殊电源等发电领域，为太空中的探测器进行供电。

3.3.1 基本特性

PbTe 是Ⅳ-Ⅵ族化合物，由 Pb^{2+} 和 Te^{2-} 构成 NaCl 型晶体结构(图 3.9)，晶格常数为 $a = b = c = 0.6446nm$，熔点为 1190K，密度为 $8.2g/cm^3$。PbTe 属于面心立

方点阵，其空间群为 Fm$\overline{3}$m。PbTe 是直接带隙半导体，价带和导带都位于 L 点，价带的有效质量为 $0.2\sim0.36m_e$，300K 时的带隙约为 0.3eV，为窄禁带半导体[82]。在 Σ 点处还有个能量低于 L 带约 0.2eV 的价带，这条价带的有效质量比 L 点的价带更大，为 $1.2\sim2.0m_e$，因此称为重带（Σ带），L 点处的价带则称为轻带（L 带）[83-85]［图 3.10(a)］。PbTe 的等能面为椭球面，在 L 点有 8 个能量相同的椭球面，每个椭球面有半个在布里渊区内，故其能带简并度为 4。Σ 点有 12 个相同能量的椭球面，都在布里渊区内部，故 Σ 带的能带简并度 $N_v=12$［图 3.10(b)］。能带简并度越大，参与输运的能谷越多，材料的态密度及有效质量 m^* 越大，所以有利于获得较大的泽贝克系数，因此 PbTe 是一种"与生俱来"的优异热电材料。

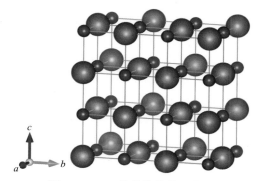

图 3.9　PbTe 的晶格结构示意图

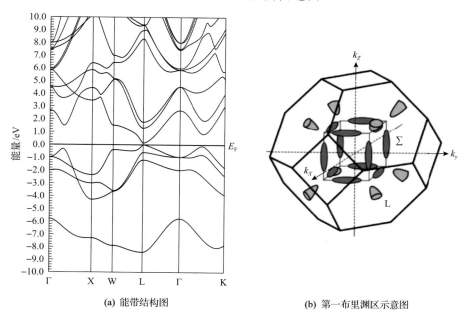

(a) 能带结构图　　　　　(b) 第一布里渊区示意图

图 3.10　PbTe 化合物的能带结构图和第一布里渊区示意图

　　PbTe 是一种离子键-共价键混合的双极性半导体，可以通过改变其化学计量比或掺杂其他元素来改变其半导体的导电类型。当 Pb 过量时表现为 N 型半导体，Te 过量时则表现为 P 型半导体。PbTe 化合物中存在 Pb 空位（或 Te 空位）时也表现出类似的掺杂效果。然而，由于过量 Pb/Te（或 Pb/Te 空位）在 PbTe 中的固溶度较低，仅约为万分之一，故相应的载流子浓度较低（约 10^{19}cm^{-3}）。在 PbTe 的 Pb 位或 Te 位掺杂其他元素（施主或受主杂质），可实现对载流子浓度在更大范围的调控，如在 Pb 位掺杂 Li、Na、K、Rb、Cs 等受主杂质实现 P 型传导，或者掺杂 Ga、In、La、Sb、Al、Bi 等施主杂质实现 N 型传导，在 Te 位掺杂 Cl、Br、I 等施主杂质也可实现 N 型传导。20 世纪 60 年代，Fritts 等分别以 PbI_2 和 Na 为掺杂元素制备了 N 型和 P 型 PbTe 基热电材料，由于当时进行高温热导率测试非常困难，所以采用室温热导率来计算所有温度区间的热电性能，结果得到 PbTe 材料的 ZT 值为 0.7～0.8[86-88]。随着掺杂浓度的增大，泽贝克系数的峰值点向高温区移动，ZT 峰值同样向高温区偏移，这更加有利于高温热电材料的应用。但是，高浓度掺杂一般会导致 ZT 值的下降。近年来，随着激光闪烁法测试技术的出现，高温热导率可以被准确测量。Snyder 等基于激光闪烁法准确测试了材料的热导率，得到 PbI_2、Na 掺杂的 N、P 型 PbTe 材料的 ZT 峰值达到 1.4[89,90]。

3.3.2　研究进展

　　近年来，随着材料制备工艺的改善，新的理论和物理模型相继提出，PbTe 热电材料的研究取得重要进展，PbTe 的能带结构调控和纳米复合等研究也逐渐引起人们的重视，热电性能得到大幅提高。

　　1. 能带结构调控

　　多能带简并是一种能够有效提升热电材料电性能的方法。Goldsmid 提出，当能带重叠时，材料的热电性能有所提高。因为提高费米面附近的能谷数能够提高态密度，进而提高材料的功率因子。PbTe 体系热电材料的晶体结构为立方结构，这种结构的能带通常具备能带简并和多能谷特性。在 PbTe 化合物中掺杂适量的 Mg、Cd、Mn、Zn、Hg 等元素，能带简并度也随之提高，从而获得较高的 ZT 值[91-94]。由于铅硫族化合物具有相似的能带结构，所以通过合金化形成固溶体是一种简单而有效的改变 PbTe 能带的方式。Pei 等[95]研究了 PbSe 取代 PbTe 的伪二元固溶体 $PbTe_{1-x}Se_x$，随着 Se 部分取代 Te，Σ 带的能量降低，L 带的能量升高，可以表述为

$$\Delta E_{\text{C-L}} = 0.18 + \frac{4T}{10000} - 0.04x \tag{3.5}$$

$$\Delta E_{C\text{-}\Sigma} = 0.36 + 0.10x \tag{3.6}$$

式中，$\Delta E_{C\text{-}L}$ 为导带和 L 带之间的能量差；$\Delta E_{C\text{-}\Sigma}$ 为导带和 Σ 带之间的能量差。此外，PbTe 的能带结构还和温度有关，随着温度的升高，L 带的位置不断下降，但 Σ 带的位置基本保持不变[图 3.11(a)]。当温度升高至 500K 附近时，$PbTe_{1-x}Se_x$ 的 L 带和 Σ 带处于相同的位置，共同参与输运，从而提高了简并度，所以材料的泽贝克系数增大。合金化的同时也降低了晶格热导率，故 ZT 值大幅提高，$PbTe_{1-x}Se_x$ 合金的 ZT 值最高可达到 1.8(850K)[图 3.11(b)]。

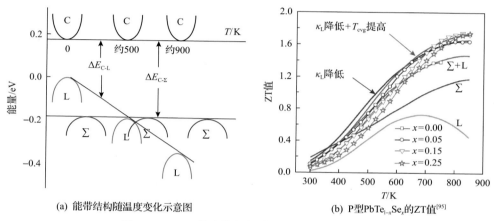

(a) 能带结构随温度变化示意图　　　(b) P 型 $PbTe_{1-x}Se_x$ 的 ZT 值[95]

图 3.11　PbTe 化合物的能带结构示意图和 ZT 值

与能带简并一样，在能带中引入共振能级也可以在不改变载流子浓度的条件下提高泽贝克系数(图 3.12)。Heremans 等在 PbTe 中掺杂 Tl 元素，增加费米能级

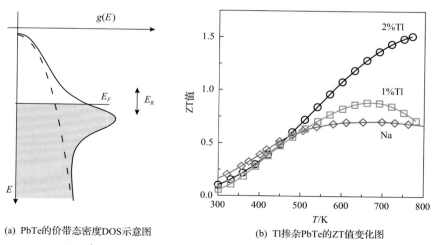

(a) PbTe 的价带态密度 DOS 示意图　　　(b) Tl 掺杂 PbTe 的 ZT 值变化图

图 3.12　PbTe 化合物的价带态密度 DOS 示意图和 ZT 值[96]

附近的电子态密度，以此产生共振态，从而提高了泽贝克系数，但其热导率并未下降，其 ZT 值达到 1.5(773K)[96]。目前，对 Tl 掺杂可以在 PbTe 引入共振能级的机制尚不清楚，可能原因有两个：Tl 掺杂引入了一个新的椭球面，而且能量与 PbTe 原有的椭球面相近；Tl 掺杂扭曲了 PbTe 原有的价带，改变了其形状。如果是通过引入新的椭球面来增加泽贝克系数，其机制和多带简并相似，只是增加了能带简并度 N_v。如果是通过改变价带形状，那么 Tl 掺杂势必会改变材料的有效质量，从而影响载流子迁移率。事实上，Tl 掺杂的 PbTe 在高温时的有效质量确实有所提高。

2. 纳米复合

在 PbTe 基热电材料中引入纳米结构是目前 PbTe 基热电材料研究的主要方向之一。20 世纪 90 年代初，Hicks 和 Dresselhaus 通过理论计算预测当材料尺寸达到纳米量级时，电子与声子的输运将呈现明显的尺度与维度效应，材料的热电性能将得到大幅提升[33,97,98]。常见的纳米结构包括纳米析出物、纳米晶粒等。这些纳米结构可以有效地散射声子，从而降低晶格热导率。同时，纳米相引入的界面在某些条件下会引发量子限域效应或能量过滤效应，从而提升泽贝克系数。Heremans 和 Faleev 等在含 Pb 纳米相的 PbTe 材料中从理论上也证明了能量过滤效应具有提升热电性能的效果[99,100]。

2004 年，Kanatzidis 等在 $AgPb_mSbTe_{m+2}$ 材料中发现 Ag 和 Sb 并不是随机分布在 Pb 位，而是存在不同程度的有序化，因此在材料内部出现纳米尺度的不均匀结构(纳米第二相)。这些纳米尺度的第二相可以有效散射声子，降低晶格热导率，实验得到的室温最低热导率约 $1.0W/(m\cdot K)$，$AgPb_mSbTe_{m+2}$ 材料的 ZT 值在 850K 时达到了 1.7，通过外推预计其 ZT 值在 900K 时可达到 2.2[101]。

2008 年，Zhou 等采用机械合金化和放电等离子烧结方法制备了 Pb 过量的 $Ag_{0.8}Pb_{18+x}SbTe_{20}$ 材料。基于机械合金化和放电等离子烧结的非平衡态制备技术，并结合后续退火处理，可在热电材料基体内原位生成大量的纳米析出物，从而显著增强了对声子的散射作用。这些纳米析出物与基体之间的共格界面对波长较短的载流子传输的影响较小，维持了较高的电输运性能，从而实现对热电性能的协同调控。退火处理后材料的 ZT 峰值可达到 1.5(700K)，这比退火前材料的 ZT 值提高了 50%[102-104]。通过进一步研究发现，二次放电等离子体烧结也具有促进原位纳米析出的协同增强效应[105]。类似的纳米结构在 $AgPb_mSn_nSbTe_{2+m+n}$(LASTT)、$NaPb_mSbTe_{2+m}$(SALT-m)、KPb_mSbTe_{2+m}(PALT-m)和 $AgPb_{18}SbTe_{20-x}Se_x$ 等材料中也被相继发现，其晶格热导率大幅下降[106-110](图 3.13)。

近年来，通过纳米复合提升热电性能是 PbTe 基热电材料的一个重要研究方向。2012 年，Biswas 等在研究 Na 掺杂 PbTe-SrTe 热电材料时，提出了贯穿原子-

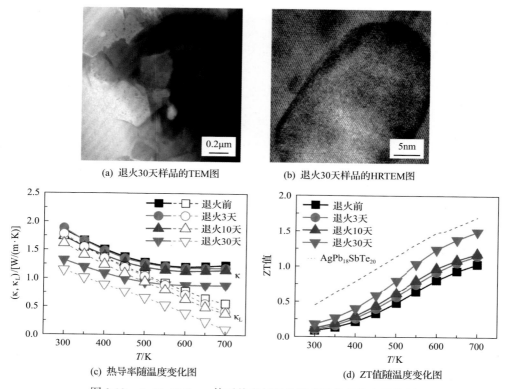

(a) 退火30天样品的TEM图　　　　　(b) 退火30天样品的HRTEM图

(c) 热导率随温度变化图　　　　　(d) ZT值随温度变化图

图 3.13　$AgPb_mSbTe_{m+2}$ 体系热电材料的微观结构的热电性能图

纳米-介观缺陷的全尺度声子散射机制，这种"全尺度分级结构"包括原子尺度固溶、纳米尺度析出颗粒和介观尺度晶粒，集三者于一体可以有效地实现全波长范围内的声子散射[111-114]。当 PbTe 体系中只存在固溶原子时，ZT 峰值最大可以达到 1.1，当固溶原子和纳米相共存时，ZT 值可以提高到 1.7，当固溶原子、纳米析出物和介观尺寸的晶界共存时，ZT 值则可以达到 2.2(915K)[111]。如果能够结合能带结构调控来进一步优化电输运性能，那么可以得到更高的 ZT 值，在 923K 时达到 2.5(图 3.14)[115]。

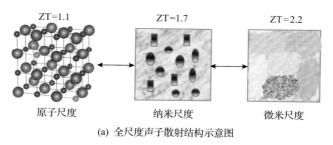

(a) 全尺度声子散射结构示意图

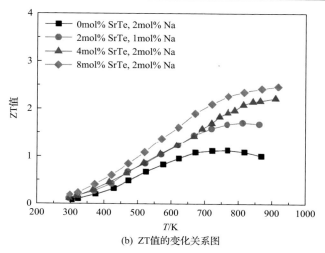

(b) ZT值的变化关系图

图 3.14   PbTe 材料的全尺度声子散射结构示意图及各尺度下 ZT 值的变化关系图

　　为了获得 ZT 值高的热电材料，材料必须同时具备高的泽贝克系数、高的电导率及低的热导率。近年来，将元素掺杂、合金固溶和纳米复合等手段相结合，在调控能带结构、优化电传输性能的同时，增强声子散射、降低晶格热导率，从而实现对热电输运性能的协同调控，是 PbTe 基热电材料研究的新方向。例如，在 PbTe 热电材料中掺杂 HgTe、CdTe、SrTe、MgTe 等，可以引入纳米析出相并调节载流子浓度，从而提高 PbTe 材料的 ZT 值。PbTe 还可以与 PbSe、PbS、SnTe、GeTe 等化合物形成二元或三元固溶体合金，一方面，固溶元素可以引起能带结构的变化，提升电传输性能；同时，固溶带来的缺陷增强了声子散射，降低了晶格热导率[95,116,117]。Korkosz 等报道 Na 掺杂伪三元合金 $(PbTe)_{1-2x}(PbSe)_x(PbS)_x$ 的 ZT 峰值达到 2.0(800K)[114]。而 K 掺杂 $PbTe_{0.7}S_{0.3}$ 后并未形成完全固溶体，在基体中出现了具有不同结构特征的富 PbTe 区和富 PbS 区异质纳米结构，显著增强了声子散射；而 K 和 S 又同时引起能带结构的改变，提高了电传输性能，在很宽的温区内同时得到了较高的 ZT 峰值（大于 2）(673～923K) 和平均 ZT 值 (1.56) (300～900K)[118]。

3.4   硅锗固溶体

3.4.1   基本特性

　　在单质半导体中,硅和锗晶体由于其能带适宜且易实现高纯化(如锗的杂质含量可达 $1 \times 10^{-10} \mu g/g$),已成为当前应用最广泛的半导体单质,在晶体管集成电路、金属陶瓷、宇宙航行、光导纤维通信、光电子等领域均有广泛应用。Si 和 Ge 在周期表中的位置正好夹在金属和非金属之间，故其具有一些特殊的物理性质。例如，锗虽然属于金属，但却具有许多类似于非金属的性质。就导电能力而言，其优于一般非金属，劣于一般金属。Si 和 Ge 晶体为立方金刚石结构[图 3.15(a)]，其能带结构如图 3.15(b)所示。

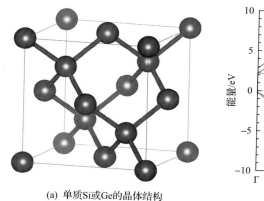 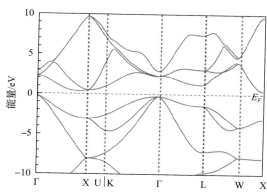

(a) 单质Si或Ge的晶体结构　　　(b) 单质Si的能带结构(密度泛函理论计算结果)

图 3.15　单质 Si 或 Ge 的晶体结构和能带结构

纯相 Si 和 Ge 是间接带隙的半导体，其禁带宽度(E_g)分别约为 1.12eV 和 0.66eV。值得注意的是 Si、Ge 的能带结构稍有不同，锗的直接带隙与间接带隙只相差 0.14eV，因此锗通常也称为准直接带隙半导体，通过应变和掺杂可以将其转变为直接带隙。作为本征半导体，其载流子为自由电子和空穴，浓度可通过式(3.7)进行计算。

$$n_i = p_i = K_1 T^{3/2} \exp\left(-\frac{E_g}{2k_B T}\right) \tag{3.7}$$

式中，n_i、p_i 分别为自由电子和空穴的浓度；$K_1 = 4.82 \times 10^{15} K^{-3/2}$；$T$ 为绝对温度；k_B 为玻尔兹曼常数。通过计算可知，室温下 Si 和 Ge 的载流子浓度分别为 $n_i = 8.5 \times 10^9 cm^{-3}$，$p_i = 6.6 \times 10^{13} cm^{-3}$。由此可见，在室温下，本征半导体 Si、Ge 单质的导电能力较弱，而基于泽贝克系数(α)和载流子浓度的负相关性，其 α 通常较大。另外，单质 Si 或 Ge 共价键的结合力较强，晶体刚性较大，热导率通常较高，ZT值偏低。

Si 和 Ge 同属于 IV 族元素，晶体结构类似，二者具有较好的固溶度。Si-Ge 相图如图 3.16(a)所示。两者可以形成任意比例的连续固溶体合金，熔点介于 Ge 的熔点(937℃)和 Si 的熔点(1412℃)之间，这为调控材料的热电性能奠定了基础。硅锗(Si-Ge)合金的密度、晶格常数、德拜温度、禁带宽度等物理参数均可通过改变组分来调节。基于使用温度、价格和性能等多方面因素的考虑，目前商用 Si-Ge 基热电材料多为富 Si 的硅锗合金(如 $Si_{80}Ge_{20}$ 等)，原因如下：Si 含量较高的合金通常具有相对较高的熔点和较大的禁带宽度，其合金密度小、抗氧化能力强，更适合高温下的航空航天应用；Ge 单质价格昂贵，而 Si 单质成本更低，这也是商业应用的考虑因素之一；Si 含量较高的合金热导率较低，许多杂质原子在 Si 中的固溶度更大，所以有利于制备重掺杂半导体从而调节材料的热电性能。硅锗固溶体的晶体结构如 3.16(b) 所示，仍保持立方金刚石结构，当 Si : Ge 比例为 1 : 1 时，Si、Ge 原子出现在晶格位置的概率基本相当，其每个原子与四个最近邻原子形成共价键，构成四面体结构，原子体积约占整个有效体积的 34%。硅锗固溶体的能带结构可以通过转移赝势法并结合经验值进行理论模拟[119]，能带仍保持间接带隙属性，禁带宽度介于纯相 Si(1.12eV) 和 Ge(0.66eV) 之间。Braunstein 等[120]、Weber 等[121] 和 Krishnamurthy 等[122] 先后通过吸收法、光荧光法、分子耦合势法等获得了硅锗固溶体的能带信息，大致以 Ge 含量的 85% 为分界点，当锗的组分 < 85% 时，能带结构与硅类似，反之则与锗类似[123]。表 3.3 列出了 Si、Ge、Si-Ge 合金在常温下的基本性质。

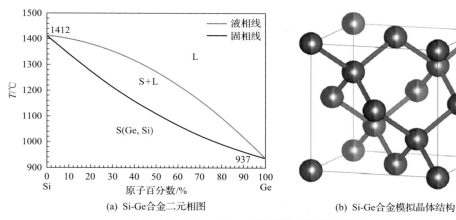

(a) Si-Ge合金二元相图　　　　　　　(b) Si-Ge合金模拟晶体结构

图 3.16　Si-Ge 合金二元相图和模拟晶体结构

表 3.3　Si、Ge、Si-Ge 合金基本性质[124,125]

物理量		Si	Ge	$Si_{1-x}Ge_x$
晶体结构		金刚石	金刚石	金刚石 "随机" 合金
原子密度/cm^{-3}		$5×10^{22}$	$4.42×10^{22}$	$(5.0-0.58x)×10^{22}$
密度/[(g/cm^3)]		2.329	5.323	$2.329+3.493x-0.499x^2$
介电常数		11.7	16.2	$11.7+4.5x$
电子有效质量(m_o)	横向	0.19	0.08	约 0.19 ($x<0.85$)
				约 0.08 ($x>0.85$)
	纵向	0.92	1.59	约 0.92 ($x<0.85$)
				约 1.59 ($x>0.85$)

续表

物理量		Si	Ge	$Si_{1-x}Ge_x$
空穴有效质量	重空穴	0.54	0.33	
	轻空穴	0.15	0.043	
晶格常数/nm		0.5431	0.5658	$0.5431+0.02x+0.0027x^2$
间接带隙/eV		1.12	0.66	$1.12-0.41x+0.008x^2\,(x<0.85)$
				$1.86-1.2x\,(x>0.85)$
有效导带态密度/cm^{-3}		2.8×10^{19}	1.0×10^{19}	约 $2.8\times10^{19}\,(x<0.85)$
				约 $1.0\times10^{19}\,(x>0.85)$
有效价带态密度/cm^{-3}		1.8×10^{19}	5.0×10^{18}	
电子迁移率/$[cm^2/(V\cdot s)]$		1450	3900	$1450-4325x\,(x<0.3)$
空穴迁移率/$[cm^2/(V\cdot s)]$		450	1900	$450-865x\,(x<0.3)$
弹性模量/GPa	C_{11}	165.8	128.5	$165.8-37.3x$
	C_{12}	63.9	48.3	$63.9-15.6x$
	C_{44}	79.6	66.8	$79.6-12.8x$
体模量/GPa		98	75	$98-23x$
熔点/℃		1412	937	$1412-738x+263x^2$(固相线)
				$1412-82x-395x^2$(液相线)
德拜温度/K		658	362	$362\sim658$
热导率/$[W/(cm\cdot K)]$		1.3	0.58	
线胀系数/K^{-1}		2.6×10^{-6}	5.9×10^{-6}	$(2.6+2.55x)\times10^{-6}\,(x<0.85)$
				$(7.53x-0.89)\times10^{-6}\,(x>0.85)$

3.4.2 研究进展

Si-Ge 合金的热电性能研究始于 20 世纪 60 年代，近年来人们通过元素掺杂、结构纳米化、纳米复合等方法对其热电性能进行优化，N 型和 P 型 Si-Ge 基材料的 ZT 值从最初商用化的 1.0 和 0.7 分别提高到了 1.5 和 1.3（900~950℃）。

1. 元素掺杂

1964 年，Dismukes 等[126]系统研究了不同组分、不同元素掺杂对 Si-Ge 合金热电性能的影响规律。研究表明，热电参数可以通过改变 Si 元素组分进行调节。优异的热电性能通常出现在 Si 元素比例约为 70% 的 Si-Ge 合金中。如表 3.3 所示，单质 Ge 的迁移率远大于 Si 单质，因此在载流子浓度相当的情况下，Ge 含量较大的合金通常具有较高的载流子迁移率，例如，在载流子浓度同为 $1.0\times10^{20}cm^{-3}$ 时，

Ge$_{30}$Si$_{70}$ 的空穴迁移率比 Ge$_{20}$Si$_{80}$ 大 10%左右，这意味着其具有更高的电导率。另外，通过掺杂 P、As 等施主杂质可获得 N 型 Si-Ge 半导体，其最优电子浓度约为 1.5×10^{20}cm^{-3}；而掺杂受主杂质 B 等可获得 P 型 Si-Ge 半导体，其最佳空穴浓度约为 3.5×10^{20}cm^{-3}。在热传输性能方面，Si 的热导率比 Ge 高（表 3.3），故 Si 含量少的合金通常具有更小的热导率。最终，在 Si 比例为 71.3%，磷掺杂后载流子浓度为 1.5×10^{20}cm^{-3} 时获得了约为 1.0 的 ZT 值（N 型），而 As 掺杂样品的 ZT 值为 0.15~0.38 不等，其 ZT 值随温度的变化曲线如图 3.17（a）所示；在 Si 比例为 82.0%、B 掺杂后载流子浓度为 3.5×10^{20}cm^{-3} 时获得了约为 0.73 的 ZT 值[P 型，图 3.17（b）]。在随后的 30 年内，Slack[125]、Abeles 等[127]、Rowe 等[128]对 Si-Ge 合金热电参数的调控工作开展了大量研究，在理论和实验上进一步确定了载流子迁移率（μ）、禁带宽度（E_g）、泽贝克系数（α）、热导率（κ）等主要参数随 Si 组分（x）、载流子浓度（n）和温度（T）变化的影响规律。1977 年，美国国家航空航天局（NASA）开发了基于 Si-Ge 合金的放射性同位素温差发电器并将其应用于旅行者号空间计划（其 N、P 型 ZT 值分别约为 1.0、0.7），并基本取代了原先在太空计划中的 PbTe 基器件。

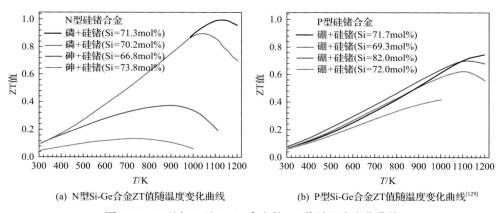

(a) N型Si-Ge合金ZT值随温度变化曲线　　　　(b) P型Si-Ge合金ZT值随温度变化曲线[129]

图 3.17　N 型和 P 型 Si-Ge 合金的 ZT 值随温度变化曲线

2. 结构纳米化

Si-Ge 合金的最优 ZT 值与 Bi$_2$Te$_3$ 材料基本相当，但 Si-Ge 合金的热导率较 Bi$_2$Te$_3$ 高 2 倍左右，因此从 20 世纪 70 年代起，人们开始通过进一步降低晶格热导率来提高 Si-Ge 合金的热电性能。Rowe 等[130]通过粉末冶金法制备了小晶粒尺寸的 Si-Ge 合金块体材料，并就晶界对声子散射的机制做了详细分析。结果表明，当晶粒尺寸小于 5μm 时，材料的热导率从单晶的 4.31W/(m·K) 降低至 3.10W/(m·K)，降幅高达 28%。事实上，由于 Ge 和 Si 原子的尺寸相差较大，而且两种原子在晶格点阵中的分布比较随机，所以容易形成短程无序的原子分布状态，该结构对短波声子的散射较强，而对长波声子的散射作用并不明显，因此在 Si-Ge 合金中，热导率的贡献主要来自长波声子的贡献，而细化晶粒可以大幅增加晶界数量，强化对中长波声子的散射，这也为通过晶粒细化降低热导率提供了理论依据。Si-Ge 合金中，晶格热导率随晶粒直径的变化可从图 3.18 看到，随着颗粒直径从 100μm 减小至 10nm，N 型和 P 型 Si-Ge 合金的晶格热导率出现了 3～4 倍的降低。然而遗憾的是，通过细化颗粒尺寸降低晶格热导率的同时，电导率的降低幅度也较大，在此阶段的多数研究结果显示，Si-Ge 合金的 ZT 值并未得到实质性的提高。

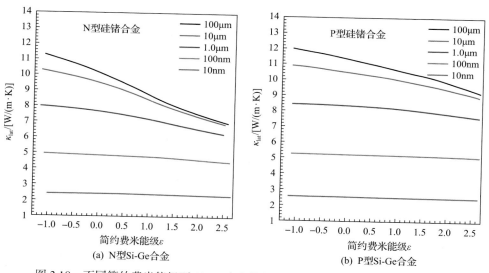

图 3.18　不同简约费米能级下 Si-Ge 合金的晶格热导率随晶粒尺寸变化曲线[130]

20 世纪 90 年代后，Dresselhaus 等从理论上正式提出利用纳米化手段来提高材料热电性能的观点，通过纳米化手段调控 Si-Ge 合金的热电参数成为新的研究热点[131, 132]。2008 年，Joshi 等[133]率先在实验上通过晶粒纳米化手段实现了 Si-Ge 合金热电性能的突破。他们利用球磨法制备了粒径为 5～50nm 的 $Ge_{20}Si_{80}$ 合金块体，发现材料的热导率在 800℃处从原来的 4.1W/(m·K) 降低至 2.5W/(m·K)，降低幅度高达 39%，并且其电学性能也实现了约 13% 的提升，最终 P 型 $Ge_{20}Si_{80}$ 合金的 ZT 值提高至 0.95，该值比当时应用在空间放射性同位素热电发生器 Si-Ge 合金的 ZT 值高 90%。当晶粒尺寸减小至纳米级别后，晶界数量和晶格缺陷数量明显增加，长波声子和中短波声子的散射效应显著增强，晶格热导率降低。与此同时，由于载流子与声子具有不同的平均自由程，即纳米颗粒在强烈散射声子的同时并未对载流子造成明显散射，所以其电学性能基本不受纳米化的影响。2015

年，Bathula 等[134]利用机械合金化(90h 高能球磨)结合放电等离子烧结技术制备了纳米 P 型 $Ge_{20}Si_{80}$ 合金块体，其平均颗粒直径仅为 12nm，900℃处的热导率仅为 $2.04W/(m \cdot K)$，是放射性同位素热电发生器内 Si-Ge 合金$[4.3W/(m \cdot K)]$的 47%，且该温度下的电学性能基本不变，最终其 ZT 值显著提高至 1.2 左右(图 3.19)。在 N 型 Si-Ge 合金方面，基于类似的纳米化手段，2012 年，Bathula 等[135]将粒径降低至约 7nm，各波段的声子散射效应进一步强化，900℃的总热导率降低至 $2.3W/(m \cdot K)$，成为迄今为止最低热导率的 N 型 Si-Ge 合金，其 ZT 值高达 1.5。

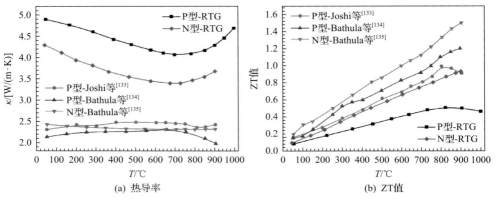

(a) 热导率　　　　　　　　　　(b) ZT值

图 3.19　典型 Si-Ge 合金的热导率和 ZT 值随温度变化曲线[133-135]

3. 纳米复合

纳米复合是进行热电性能优化的创新性手段之一。早在 1978 年，Pisharody 和 Garvey[136]在第 13 届国际能源转换工程会议中就提出，由于 III 和 V 族元素与硅和锗相容，所以在 Si-Ge 合金中掺入少量 GaP 可以形成多元合金，复合物结构内部的晶格缺陷、晶界数量大幅增加，声子散射效应增强，可使热导率降低 40%～50%，但电学性能只受轻微影响。随后，Vandersande 等[137]证实了该结果，发现掺入 GaP 的样品经退火处理后其电阻率明显降低，而泽贝克系数基本不变，电学性能提高。这是因为 Si-Ge 合金中添加少量 GaP 小晶粒后，P 在 Si-Ge 合金的固溶度增加，故载流子浓度增加了约 1 倍。后续研究表明，除掺 GaP 外，添加其他含 Ga 化合物如 GaAs、GaPAs 等都能提高 P 在 Si-Ge 合金中的固溶度[138]。而对于通过晶界散射降低热导率的概念，已进一步延伸为在材料中引入电活性较弱的微粒(5～50nm)，以使材料热导率降低至最小值，同时又能够尽可能减小对载流子迁移率的影响，使热电性能进一步提高。2009 年，Mingo 等[139]系统估算了在 17 种硅基化合物(包括 WSi_2、$OsSi$、Ru_2Si_3、Mg_2Si 等)添加 Si-Ge 合金后其热导率随添加物的变化规律。结果显示，当添加量为 0.8at%，颗粒尺寸为 2～10nm 时，其室温热导率降低 4～5 倍，高温(约 900K)ZT 值提高 1.7～2.5 倍。2014 年，Favier

等[140]将 1.3%体积分数的 Mo 颗粒添加至 N 型 $Si_{80}Ge_{20}$ 合金中，形成了 $MoSi_2$/$Si_{80}Ge_{20}$ 复合结构，其 ZT 值提升至 1.0 (700℃)，较商用化的 Si-Ge 器件 (0.72, 700℃) 提升了约39%；$MoSi_2$ 复合的 P 型 $Si_{0.913}Ge_{0.08}B_{0.007}$ 合金的 ZT 值提高至 0.76 (700℃)，较商用化的 Si-Ge 器件 (0.47, 700℃) 提升了约62%。另外，不同成分的 Si-Ge 合金也可以相互复合，通过适当调节比例可以形成弥散效果。例如，Yu 等[141]将 $30mol\%Si_{100}B_5$ 添加至 $70mol\%$ 的 $Si_{80}Ge_{20}$ 合金中，将 $35mol\%Si_{70}Ge_{30}P_3$ 添加至 $65mol\%$ 的 $Si_{95}Ge_5$ 合金中，形成了弥散相/基体复合结构，基体材料高迁移率的优势和弥散相高载流子浓度的特性都得到了充分利用，电学性能得以提高，N 型 GeSi 合金的 ZT 值提高至 1.3 左右。2016 年，Lee 等[142]通过理论模拟后发现，硅锗合金的最低热导率似乎并没有达到所谓的合金极限，他们认为只有 Si 和 Ge 原子的空间分布在原子尺度上是完全随机的，合金散射才能完全发挥作用，热导率或可达到理论上的最低合金极限值，$1.0 \sim 2.0 W/(m \cdot K)$，因此 Si-Ge 合金的 ZT 值还有进一步提高的空间。

参 考 文 献

[1] Vedernikov M V, Iordanishvili E K. A.F. Ioffe and origin of modern semiconductor thermoelectric energy conversion[C]//17th International Conference on Thermoelectrics (ICT98), Nagoya, 1998.

[2] Dismukes J P, Ekstrom L, Steigmeier E F, et al. Thermal and electrical properties of heavily doped Ge‐Si alloys up to 1300K[J]. Journal of Applied Physics, 1964, 35 (10): 2899-2907.

[3] Abeles B, Beers D S, Dismukes J P, et al. Thermal conductivity of Ge-Si alloys at high temperatures[J]. Physical Review, 1962, 125 (1): 44-46.

[4] Lange R G, Carroll W P. Review of recent advances of radioisotope power systems[J]. Energy Conversion and Management, 2008, 49 (3): 393-401.

[5] Goldsmid H J, Douglas R W. The use of semiconductors in thermoelectric refrigeration[J]. British Journal of Applied Physics, 1954, 5 (11): 386-390.

[6] Huang B L, Kaviany M. Ab initio and molecular dynamics predictions for electron and phonon transport in bismuth telluride[J]. Physical Review B, 2008, 77 (12): 125209.

[7] Birkholz U. Untersuchung der intermetallischen verbindung Bi_2Te_3 sowie der festen losungen $Bi_{2-x}Sb_xTe_3$ und $Bi_2Te_{3-x}Se_x$ hinsichtlich ihrer eignung als material fur halbleiter-thermoelemente[J]. Zeitschrift Fur Naturforschung Part a-Astrophysik Physik Und Physikalische Chemie, 1958, 13 (9): 780-792.

[8] Goldsmid H J. Recent studies of bismuth telluride and its alloys[J]. Journal of Applied Physics, 1961, 32: 2198-2202.

[9] Situmorang M, Goldsmid H J. Anisotropy of the seebeck coefficient in bismuth telluride[J]. Physica Status Solidi B-Basic Research, 1986, 134 (1): K83-K88.

[10] Delves R T, Hazelden D W, Goldsmid H J, et al. Anisotropy of electrical conductivity in bismuth telluride[J]. Proceedings of the Physical Society of London, 1961, 78 (504): 838-844.

[11] Chen Y L, Analytis J G, Chu J H, et al. Experimental realization of a three-dimensional topological insulator, Bi_2Te_3[J]. Science, 2009, 325 (5937): 178-181.

[12] Pei J, Cai B, Zhuang H L, et al. Bi_2Te_3-based applied thermoelectric materials: Research advances and new

challenges[J]. National Science Review, 2020, 7 (12): 1856-1858.

[13] Sehr R, Testardi L R. Optical properties of P-type Bi_2Te_3-Sb_2Te_3 alloys between 2-15 microns[J]. Journal of Physics and Chemistry of Solids, 1962, 23 (SEP): 1219-1224.

[14] Drabble J R, Groves R D, Wolfe R. Galvanomagnetic effects in N-type bismuth telluride[J]. Proceedings of the Physical Society of London, 1958, 71 (459): 430-443.

[15] Yavorsky B Y, Hinsche N F, Mertig I, et al. Electronic structure and transport anisotropy of Bi_2Te_3 and Sb_2Te_3[J]. Physical Review B, 2011, 84 (16): 165208.

[16] Youn S J, Freeman A J. First-principles electronic structure and its relation to thermoelectric properties of Bi_2Te_3[J]. Physical Review B, 2001, 63 (8): 085112.

[17] Witting I T, Chasapis T C, Ricci F, et al. The thermoelectric properties of bismuth telluride[J]. Advanced Electronic Materials, 2019, 5 (6): 1800904.

[18] Kim H S, Heinz N A, Gibbs Z M, et al. High thermoelectric performance in $(Bi_{0.25}Sb_{0.75})_2Te_3$ due to band convergence and improved by carrier concentration control[J]. Materials Today, 2017, 20 (8): 452-459.

[19] Satterthwaite C B, Ure R W. Electrical and thermal properties of Bi_2Te_3[J]. Physical Review, 1957, 108 (5): 1164-1170.

[20] Brebrick R F. Homogeneity ranges and Te_2-pressure along 3-phase curves for Bi_2Te_3 (C) and a 55-58-at percent te peritectic phase[J]. Journal of Physics and Chemistry of Solids, 1969, 30 (3): 719-731.

[21] Stary Z, Horak J, Stordeur M, et al. Antisite defects in $Sb_{2-x}Bi_xTe_3$ mixed-crystals[J]. Journal of Physics and Chemistry of Solids, 1988, 49 (1): 29-34.

[22] Inui H, Mori H, Fujita H. Electron-irradiation induced crystalline amorphous transition in ceramics[J]. Acta Metallurgica, 1989, 37 (5): 1337-1342.

[23] Pan Y, Wei T R, Wu C F, et al. Electrical and thermal transport properties of spark plasma sintered n-type $Bi_2Te_{3-x}Se_x$ alloys: The combined effect of point defect and Se content[J]. Journal of Materials Chemistry C, 2015, 3 (40): 10583-10589.

[24] Miller G R, Li C Y. Evidence for existence of antistructure defects in bismuth telluride by density measurements[J]. Journal of Physics and Chemistry of Solids, 1965, 26 (1): 173-177.

[25] Yang F, Ikeda T, Snyder G J, et al. Effective thermal conductivity of polycrystalline materials with randomly oriented superlattice grains[J]. Journal of Applied Physics, 2010, 108 (3): 034310.

[26] Chen X, Zhou H D, Kiswandhi A, et al. Thermal expansion coefficients of Bi_2Se_3 and Sb_2Te_3 crystals from 10 K to 270 K[J]. Applied Physics Letters, 2011, 99 (26): 261912.

[27] Navratil J, Stary Z, Plechacek T. Thermoelectric properties of p-type antimony bismuth telluride alloys prepared by cold pressing[J]. Materials Research Bulletin, 1996, 31 (12): 1559-1566.

[28] Liu W S, Zhang Q, Lan Y, et al. Thermoelectric property studies on Cu-doped n-type $Cu_xBi_2Te_{2.7}Se_{0.3}$ nanocomposites[J]. Advanced Energy Materials, 2011, 1 (4): 577-587.

[29] Zhao L D, Zhang B P, Li J F, et al. Enhanced thermoelectric and mechanical properties in textured n-type Bi_2Te_3 prepared by spark plasma sintering[J]. Solid State Sciences, 2008, 10 (5): 651-658.

[30] Zhang Q, Gu B, Wu Y, et al. Evolution of the intrinsic point defects in bismuth telluride-based thermoelectric materials[J]. ACS Applied Materials & Interfaces, 2019, 11 (44): 41424-41431.

[31] Pan Y, Aydemir U, Sun F H, et al. Self-tuning n-type $Bi_2(Te,Se)_3$/SiC thermoelectric nanocomposites to realize high performances up to 300 degrees C[J]. Advanced Science, 2017, 4 (11): 1700259.

[32] Horak J, Cermak K, Koudelka L. Energy formation of antisite defects in doped Sb_2Te_3 and Bi_2Te_3 crystals[J]. Journal

of Physics and Chemistry of Solids, 1986, 47（8）: 805-809.

[33] Poudel B, Hao Q, Ma Y, et al. High-thermoelectric performance of nanostructured bismuth antimony telluride bulk alloys[J]. Science, 2008, 320（5876）: 634-638.

[34] Zhai R, Wu Y, Zhu T J, et al. Tunable optimum temperature range of high-performance zone melted bismuth-telluride-based solid solutions[J]. Crystal Growth & Design, 2018, 18（8）: 4646-4652.

[35] Zhou Y, Li X, Bai S, et al. Comparison of space- and ground-grown $Bi_2Se_{0.21}Te_{2.79}$ thermoelectric crystals[J]. Journal of Crystal Growth, 2010, 312（6）: 775-780.

[36] Lan Y, Poudel B, Ma Y, et al. Structure study of bulk nanograined thermoelectric bismuth antimony telluride[J]. Nano Letters, 2009, 9（4）: 1419-1422.

[37] Zhang Q, Zhang Q, Chen S, et al. Suppression of grain growth by additive in nanostructured p-type bismuth antimony tellurides[J]. Nano Energy, 2012, 1（1）: 183-189.

[38] Chen X, Liu L, Dong Y, et al. Preparation of nano-sized Bi_2Te_3 thermoelectric material, powders by cryogenic grinding[J]. Progress in Natural Science: Materials International, 2012, 22（3）: 201-206.

[39] Chen C, Liu D W, Zhang B P, et al. Enhanced thermoelectric properties obtained by compositional optimization in p-type $Bi_xSb_{2-x}Te_3$ fabricated by mechanical alloying and spark plasma sintering[J]. Journal of Electronic Materials, 2011, 40（5）: 942-947.

[40] Pan Y, Wei T R, Cao Q, et al. Mechanically enhanced p- and n-type Bi_2Te_3-based thermoelectric materials reprocessed from commercial ingots by ball milling and spark plasma sintering[J]. Materials Science and Engineering B-Advanced Functional Solid-State Materials, 2015, 197: 75-81.

[41] Mei D, Wang H, Li Y, et al. Microstructure and thermoelectric properties of porous $Bi_2Te_{2.85}Se_{0.15}$ bulk materials fabricated by semisolid powder processing[J]. Journal of Materials Research, 2015, 30（17）: 2585-2592.

[42] Song S, Wang J, Xu B, et al. Thermoelectric properties of n-type $Bi_2Te_{2.7}Se_{0.3}$ with addition of nano-ZnO: Al particles[J]. Materials Research Express, 2014, 1（3）: 035901.

[43] Shen J J, Zhu T J, Zhao X B, et al. Recrystallization induced in situ nanostructures in bulk bismuth antimony tellurides: A simple top down route and improved thermoelectric properties[J]. Energy & Environmental Science, 2010, 3（10）: 1519-1523.

[44] Zhu T, Xu Z, He J, et al. Hot deformation induced bulk nanostructuring of unidirectionally grown p-type $(Bi,Sb)_2Te_3$ thermoelectric materials[J]. Journal of Materials Chemistry A, 2013, 1（38）: 11589-11594.

[45] Hu L P, Zhu T J, Wang Y G, et al. Shifting up the optimum figure of merit of p-type bismuth telluride-based thermoelectric materials for power generation by suppressing intrinsic conduction[J]. NPG Asia Materials, 2014, 6（2）: e88.

[46] Xu Z J, Hu L P, Ying P J, et al. Enhanced thermoelectric and mechanical properties of zone melted p-type $(Bi,Sb)_2Te_3$ thermoelectric materials by hot deformation[J]. Acta Materialia, 2015, 84: 385-392.

[47] Xu Z, Wu H, Zhu T, et al. Attaining high mid-temperature performance in $(Bi,Sb)_2Te_3$ thermoelectric materials via synergistic optimization[J]. NPG Asia Materials, 2016, 8（9）: e302.

[48] Yan X, Poudel B, Ma Y, et al. Experimental studies on anisotropic thermoelectric properties and structures of n-Type $Bi_2Te_{2.7}Se_{0.3}$[J]. Nano Letters, 2010, 10（9）: 3373-3378.

[49] Hu L, Wu H, Zhu T, et al. Tuning multiscale microstructures to enhance thermoelectric performance of n-type bismuth-telluride-based solid solutions[J]. Advanced Energy Materials, 2015, 5（17）: 1500411.

[50] Kim S I, Lee K H, Mun H A, et al. Dense dislocation arrays embedded in grain boundaries for high-performance bulk thermoelectrics[J]. Science, 2015, 348（6230）: 109-114.

[51] Pan Y, Aydemir U, Grovogui J A, et al. Melt-centrifuged (Bi,Sb)$_2$Te$_3$: Engineering microstructure toward high thermoelectric efficiency[J]. Advanced Materials, 2018, 30 (34): 1802016.

[52] Pan Y, Qiu Y, Witting I, et al. Synergistic modulation of mobility and thermal conductivity in (Bi,Sb)$_2$Te$_3$ towards high thermoelectric performance[J]. Energy & Environmental Science, 2019, 12 (2): 624-630.

[53] Zhuang H-L, Pei J, Cai B, et al. Thermoelectric performance enhancement in BiSbTe alloy by microstructure modulation via cyclic spark plasma sintering with liquid Phase[J]. Advanced Functional Materials, 2021, 15(2021): 2009681.

[54] Wu Y, Yu Y, Zhang Q, et al. Liquid-phase hot deformation to enhance thermoelectric performance of n-type bismuth-telluride-based solid solutions[J]. Advanced Science, 2019, 6 (21): 1901702.

[55] Cao S, Huang Z-Y, Zu F Q, et al. Enhanced thermoelectric properties of Ag-modified Bi$_{0.5}$Sb$_{1.5}$Te$_3$ composites by a facile electroless plating method[J]. ACS Applied Materials & Interfaces, 2017, 9 (42): 36478-36482.

[56] Cao Y Q, Zhu T J, Zhao X B, et al. Nanostructuring and improved performance of ternary Bi-Sb-Te thermoelectric materials[J]. Applied Physics A-Materials Science & Processing, 2008, 92 (2): 321-324.

[57] Cao Y Q, Zhao X B, Zhu T J, et al. Syntheses and thermoelectric properties of Bi$_2$Te$_3$/Sb$_2$Te$_3$ bulk nanocomposites with laminated nanostructure[J]. Applied Physics Letters, 2008, 92 (14): 143106.

[58] Yang L, Chen Z G, Hong M, et al. Enhanced thermoelectric performance of nanostructured Bi$_2$Te$_3$ through significant phonon scattering[J]. ACS Applied Materials & Interfaces, 2015, 7 (42): 23694-23699.

[59] Hong M, Chasapis T C, Chen Z G, et al. N-Type Bi$_2$Te$_{3-x}$Se$_x$ nanoplates with enhanced thermoelectric efficiency driven by wide-frequency phonon scatterings and synergistic carrier scatterings[J]. ACS Nano, 2016, 10 (4): 4719-4727.

[60] Tang X, Xie W, Li H, et al. Preparation and thermoelectric transport properties of high-performance p-type Bi$_2$Te$_3$ with layered nanostructure[J]. Applied Physics Letters, 2007, 90 (1): 012102.

[61] Zheng Y, Xie H, Zhang Q, et al. Unraveling the critical role of melt-spinning atmosphere in enhancing the thermoelectric performance of p-type Bi$_{0.52}$Sb$_{1.48}$Te$_3$ alloys[J]. ACS Applied Materials & Interfaces, 2020, 12 (32): 36186-36195.

[62] Xie W, Tang X, Yan Y, et al. Unique nanostructures and enhanced thermoelectric performance of melt-spun BiSbTe alloys[J]. Applied Physics Letters, 2009, 94 (10): 102111.

[63] Xie W, He J, Kang H J, et al. Identifying the specific nanostructures responsible for the high thermoelectric performance of (Bi,Sb)$_2$Te$_3$ nanocomposites[J]. Nano Letters, 2010, 10 (9): 3283-3289.

[64] Qiu J, Yan Y, Luo T, et al. 3D Printing of highly textured bulk thermoelectric materials: mechanically robust BiSbTe alloys with superior performance[J]. Energy & Environmental Science, 2019, 12 (10): 3106-3117.

[65] Zheng G, Su X, Xie H, et al. High thermoelectric performance of p-BiSbTe compounds prepared by ultra-fast thermally induced reaction[J]. Energy & Environmental Science, 2017, 10 (12): 2638-2652.

[66] Qiu J, Yan Y, Xie H, et al. Achieving superior performance in thermoelectric Bi$_{0.4}$Sb$_{1.6}$Te$_{3.72}$ by enhancing texture and inducing high-density line defects[J]. Science China-Materials, 2021, 64 (6): 1507-1520.

[67] Wang S, Xie W, Li H, et al. Enhanced performances of melt spun (Bi,Sb)$_2$Te$_3$ for n-type thermoelectric legs[J]. Intermetallics, 2011, 19 (7): 1024-1031.

[68] Mao Y, Yan Y, Wu K, et al. Non-equilibrium synthesis and characterization of n-type Bi$_2$Te$_{2.7}$Se$_{0.3}$ thermoelectric material prepared by rapid laser melting and solidification[J]. RSC Advances, 2017, 7 (35): 21439-21445.

[69] Hao F, Qiu P, Song Q, et al. Roles of Cu in the enhanced thermoelectric properties in Bi$_{0.5}$Sb$_{1.5}$Te$_3$[J]. Materials, 2017, 10(3): 251.

[70] Zhuang H L, Pan Y, Sun F-H, et al. Thermoelectric Cu-doped (Bi,Sb)$_2$Te$_3$: Performance enhancement and stability against high electric current pulse[J]. Nano Energy, 2019, 60: 857-865.

[71] Tao Q, Deng R, Li J, et al. Enhanced Thermoelectric Performance of Bi$_{0.46}$Sb$_{1.54}$Te$_3$ Nanostructured with CdTe[J]. ACS Applied Materials & Interfaces, 2020, 12 (23): 26330-26341.

[72] Deng R, Su X, Hao S, et al. High thermoelectric performance in Bi$_{0.46}$Sb$_{1.54}$Te$_3$ nanostructured with ZnTe[J]. Energy & Environmental Science, 2018, 11 (6): 1520-1535.

[73] Li C, Ma S, Wei P, et al. Magnetism-induced huge enhancement of the room-temperature thermoelectric and cooling performance of p-type BiSbTe alloys[J]. Energy & Environmental Science, 2020, 13 (2): 535-544.

[74] Yang G, Sang L, Yun F F, et al. Significant enhancement of thermoelectric figure of merit in BiSbTe-based composites by incorporating carbon microfiber[J]. Advanced Functional Materials, 2021, 31 (15): 2008851.

[75] Yang G, Niu R, Sang L, et al. Ultra-high thermoelectric performance in bulk BiSbTe/amorphous boron composites with Nano-defect architectures[J]. Advanced Energy Materials, 2020, 10 (41): 2000757.

[76] Jiang J, Chen L D, Yao Q, et al. Effect of TeI4 content on the thermoelectric properties of n-type Bi-Te-Se crystals prepared by zone melting[J]. Materials Chemistry and Physics, 2005, 92 (1): 39-42.

[77] Hao F, Xing T, Qiu P, et al. Enhanced thermoelectric performance in n-type Bi$_2$Te$_3$-based alloys via suppressing intrinsic excitation[J]. ACS Applied Materials & Inter faces, 2018, 10 (25): 21372-21380.

[78] Wang S, Li H, Lu R, et al. Metal nanoparticle decorated n-type Bi$_2$Te$_3$-based materials with enhanced thermoelectric performances[J]. Nanotechnology, 2013, 24 (28): 285702.

[79] Jiang J, Chen L D, Bai S Q, et al. Thermoelectric performance of p-type Bi-Sb-Te materials prepared by spark plasma sintering[J]. Journal of Alloys and Compounds, 2005, 390 (1-2): 208-211.

[80] Zheng G, Su X, Liang T, et al. High thermoelectric performance of mechanically robust n-type Bi$_2$Te$_{3-x}$Se$_x$ prepared by combustion synthesis[J]. Journal of Materials Chemistry A, 2015, 3 (12): 6603-6613.

[81] Zheng Y, Zhang Q, Su X, et al. Mechanically robust BiSbTe alloys with superior thermoelectric performance: A case study of stable hierarchical nanostructured thermoelectric materials[J]. Advanced Energy Materials, 2015, 5 (5): 1401391.

[82] Androulakis J, Todorov I, Chung D Y, et al. Thermoelectric enhancement in PbTe with K or Na codoping from tuning the interaction of the light-and heavy-hole valence bands[J]. Physical Review B, 2010, 82 (11): 115209.

[83] Tauber R N, Machonis A A, Cadoff I B. Thermal and optical energy gaps in PbTe[J]. Journal of Applied Physics, 1966, 37 (13): 4855-4860.

[84] Allgaier R S. Valence bands in lead telluride[J]. Journal of Applied Physics, 1961, 32: 2185-2189.

[85] Sitter H, Lischka K, Heinrich H. Structure of 2nd valence band in PbTe[J]. Physical Review B, 1977, 16 (2): 680-687.

[86] Parker W J, Jenkins R J, Abbott G L, et al. Flash method of determining thermal diffusivity, heat capacity, and thermal conductivity[J]. Journal of Applied Physics, 1961, 32 (9): 1679-1684.

[87] Fritts R. Thermoelectric Materials and Devices[M]. New York: Reinhold, 1960.

[88] Dughaish Z H. Lead telluride as a thermoelectric material for thermoelectric power generation[J]. Physica B-Condensed Matter, 2002, 322 (1-2): 205-223.

[89] LaLonde A D, Pei Y, Snyder G J. Reevaluation of PbTe$_{1-x}$I$_x$ as high performance n-type thermoelectric material[J]. Energy & Environmental Science, 2011, 4 (6): 2090-2096.

[90] Pei Y, LaLonde A, Iwanaga S, et al. High thermoelectric figure of merit in heavy hole dominated PbTe[J]. Energy & Environmental Science, 2011, 4 (6): 2085-2089.

[91] Pei Y, LaLonde A D, Heinz N A, et al. Stabilizing the optimal carrier concentration for high thermoelectric efficiency[J]. Advanced Materials, 2011, 23 (47): 5674-5678.

[92] Pei Y, LaLonde A D, Heinz N A, et al. High thermoelectric figure of merit in PbTe alloys demonstrated in PbTe-CdTe[J]. Advanced Energy Materials, 2012, 2 (6): 670-675.

[93] Pei Y, Wang H, Gibbs Z M, et al. Thermopower enhancement in $Pb_{1-x}Mn_xTe$ alloys and its effect on thermoelectric efficiency[J]. Npg Asia Materials, 2012, 4 (9): e28.

[94] Lusakowski A, Boguslawski P, Radzynski T. Calculated electronic structure of $Pb_{1-x}Mn_xTe$ $(0 \leqslant x < 11\%)$: The role of L and Sigma valence band maxima[J]. Physical Review B, 2011, 83 (11): 115206.

[95] Pei Y, Shi X, LaLonde A, et al. Convergence of electronic bands for high performance bulk thermoelectrics[J]. Nature, 2011, 473 (7345): 66-69.

[96] Heremans J P, Jovovic V, Toberer E S, et al. Enhancement of thermoelectric efficiency in PbTe by distortion of the electronic density of states[J]. Science, 2008, 321 (5888): 554-557.

[97] Hicks L D, Dresselhaus M S. Thermoelectric figure of merit of a one-dimensional conductor[J]. Physical Review B, 1993, 47 (24): 16631-16634.

[98] Hicks L D, Harman T C, Dresselhaus M S. Use of quantum-well superlattices to obtain a high figure of merit from nonconventional thermoelectric-materials[J]. Applied Physics Letters, 1993, 63 (23): 3230-3232.

[99] Faleev S V, Leonard F. Theory of enhancement of thermoelectric properties of materials with nanoinclusions[J]. Physical Review B, 2008, 77 (21): 214304.

[100] Heremans J P, Thrush C M, Morelli D T. Thermopower enhancement in PbTe with Pb precipitates[J]. Journal of Applied Physics, 2005, 98 (6): 063703.

[101] Hsu K F, Loo S, Guo F, et al. Cubic $AgPbmSbTe_{2+m}$: Bulk thermoelectric materials with high figure of merit[J]. Science, 2004, 303 (5659): 818-821.

[102] Zhou M, Li J F, Kita T. Nanostructured $AgPbmSbTe_{m+2}$ system bulk materials with enhanced thermoelectric performance[J]. Journal of the American Chemical Society, 2008, 130 (13): 4527-4532.

[103] Wang H, Li J F, Nan C W, et al. High-performance $Ag_{0.8}Pb_{18+x}SbTe_{20}$ thermoelectric bulk materials fabricated by mechanical alloying and spark plasma sintering[J]. Applied Physics Letters, 2006, 88 (9): 092104.

[104] Zhou M, Li J F, Wang H, et al. Nanostructure and high thermoelectric performance in nonstoichiometric AgPbSbTe compounds: The role of Ag[J]. Journal of Electronic Materials, 2011, 40 (5): 862-866.

[105] Li Z Y, Li J F. Fine-grained and nanostructured $AgPb_mSbTe_{m+2}$ alloys with high thermoelectric figure of merit at medium temperature[J]. Advanced Energy Materials, 2014, 4 (2): 1300937.

[106] Androulakis J, Hsu K F, Pcionek R, et al. Nanostructuring and high thermoelectric efficiency in p-type Ag $(Pb_{1-y}Sn_y)_mSbTe_{2+m}$[J]. Advanced Materials, 2006, 18 (9): 1170-1173.

[107] Poudeu P F R, D'Angelo J, Downey A D, et al. High thermoelectric figure of merit and nanostructuring in bulk p-type $Na_{1-x}PbmSb_yTe_{m+2}$[J]. Angewandte Chemie-International Edition, 2006, 45 (23): 3835-3839.

[108] Gueguen A, Poudeu P F P, Li C P, et al. Thermoelectric properties and nanostructuring in the p-type materials $NaPb_{18-x}Sn_xMTe_{20}$ (M = Sb, Bi)[J]. Chemistry of Materials, 2009, 21 (8): 1683-1694.

[109] Poudeu P F P, Gueguen A, Wu C I, et al. High figure of merit in nanostructured n-type KPb_mSbTe_{m+2} thermoelectric materials[J]. Chemistry of Materials, 2010, 22 (3): 1046-1053.

[110] Androulakis J, Lin C H, Kong H J, et al. Spinodal decomposition and nucleation and growth as a means to bulk nanostructured thermoelectrics: Enhanced performance in $Pb_{1-x}Sn_xTe-PbS$[J]. Journal of the American Chemical Society, 2007, 129 (31): 9780-9788.

[111] Biswas K, He J, Blum I D, et al. High-performance bulk thermoelectrics with all-scale hierarchical architectures[J]. Nature, 2012, 489 (7416): 414-418.

[112] Zhao L D, Wu H J, Hao S Q, et al. All-scale hierarchical thermoelectrics: MgTe in PbTe facilitates valence band convergence and suppresses bipolar thermal transport for high performance[J]. Energy & Environmental Science, 2013, 6 (11): 3346-3355.

[113] Zhao L D, Hao S, Lo S-H, et al. High thermoelectric performance via hierarchical compositionally alloyed nanostructures[J]. Journal of the American Chemical Society, 2013, 135 (19): 7364-7370.

[114] Korkosz R J, Chasapis T C, Lo S H, et al. High ZT in p-Type (PbTe)$_{1-2x}$(PbSe)$_x$(PbS)$_x$Thermoelectric Materials[J]. Journal of the American Chemical Society, 2014, 136 (8): 3225-3237.

[115] Tan G, Shi F, Hao S, et al. Non-equilibrium processing leads to record high thermoelectric figure of merit in PbTe-SrTe[J]. Nature Communications, 2016, 7 (1): 1-9.

[116] Poudeu P F P, D'Angelo J, Kong H, et al. Nanostructures versus solid solutions: Low lattice thermal conductivity and enhanced thermoelectric figure of merit in Pb$_{9.6}$Sb$_{0.2}$Te$_{10-x}$Se$_x$ bulk materials[J]. Journal of the American Chemical Society, 2006, 128 (44): 14347-14355.

[117] Girard S N, He J, Zhou X, et al. High performance Na-doped PbTe-PbS thermoelectric materials: Electronic density of states modification and shape-controlled nanostructures[J]. Journal of the American Chemical Society, 2011, 133 (41): 16588-16597.

[118] Wu H J, Zhao L D, Zheng F S, et al. Broad temperature plateau for thermoelectric figure of merit ZT > 2 in phase-separated PbTe$_{0.7}$S$_{0.3}$[J]. Nature Communications, 2014, 5 (1): 1-9.

[119] Anders B, Petr K, Daniele S, et al. First-principles modeling of SiGe alloys and devices//Proceedings of the 17th IEEE International Conference on Nanotechnology Pittsburgh, PA: Pittsbuegh, 2017: 339-340.

[120] Braunstein R, Moore A R, Herman F. Intrinsic optical absorption in germanium-silicon alloys[J]. Physical Review, 1958, 109 (3): 695-710.

[121] Weber J, Alonso M I. Near-band-gap photoluminescence of Si-Ge alloys[J]. Physical Review B, 1989, 40 (8): 5683-5693.

[122] Krishnamurthy S, Sher A, Chen A B. Generalized Brooks' formula and the electron mobility in Si$_x$Ge$_{1-x}$alloys[J]. Applied Physics Letters, 1985, 47 (2): 160-162.

[123] Kaspper E, 余金中, 王杏华, 等. 硅锗的性质[M]. 北京: 国防工业出版社: 2002.

[124] Jaint S C, Hayes W. Structure, properties and applications of Ge$_x$Si$_{1-x}$ strained layers and superlattices[J]. Semiconductor Science and Technology, 1991, 6 (7): 547-576.

[125] Slack G A, Hussain M A. The maximum possible conversion efficiency of silicon-germanium thermoelectric generators[J]. Journal of Applied Physics, 1991, 70 (5): 2694-2718.

[126] Dismukes J P, Ekstrom L, Steigmeier E F, et al. Thermal and electrical properties of heavily doped Ge - Si alloys up to 1300K[J]. Journal of Applied Physics, 1964, 35 (10): 2899-2907.

[127] Abeles B. Lattice thermal conductivity of disordered semiconductor alloys at high temperatures[J]. Physical Review, 1963, 131 (5): 1906-1911.

[128] Rowe D M, Shukla V S. The effect of phonon - grain boundary scattering on the lattice thermal conductivity and thermoelectric conversion efficiency of heavily doped fine - grained, hot - pressed silicon germanium alloy[J]. Journal of Applied Physics, 1981, 52 (12): 7421-7426.

[129] Li F, Huang X, Sun Z, et al. Enhanced thermoelectric properties of n-type Bi$_2$Te$_3$-based nanocomposite fabricated

by spark plasma sintering[J]. Journal of Alloys and Compounds, 2011, 509（14）: 4769-4773.

[130] Rowe D M. Theoretical optimization of the thermoelectric figure of merit of heavily doped hot-pressed germanium-silicon alloys[J]. Journal of Physics D: Applied Physics, 1974, 7: 1843-1846.

[131] Dresselhaus M S, Dresselhaus G, Sun X, et al. The promise of low-dimensional thermoelectric materials[J]. Microscale Thermophysical Engineering, 1999, 3（2）: 89-100.

[132] Mildred S D, Gang C, Tang M Y, et al. New directions for low-dimensional thermoelectric materials[J]. Advanced Materials, 2007, 19: 1043-1053.

[133] Joshi G, Lee H, Lan Y, et al. Enhanced thermoelectric figure-of-merit in nanostructured p-type silicon germanium bulk alloys[J]. Nano Letters, 2008, 8（12）: 4670-4674.

[134] Bathula S, Jayasimhadri M, Gahtori B, et al. Role of nanoscale defect features in enhancing the thermoelectric performance of p-type nanostructured SiGe alloys[J]. Nanoscale, 2015, 7（29）: 12474-12483.

[135] Bathula S, Jayasimhadri M, Singh N, et al. Enhanced thermoelectric figure-of-merit in spark plasma sintered nanostructured n-type SiGe alloys[J]. Applied Physics Letters, 2012, 101（21）: 213902.

[136] Pisharody R, Garvey L. Modified silicon-germanium alloys with improved performance[C]//13th Intersociety Energy Conversion Engineering Conference, 1978, 3: 1963-1968.

[137] Vandersande J W, Borshchevsky A, Parker J, et al. Dopant solubility studies in n-type Gap doped Si-Ge alloys[C]// Proceedings of the 7th International Conference on Thermoelectric Energy Conversion. The University of Texas at Arlington, Tx, 1988: 76-78.

[138] Gao M, Rowe D M. The effect of high-temperature heat treatment on the electrical power factor and morphology of silicon germanium-gallium phosphide alloys[J]. Journal of Applied Physics, 1991, 70（7）: 3843-3847.

[139] Mingo N, Hauser D, Kobayashi N P, et al. "Nanoparticle-in-alloy" approach to efficient ehermoelectrics: Eilicides in SiGe[J]. Nano Letters, 2009, 9（2）: 711-715.

[140] Favier K, Bernard-Granger G, Navone C, et al. Influence of in situ formed $MoSi_2$ inclusions on the thermoelectrical properties of an N-type silicon-germanium alloy[J]. Acta Materialia, 2014, 64: 429-442.

[141] Yu B, Zebarjadi M, Wang H, et al. Enhancement of thermoelectric properties by modulation-doping in silicon germanium alloy nanocomposites[J]. Nano Letters, 2012, 12（4）: 2077-2082.

[142] Lee Y, Pak A J, Hwang G S. What is the thermal conductivity limit of silicon germanium alloys?[J]. Physical Chemistry Chemical Physics, 2016, 18（29）: 19544-19548.

第4章 新型热电材料

4.1 引 言

进入 21 世纪后，热电材料的研究迎来新的发展阶段，不仅传统材料的热电性能得到了显著提升，而且很多性能突出的新型热电材料体系得以发现。本章系统介绍以下几类新型热电材料的研究进展。①碲化物热电材料，除传统的碲化物热电材料 Bi_2Te_3 和 PbTe 外，近期比较受关注的碲化物热电材料有 SnTe、GeTe、MnTe 等。这些化合物在中温区有较好的性能，而且与 PbTe 相比不含铅，所以环境兼容性更好。②硒化物热电材料，由于硒元素较轻，热导率通常偏高，对硒化物的热电研究以前并未得到重视。近年来，人们发现 SnSe 的晶体结构在 750~800K 由低对称性的 Pnma 空间群转变为高对称性的 Cmcm 空间群后，其热电性能得到显著提高，SnSe 单晶的 ZT 峰值高达 2.6。③硫化物热电材料，硫元素无毒且成本低廉，是一类极具商业化前景的热电材料。④锑化物热电材料，该类材料的典型代表是 $CoSb_3$ 基方钴矿热电材料，是典型的声子玻璃-电子晶体型热电材料，在笼型结构中适当填充元素可显著降低其热导率，提高 ZT 值。目前已开发出性能优异的 N 型和 P 型 $CoSb_3$ 基热电材料，并将其应用于中温热电器件中。⑤哈斯勒(Heusler)合金热电材料，其中以半哈斯勒(half-Heusler)合金为典型代表，其价电子数(valence electron counts，VEC)等于 18，具有优良的电传输性能，但热导率较高。近年来，通过纳米结构和纳米复合等手段使哈斯勒合金热导率显著降低，ZT 值得到大幅提高。⑥硅基化合物热电材料因价格低廉而受到人们关注。⑦氧化物热电材料具有较高的泽贝克系数和较低的热导率，在中高温区具有较高的 ZT 值。作为一种可长期在高温氧气氛中服役的材料体系，氧化物热电材料表现出了异于其他材料体系的独特优势。

4.2 碲 化 物

4.2.1 SnTe

PbTe 材料作为传统的中温区热电材料，具有优良的热电性能。但由于 Pb 具有较强的毒性，会对环境造成污染，因此不符合可持续发展的理念。SnTe 作为与 PbTe 同族硫族化合物，具有与 PbTe 相似的双价带结构和晶体结构，且具有无毒、环境友好的特征，有望成为性能优异的无铅中温热电材料。

SnTe 通常有三种相，即 α-SnTe、β-SnTe 和 γ-SnTe，如图 4.1 所示。其中，α-SnTe 为低温相（<100K），晶体结构为菱方结构，晶格常数为 6.325Å，α 为 89.895°，空间群为 R3m；当温度高于 100K 时其晶格结构转变为岩盐结构的 β-SnTe，晶格常数 6.3268Å，α 为 90°，空间群为 Fm$\overline{3}$m，该相在室温和常压下是稳定的；在高压（约为 2GPa）下，β-SnTe 可以转变为斜方晶系的 γ-SnTe。因为 α-SnTe 和 γ-SnTe 分别存在于低温和高压下，因此 β-SnTe 是研究最多的体系，也就是通常所指的 SnTe。与 PbTe 类似，SnTe 也有两条价带［图 4.1（d）］，其价带顶由 L 带和 Σ 带构成，带隙 E_g 约 0.11eV（实验值 0.18eV），轻、重价带的能量差（ΔE_V）约 0.24eV（实验值 0.3eV）。相比于 PbTe，SnTe 带隙较小，价带中的电子随温度升高，易被激发进入导带，出现双极扩散效应；而较大的 ΔE_V 使简并度较高的 Σ 带难以参与电荷的输运过程，所以 SnTe 的电输运性能逊于 PbTe。此外，由于其本征 Sn 空位浓

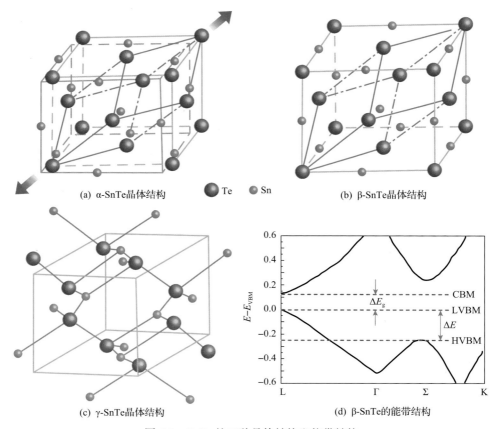

(a) α-SnTe晶体结构　　● Te　● Sn

(b) β-SnTe晶体结构

(c) γ-SnTe晶体结构

(d) β-SnTe的能带结构

图 4.1　SnTe 的三种晶体结构和能带结构

注：CBM 表示导带底；VBM 表示价带顶；LVBM 表示有效质量小的轻价带顶；HVBM 表示有效质量大的重价带顶

度较高，所以空穴载流子浓度偏高（约为 $10^{20}\mathrm{cm}^{-3}$），即使未掺杂的 SnTe 也显现出强简并半导体的特性，过高的载流子浓度还极大地影响了泽贝克系数的提升，且热导率也相应增大；由于 Sn 轻于 Pb，这也使 SnTe 相比 PbTe 具有较高的晶格热导率。这些都不利于 SnTe 热电性能的提升。此外，空位的存在也导致 SnTe 的晶格扭曲，通过改变振动特性和声子谱，原子振动的非谐性增加，从而降低了材料的机械性能。而由过量的 Sn 掺杂填补 Sn 空位，以此降低空穴载流子浓度的作用有限。鉴于此，当前 SnTe 热电材料的研究主要集中在 P 型材料的优化改性。

1. 载流子浓度优化

为了优化 SnTe 的载流子浓度，通常掺杂施主元素，如 I、Bi、Sb 等，以有效降低载流子浓度，从而大幅提高泽贝克系数和 ZT 值。此外，Sn 自补偿的方式 ($\mathrm{Sn}_{1+x}\mathrm{Te}$) 也是抑制过高载流子浓度的一个有效方法。基于 SnTe 的双价带结构，Zhou 等[1]发现在 SnTe 中掺杂 Gd、过量 Te 等受主元素，随着载流子浓度的提高，重价带 Σ 带参与了电荷输运过程，泽贝克系数不仅没有降低反而升高，从而使 ZT 值也得到一定程度的升高。

2. 能带结构调控

除通过掺杂来调控载流子浓度外，能带调控也是优化 SnTe 热电性能的一个有效手段。在热电材料中，如果杂质与价带或导带之间发生电子杂化而产生共振能级，那么就可以在费米能级附近较窄的能量范围内（与多带效应相比较）增加态密度，从而提高材料的泽贝克系数。研究发现 In 掺杂、$\mathrm{In}_2\mathrm{Te}_3$ 合金化引入的杂质能级与 SnTe 能级可产生共振作用，费米能级附近态密度有效质量大幅提高，泽贝克系数显著增加。但是，随温度升高价带能级的位置逐渐变化，此类能级共振效应在高温区逐渐消失。由于 In 的共振掺杂效应，0.25% In 掺杂的 $\mathrm{In}_{0.0025}\mathrm{Sn}_{0.9975}\mathrm{Te}$ 材料的 ZT 值提高至 1.1 (873K)[2]。

由于 SnTe 轻、重带的能量差较大，重价带主要在较高的载流子浓度或较高温度下对电输运性质做贡献。近年的研究表明，在 SnTe 中掺杂 HgTe、CdTe、MnTe、CaTe、MgTe 等具有较宽带隙的化合物，可在增大 SnTe 带隙的同时减小轻、重价带之间的能量差，在高温下产生能带简并效应，使重价带在较低的载流子浓度下参与载流子输运，从而显著提高了泽贝克系数。其中，$\mathrm{Sn}_{0.98}\mathrm{Bi}_{0.02}\mathrm{Te}$-3%HgTe 材料的 ZT 峰值可达 1.35 (910K)[3]。

2020 年，Hussain 等[4]重新分析了 SnTe 的能带结构，发现 SnTe 中共振能级的位置与其 L 带和 Σ 带的能量差具有较好的匹配性，这表明可以在 SnTe 中进行能带简并与共振能级的协同调控，从而实现泽贝克系数和功率因子的全面提升，他们将 In 和 Ca 引入 SnTe，In 在 SnTe 的费米能级附近产生共振能级，而 Ca 使能带简并，这两种效应的结合使泽贝克系数在整个测试温区内获得了极大提升，功率因子更是从 $20\mu W/(cm \cdot K^2)$ 提升至 $42\mu W/(cm \cdot K^2)$。进一步地，通过淬火原位形成共格的纳米析出相有效地散射声子，使 SnTe 的晶格热导率也获得显著降低，最终材料的 ZT 峰值在 823K 高达 1.85，平均 ZT 值也达到了 0.67。除在 Sn 位掺杂外，在 Te 位引入 Se 元素也可显著提升 SnTe 的热电性能。

通过适当的元素掺杂调控载流子浓度和能带结构，在提高 SnTe 电传输性能的同时，还可以引入大量的晶格缺陷，从而增强声子散射、降低晶格热导率。研究报道，在适当掺杂的 SnTe 中引入 MnTe、CdS、ZnS、SrTe 等纳米第二相，可增强声子散射，使晶格热导率接近 SnTe 的理论极小值。最近研究发现，在 SnTe 中加入 Cu_2Te 后部分 Cu 原子占据 SnTe 晶体的间隙位置，产生极大的晶格畸变和强烈散射声子，使晶格热导率降低至 $0.5W/(m \cdot K)$，接近理论极限[5]。同时，掺杂 Mn、Ge 等元素可产生能带简并效应，提高功率因子，使 SnTe 的 ZT 值突破 1.8(900K)[6]。

3. 合金化

合金化手段也可以获得较低的热导率，实现热电性能的提升。2018 年，Tan 等[7]制备了 $SnTe\text{-}AgSbTe_2$ 合金，发现 $AgSbTe_2$ 的合金化也可以实现 SnTe 的 L 带和 Σ 带的简并，尽管 Ag 和 Sb 在 Sn 位的取代增加了 Sn 空位的浓度，但这一空位浓度的增加将引发晶格软化和声子-空位散射，极大地降低了晶格热导率，最终的 ZT 峰值达到了 1.2。2016 年，Xing 和 Li[8]在基于 SnTe 与 $AgSbTe_2$ 合金化的材料（$AgSn_4SbTe_6$）中添加了 SiC 纳米颗粒，发现其电导率和泽贝克系数得到了同步提升，同时纳米颗粒的引入增强了声子散射，降低了热导率，最终在较低温度（723K）下的 ZT 值达到了 1.0。

4. 熵工程调控

近年来，熵工程作为一种新的调控策略被逐渐运用到热电材料的研究中，熵工程的核心即增加合金元素的数目，增加混乱度(熵)，从而降低热导率，另外利用熵工程构建高熵合金也可以实现能带结构和多尺度结构的协同效应，但合金元素数目的增加也会影响载流子迁移率，这也是熵工程热电研究领域面临的挑战。2018 年，Hu 等[9]将 Sn、Ge、Pb、Mn、Te 五种元素进行非等比例混合，采用熔融淬火结合烧结法制备了"低配版"的高熵合金，实现了多元素体系在结构有序和无序间的平衡，并观察到声学声子散射到合金散射的转变，熵工程的运用使

Mn 的溶解度大幅提高,构建的多尺度层级结构使 SnTe 这样一个具有简单晶体结构的材料获得了低于非晶极限的晶格热导率。另外,多元素合金化也有利于能带简并,增加能带的有效质量,这同时也补偿了载流子迁移率的损失,提高了功率因子,ZT 峰值达到了 1.42。

总体来讲,无 Pb 的 SnTe 热电材料在环境友好方面的特性是显而易见的,未来将围绕 SnTe 基热电材料性能的提升展开进一步研究。

4.2.2　GeTe

GeTe 基半导体与经典热电材料 PbTe 同属于 IV-VI 族化合物,两者具有许多类似的特性,因此早在 20 世纪,人们就开始研究 GeTe 的热电性能。早期研究主要集中于 GeTe 与 $AgSbTe_2$ 形成的固溶体(简称 TAGS)。近年来,随着对其热电性能物理机制研究的深入,加上材料制备技术和纳米表征技术的进步,GeTe 基热电材料的研究得到极大关注,热电性能得到显著提升,通过元素掺杂及纳米结构调控等手段可以获得大于 2.0 的高 ZT 值。

如图 4.2(a)和(b)的相图及晶体结构所示,GeTe 的晶体结构在室温为菱方相,而随着温度的升高,在 700K 左右会转变为立方相,两者之间的转变可以简单地视为晶体沿[111]方向发生拉伸或压缩形变。菱方相与立方相 GeTe 的能带结构如图 4.2(d)和(e)所示,立方相 GeTe 的能带结构与 PbTe、SnTe 类似,价带顶由 L 带占据,而 Σ 带则位于其下方。然而,菱方相结构则与之相反,价带顶由 Σ 带占据,L 带能量更低。此外,由于对称性的降低,L 带和 Σ 带在立方相转变为菱方相后均发生了劈裂。当菱方相向立方相转变时,由于这两者能带结构的差异,L 带和 Σ 带的能量差呈先减小后增大的变化趋势,所以在合适的对称性下将产生能带简并的效果,如图 4.2(f)所示。通过第一性原理计算,如图 4.2(c)所示,证实了随着角度 γ 趋近 60°,$\Delta E_{L\text{-}\Sigma}$ 不断减小。

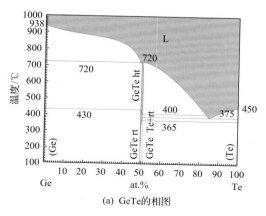

(a) GeTe的相图

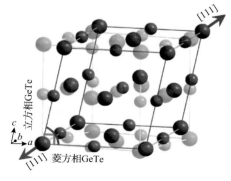

(b) 菱方相和立方相GeTe的晶体结构及转变过程

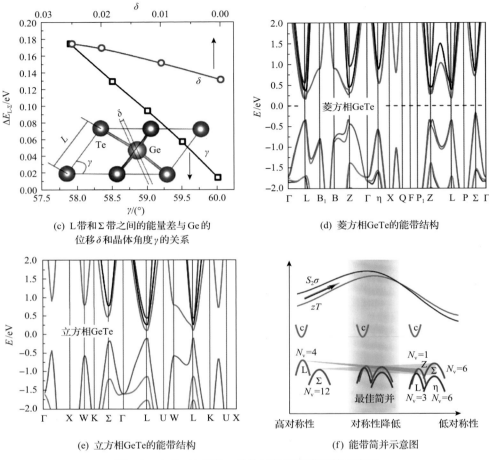

(c) L 带和 Σ 带之间的能量差与 Ge 的
位移 δ 和晶体角度 γ 的关系

(d) 菱方相 GeTe 的能带结构

(e) 立方相 GeTe 的能带结构

(f) 能带简并示意图

图 4.2　GeTe 的相图、晶体结构和能带结构示意图

　　GeTe 独特的能带结构为其电输运性能的调控带来了更多空间，通过对其相变温度的调节可在更低温度充分利用能带简并的优势，进而在较宽的中温区获得优异的热电性能。Bi、Sb、Ti 及 Cd 等元素对 Ge 元素的取代均可不同程度地增强菱方相的对称性，使其更趋近于立方相，实验结果也表明上述元素取代的 GeTe 在室温下具有明显增大的态密度有效质量，这也从侧面反映了能带简并的发生。Mn、Sn 元素的固溶同样可以实现晶体结构的变化，与前述掺杂元素不同的是，Mn、Sn 元素具有极大的固溶度，20mol% Mn 固溶的 GeTe 甚至可以在室温下便呈现出立方相结构，态密度有效质量也随之显著增加。此外，Li 等[10]通过在 Bi 和 Pb 共掺杂的 GeTe 中引入 Ge 空位，发现了晶胞体积的收缩及角度 γ 的增大，表明 Ge 空位在一定程度上也可以促进菱方相向立方相的转变，进而引起能带简并。

　　影响电输运性能的一个重要因素是载流子浓度及其迁移率。大量实验结果表明，GeTe 的最佳载流子浓度在 $1 \times 10^{20} \sim 2 \times 10^{20} \mathrm{cm}^{-3}$，而未掺杂的 GeTe 由于本征 Ge 空位的存在，通常呈现出高达 $\sim 10^{21} \mathrm{cm}^{-3}$ 的载流子浓度。通过异价元素的掺杂，如 +3 价的 Bi、Sb 或 In 等元素，可以有效地取代 +2 价的 Ge 元素（$Ge_{1-x}X_xTe$，X=Bi、Sb、In），从而降低基体的空穴浓度。当 Bi 或 Sb 的掺杂量达到 8%～10%时便可以优化载流子浓度，而 In 元素的过多掺杂则会引入过强的共振能级而大幅降低载流子迁移率。对 Ge 空位缺陷的直接调控也是一种可行举措。Pb 元素的掺杂可以明显提升 Ge 空位的形成能，通过相对低温的球磨工艺和放电等离子体烧结制备工艺再结合过量 Ge 单质的加入同样可以减少 Ge 空位的形成[11]。此外，研究人员发现掺杂少量 Cu$_2$Te 便可以显著降低空穴浓度，这可能源于 Ge 空位形成能的升高及 Cu 离子的间隙掺杂效应[12]。由于杂质元素的引入不可避免地会影响空穴的迁移率，因此寻找更有效的载流子调控手段是获得优异电传输性能的关键。

　　未掺杂的 GeTe 在室温的晶格热导率一般在 2.5～3W/(m·K)，采用 Debye-Cahill 模型计算得到的最低晶格热导率为～0.4W/(m·K)，采用 Born-Von Karman (BVK) 模型计算得到的理论极限低至 0.2W/(m·K)，这表明 GeTe 的热导率存在极大的下降空间。在阳离子 Ge 位及阴离子 Te 位分别进行等价元素的固溶掺杂，可以有效引入零维点缺陷，常见的阳离子位固溶元素为 Pb 等，阴离子位固溶元素则为 Se、S 等。此外，采用化合价平衡的掺杂方式引入 Bi 或 Sb 等 +3 价元素取代 +2 价的 Ge（$Ge_{1-1.5x}X_xTe$，X=Bi, Sb），将产生大量 Ge 空位，在 Ge 位掺杂 Cr 元素则可以降低 Ge 空位的形成能，进而提高 Ge 空位的浓度。这些零维点缺陷的生成可以阻碍高频声子的传输并降低晶格热导率。GeTe 在低温时呈现的非中心对称菱方相结构所带来的畴壁、孪晶面等二维结构同样对声子具有显著影响。Ge 原子和 Te 原子的相对位移会产生不同的畴，如 (111) Te 面分别沿 $\langle 111 \rangle$ 和 $\langle \overline{1}\,\overline{1}\,\overline{1} \rangle$ 方向发生位移便会产生相反的极化方向，这些畴结构在电镜下具有不同的衬度，因而可以观察到如图 4.3 (a) 所示的鱼骨状畴结构[13]。与此同时，Wu 等[14]发现在热处理过程中，基体会产生由 Ge 空位分布调整所导致的 180°带电纳米畴壁 [图 4.3 (c)]，与原有微米尺度的 71°和 109°畴壁共同组成了多尺度畴结构，从而进一步降低了基体的晶格热导率。此外，由 Ge 空位排布所形成的平面型缺陷也会受到掺杂元素的影响，如在 Cd 和 Bi 共掺杂的 GeTe 中可以发现大量如图 4.3 (b) 所示的平面型 Ge 空位[15]，而在过量 Cu 掺杂后，这些平面型 Ge 空位重新排布形成空位/Cu-Cu/空位的三明治结构。这些由 Ge 空位排布所形成的不同面缺陷结构都可以不同程度地增强声子散射，进而降低晶格热导率。纳米复合也是降低 GeTe 晶格热导率的一种有效方式。图 4.3 (d) 为 GeTe-PbTe 的赝二元相图，从图中可以看到在 GeTe-PbTe 固溶体中，当 PbTe 含量在一定比例范围内，在一定的温度条件下，固溶体会产生调幅分解，原位析出纳米结构相。$Ge_{0.87}Pb_{0.13}Te$ 在 723K 的温度下退火 672h 后，在基体中可以明显观察到富 Pb 的纳米第二相，这种纳米结构增强了声子散射作用，使晶格热导率降低至 0.4W/(m·K)[16]。影响晶格热导率的另一个重要因素是声速的大小，研究表明 Pb、Sb、Bi 等元素的掺杂不仅会产生晶格缺陷、散射声子，还可以软化晶格，使声速明显降低，从而使晶格热导率下降。

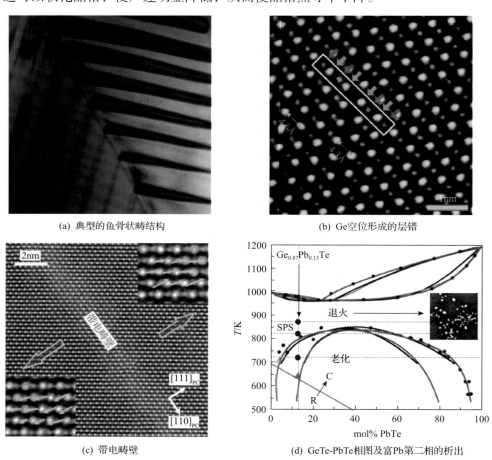

(a) 典型的鱼骨状畴结构　　　　　　　　(b) Ge 空位形成的层错

(c) 带电畴壁　　　　　　　　(d) GeTe-PbTe 相图及富 Pb 第二相的析出

图 4.3　GeTe 微结构示意图和 GeTe-PbTe 相图

　　由于 GeTe 具有优异的电学性能，再结合声子工程获得的极低晶格热导率，GeTe 基热电材料展现出了优异的热电性能。近年来在广大研究人员的努力下，ZT 值也获得了极大的提升，如图 4.4(a) 所示，菱方相和立方相的 GeTe 均获得了 2.5 左右的 ZT 值。由于 GeTe 基材料通常具有极高的 ZT 值，其器件研究也受到重视。基于 PbSe 固溶及 Cu 掺杂的 GeTe，Bu 等[17]采用 SnTe 作为金属化层制备了单臂器件，如图 4.4(c) 所示，测试得到了 14% 的转化效率，在众多热电单臂器件中也名列前茅。此外，由于 GeTe 在升温过程中存在菱方相向立方相的相转变，而器

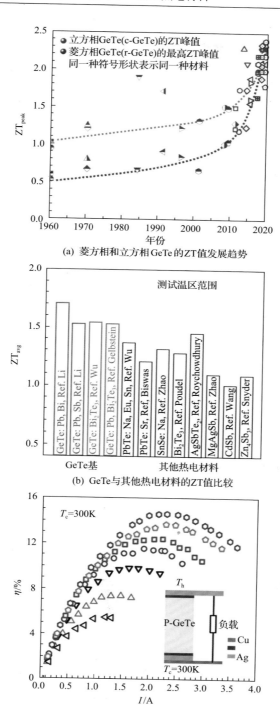

(a) 菱方相和立方相GeTe的ZT值发展趋势

(b) GeTe与其他热电材料的ZT值比较

(c) 单臂GeTe(Cu掺杂及PbSe固溶)器件的效率

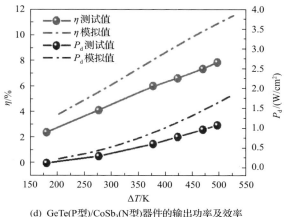

(d) GeTe(P型)/CoSb$_3$(N型)器件的输出功率及效率

图 4.4 GeTe 热电材料的性能及其器件输出性能图

件在长时间服役过程中处于温差加载的条件下，故因相转变所致的线膨胀系数失配可能使器件失效。这种线膨胀系数的失配同样可以通过元素的掺杂来调控，如通过 Mg 元素的固溶可以显著抑制线膨胀系数的突变，从而减小菱方相和立方相GeTe 线膨胀系数的差异。

在未来的研究中，如何获得可重复性强、热电性能优异的 GeTe 材料仍然是研究重点之一。在实际应用方面，开发接触电阻更低、稳定性更优的金属化层，寻找可与 GeTe 基热电材料配对使用的 N 型材料同样至关重要。特别地，如果能开发出高性能的 N 型 GeTe 基热电材料则是最优之选。Samanta 等[18]通过固溶AgBiSe$_2$ 成功制备了 N 型 GeTe，但较大的固溶量严重影响了其电子迁移率，最终仅获得了 0.6 的 ZT 峰值。因此，理解 GeTe 中的缺陷并开发更多的调控手段来制备性能更为优异的 N 型 GeTe 同样具有重要意义。

4.2.3 MnTe

MnTe 二元化合物是一种磁性半导体，从 20 世纪 50 年代开始便受到了广泛关注，人们通过实验和理论计算对 MnTe 及其与 CdTe、ZnTe 形成的固溶体的磁学和电学性质进行了研究。随着近代薄膜制备技术的不断发展，在对 MnTe 薄膜的物理性质得到深入认识的同时，其应用领域也得到了极大扩展，例如，利用其多晶态转变制备快速响应的相变存储器件，利用磁阻的各向异性制备磁性存储设备，与拓扑绝缘体形成异质结构从而实现磁性拓扑转变的调控等。

MnTe 的晶体结构为 NiAs 结构，空间群为 P6$_3$/mmc，如图 4.5 所示。MnTe是一种间接带隙半导体，其间接带隙为~0.8eV，直接带隙约为 1.3eV，适用于中温区热电应用。通过对其能带结构的计算可以发现，其价带顶为第一布里渊区中的 A 点，有效简并度为 2，而位于价带顶下方沿 Γ-K 方向的能带则具有更高的简并度（N_v=6），但引起多能谷传输所需要的载流子浓度接近～10^{22}cm^{-3}。MnTe 另一特性为磁性，在低温时表现出反铁磁性，而在奈尔温度（T_N～310K）以上则表现为顺磁性。Zheng 等[19]通过非弹性中子散射发现了 MnTe 在顺磁态下仍具有类似于反铁磁态的短程有序顺磁振子（图 4.5），使磁拖曳效应对热电势的贡献在顺磁状态下仍能发挥作用，从而极大地提升了 MnTe 在高温时的泽贝克系数。MnTe 也经常作为复合相或固溶相用于提升其他材料的热电性能，例如，Li 等[20]采用 Te 纳米线在高锰硅基化合物中原位形成了 MnTe 复合相，有效地降低了体系的晶格热导率。通过均匀分散的 MnTe 纳米颗粒可以有效提升 P 型碲化铋的 ZT 值[21]，在 IV-VI 族化合物（PbTe、SnTe）中固溶 MnTe 则可以提升体系的态密度有效质量并大幅降低晶格热导率，进而实现热电性能的提升。

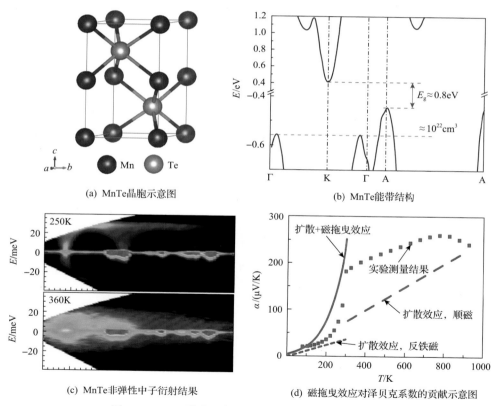

(a) MnTe晶胞示意图

(b) MnTe能带结构

(c) MnTe非弹性中子衍射结果

(d) 磁拖曳效应对泽贝克系数的贡献示意图

图 4.5　MnTe 晶胞示意图、能带结构和泽贝克系数图

传统的高温固相反应是最常见的制备 MnTe 块材的方法，此外高能球磨结合放电等离子体烧结、高温自蔓延及高温高压方法（1000K，600GPa）等也均适用于

制备纯相 MnTe 块材。值得关注的是在 MnTe 合成时 Mn 和 Te 的比例。一方面，由于 Mn 是一种较容易氧化的金属，具有不同氧化程度的原料会影响 Mn 和 Te 的实际比例。另一方面，当 Mn 含量较少时，基体中极易形成 MnTe$_2$ 的杂相；而当 Mn 含量较多时，多余的 Mn 可能进入间隙位从而降低体系的空穴载流子浓度，不利于热电性能的提升。

2013 年，Kim 等[22]首次报道了非化学计量比 MnTe 的热电性能，发现其在 500℃ 具有超过 0.4 的 ZT 值。由于未掺杂的 MnTe 属于非简并半导体，电导率较低，因此通过掺杂等手段提升载流子浓度能够有效提升其热电性能。采用 +1 价元素，如 Li、Na、K、Ag、Cu 等元素，取代 +2 价的 Mn 元素便能显著增加基体的空穴浓度。此外，空穴浓度的升高幅度与元素的掺杂效率密切相关，而这也与掺杂元素和 Mn 元素之间的离子半径、电负性等因素相关。表 4.1 列举了 Mn 元素与部分掺杂元素相关的特性参数。通过与碱金属 Li、Na、K 的比较可以看到，Li 元素具有与 Mn 元素更接近的离子半径及电负性，而 K 元素的离子半径及电负性与 Mn 元素相差最大，所以 Li 元素掺杂具有最高的掺杂效率。实验结果也表明，在相同含量的 Li$_2$S、Na$_2$S 和 K$_2$S 掺杂的情况下，Li$_2$S 掺杂 MnTe 的空穴浓度最高，高达 10^{21}cm^{-3}，而 K$_2$S 则最低，仅为 10^{19}cm^{-3}。对于同一族的 Cu 元素和 Ag 元素而言，Cu 元素的离子半径和电负性更接近 Mn 元素，0.75% 的 Cu 元素掺杂便可以提升基体的载流子浓度至 $1.8\times10^{20}\text{cm}^{-3}$，Ag 元素掺杂后的 MnTe 在大体上仍保持非简并半导体的传输特性，这可能源于 Ag 的低固溶度。除此之外，等价元素的掺杂(用 Sn 取代 Mn，S 或 Se 取代 Te)也可以改变基体的缺陷状态，进而引入不同程度的空穴，如 10% S 取代 Te 的 MnTe 的载流子浓度可达到 $2.1\times10^{20}\text{cm}^{-3}$。

表 4.1　Mn 元素及部分掺杂元素的特性参数

元素	核外电子构型	离子半径/pm	鲍林电负性
Mn	[Ar]3d^{5}4s^2	(+2)67	1.55
Li	1s^{2}2s^1	(+1)76	0.98
Na	[Ne]3s^1	(+1)102	0.93
K	[Ar]4s^1	(+1)151	0.82
Ag	[Kr]3d^{10}4s^1	(+1)115	1.93
Cu	[Ar]4d^{10}5s^1	(+1)77	1.90

未掺杂 MnTe 的晶格热导率在 50℃ 时为 1.2～1.8W/(m·K)，在 600℃ 时则降至 0.6～0.8W/(m·K)。通过 Debye-Cahill 模型对晶格热导率的非晶极限进行估算可以获得晶格热导率的理论极限值为～0.5W/(m·K)，表明 MnTe 体系的晶格热导

率仍具有下降空间，尤其是低温段的晶格热导率。通过点缺陷对高频声子的散射是降低晶格热导率的一种有效手段，如在阳离子位掺杂 Li、Na 等元素或在阴离子位固溶 S、Se 等元素均可以明显降低体系的晶格热导率。纳米复合是另一种广泛采用的调控手段，例如，在 MnTe 中因元素比例等影响析出的 $MnTe_2$ 物相，以及加入过量 Ag 元素而导致原位析出的富 Ag 相均可以提供散射声子所需的界面，进而引起晶格热导率的下降。具体地，7%Ag 掺杂的 MnTe 在高温时的晶格热导率接近其非晶极限[23]。除了原位析出第二相，在制备过程中人为引入第二相也是一种可行方式，如在 MnTe 基体中直接加入 Sb_2Te_3 纳米颗粒同样可以实现晶格热导率的下降，促进其热电性能的提升。

　　经过元素掺杂及复合等手段对 MnTe 的电学及热学性能进行优化后，其在 873K 的 ZT 值可以达到 1.0～1.3。通过寻找更有效的掺杂元素来提升其载流子浓度并引入更多缺陷促使晶格热导率的进一步降低，有望实现对其热电性能的继续提升。此外，目前关于 MnTe 热电性能的研究均集中在 P 型半导体，而热电材料的使用需要与之相匹配的 N 型材料，因此 N 型 MnTe 半导体的研发也很重要。同时，MnTe 可以与其他化合物如 Bi_2Te_3 形成一系列衍生物，尤其是在拓扑绝缘体领域涌现出很多创新性成果，对这些化合物热电性能的研究或许能够发掘新的研究思路与物理现象。

4.2.4　其他碲化物

　　如图 4.6(a) 所示，Te 呈现出链状的晶体结构，链内键合以较强的共价键为主，而链间更多是以较弱的范德华力结合。这种独特的晶体结构使 Te 具有本征低热导率，室温热导率为 1.5～2.0W/(m·K)。Te 的能带结构如图 4.6(c) 所示，其价带顶位于倒易空间中的 H 点，在自旋轨道耦合的作用下，劈裂成了 H_4、H_5 和两重简并的 H_6，而 H_4 和 H_5 之间的能量差仅约为 110meV，因此 H_4 和 H_5 将共同对空穴的传输做出贡献。受限于较低的空穴浓度，本征未掺杂 Te 在室温下的 ZT 值仅为～0.1。研究人员发现 Bi、Sb、As 等元素的掺杂可以有效提升空穴浓度至 $1\times10^{19}\sim 3\times10^{19}cm^{-3}$，大幅提升其电输运性能，其 ZT 值在 600K 左右可以达到约 1.0，如图 4.6(b) 所示。在 Te 基体中引入点缺陷(Se 元素固溶)和纳米结构(Sb_2Te_3、SnSe 等纳米相的原位析出)等可以增强声子散射，从而大幅降低了晶格热导率，600K 时的晶格热导率可以降低至 0.6W/(m·K)。

　　而 Ag_2Te 与 Cu_2Te 均为快离子导体。室温下，Ag_2Te 为单斜相，而 Cu_2Te 则呈现出复杂的多相并存结构；高温下，这两种化合物均转变为简单的立方反萤石晶体结构，Ag 离子与 Cu 离子也表现出较强的可迁移性，表现出"声子液体-电子晶体"的特性。Ag_2Te 与 Cu_2Te 的热导率均在 1.5W/(m·K) 以下。Ag_2Te 的价

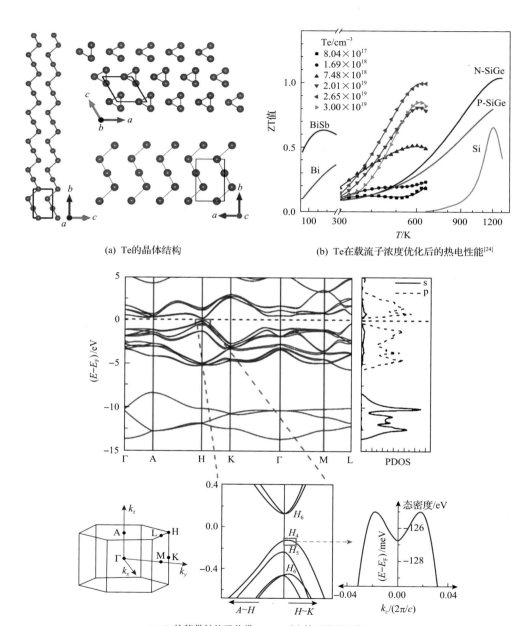

(a) Te的晶体结构　　　　　　　　　　(b) Te在载流子浓度优化后的热电性能[24]

(c) Te的能带结构及价带H_4、H_5对电输运的共同作用

图 4.6　Te 的晶体结构、能带结构和热电性能

带顶位于布里渊区的中心 Γ 点，有效简并度为 1，其态密度有效质量较小，具有极高的载流子迁移率和较高的功率因子。此外，Ag_2Te 具有非常窄的禁带宽度，所以少数载流子对热电输运性能的影响非常明显。在 N 型 Ag_2Te 中固溶 PbTe 和在 P 型 Ag_2Te 中固溶 Cu_2Te 可增大禁带宽度，降低少数载流子激发对热电性能的损害，提高其热电性能，ZT 值可提高至 1.0 以上[25, 26]。Cu_2Te 化合物具有本征高浓度 Cu 空位，可使其具有极高的空穴浓度和极低的泽贝克系数（在室温时仅约为 20μV/K）。与 Ag_2Te 固溶可有效提升 Cu 空位的缺陷形成能，从而降低空穴浓度，大幅提高泽贝克系数。当 Ag_2Te 固溶量达到 50%时，其室温泽贝克系数接近 60μV/K，ZT 峰值升至 1.8（1000K）[25]。

Ge-Sb-Te（GST）基化合物是经典的相变材料，常应用于 CD、DVD 等信息存储及读取等领域。近年来，这类化合物的热电性能受到人们的关注。GST 基化合物可视为 $GeTe$-Sb_2Te_3 准二元化合物$[(GeTe)_n(Sb_2Te_3)_m]$，其晶体结构保留了 Sb_2Te_3 的二维层状特征。当 $n=1$、2 时，GST 化合物（$GeSb_2Te_4$、$Ge_2Sb_2Te_5$）在室温下具有稳定的三方晶系结构和明显的层状特征，其热电输运性质也表现出各向异性。研究人员通过 In、Se 等元素的固溶对其电、热输运性质进行了调控，得到的 ZT 峰值约为 0.8[27-30]。当 $n>3$ 时，通过熔炼淬火制备的富 GeTe 的 GST 化合物在室温下具有亚稳态的准立方相。当温度升高时，Ge 空位扩散被激活，其晶体结构逐渐转变为有序稳定的三方晶系结构。当温度进一步升高时，与 GeTe 类似，GST 体系发生二级相变成为立方相，以上两种相变发生的温度与 n 的数值大小息息相关。富 GeTe 的 GST 体系存在由 Ge 空位在垂直于<111>方向的平面富集所形成的平面型缺陷，所以表现出较低的热导率。在高温下转变为立方相后可使其热电性能得到显著提升，ZT 峰值达到约 2.0。

$CuInTe_2$、$CuGaTe_2$ 及 $AgGaTe_2$ 等三元碲化物是研究较多的类金刚石结构化合物，它们具有 I-III-VI$_2$ 型四方黄铜矿结构，该结构可视为由立方闪锌矿结构经由原子取代得到（I 族元素 Cu 或 Ag 及 III 族元素 Ga 或 In 取代 2 个 Zn），因此二者具有类似的晶体结构。因此，这二者的能带结构非常相似，闪锌矿立方结构的价带顶具有三重简并的能带，而在黄铜矿中，价带顶仍由类似能带所占据，但由于晶体结构对称性的降低，此能带分裂为非简并的 Γ_{4v} 和具有二重简并的 Γ_{5v}。Zhang 等[31]发现，通过晶体结构设计，使晶格常数比 η（由 $\eta=c/2a$ 计算得到）尽可能接近 1，可使 Γ_{4v} 和 Γ_{5v} 再次简并，进而显著提升材料的电输运性能。此外，Cu 元素缺位及 Zn、Mn 等元素掺杂可以优化载流子浓度，提升功率因子。虽然金刚石的热导率很高，但具有类金刚石结构的三元碲化物因其复杂的元素组成和较低的晶格对称性而具有较低的热导率。$CuInTe_2$、$CuGaTe_2$ 的室温热导率为 6~8W/(m·K)，高温热导率降低至 2W/(m·K)以下。这些类金刚石结构的三元碲化物之间相互固溶，可进一步降低热导率，如 $CuGaTe_2$-$CuInTe_2$、$CuGaTe_2$-$AgGaTe_2$、$CuInTe_2$-$AgInTe_2$ 等均具有较低的热导率。通过掺杂引入点缺陷、设计纳米结构等也是降低热导率的有效手段，如原位引入 In_2O_3 纳米相[32]、在复杂成分($Cu_{1-x}Ag_xGa_{0.4}In_{0.6}Te_2$)中因元素分布不均匀而导致的纳米结构。这些三元碲化物在中温区具有优异的热电性能，是有潜力的一类中温区热电材料。

4.3　硒　化　物

4.3.1　概述

以 Bi_2Te_3 和 PbTe 为代表的多种碲化物材料在室温和中温区具有很好的热电性能，并实现了商业化应用。然而，碲元素在地壳中的含量极低，为 $1\sim5\mu g/kg$，甚至低于铂(Pt)等贵金属，被划归为最为稀缺的元素之一。因此，寻找可替代碲化物的新型高性能热电材料成为本领域新的研究热点。

同族元素构成的同系物通常具有相似的化学性质。高丰度、低成本的氧化物、硫化物和硒化物引起了热电研究人员的广泛关注，以期能够获得高的热电性能并最终取代碲化物材料。而另一个化学常识是：随着材料阴离子的原子序数变小，其离子半径、质量和电子云分布空间逐渐减小，阴阳离子成键的离子性逐渐增强，材料的禁带宽度、有效质量变大，电导率变低，热导率升高，从而不利于获得优异的热电性能。因此，研究人员需要在贵、重元素与高性能之间找到一个平衡。硒(Se)是元素周期表中的 34 号元素，位于 VIA 族硫(S)和碲(Te)之间。与碲相比，硒在地壳中的丰度更大(约为碲的 10 倍)、储量更高、价格更低，同时毒性也相对较小；相比硫化物和氧化物，硒化物的优势体现在其理化特性和热电性能上。从某种意义上讲，硒化物可谓是性能(碲化物)与成本(硫化物和氧化物)的折中选择。

经过十余年的广泛研究，人们发现硒化物这一大类材料具有变换多样的化学组成、晶体结构、晶格动力学特征、独特的热电输运性质和较高的 ZT 值等诸多特点，其热电性能甚至优于碲化物热电材料。高性能硒化物热电材料及其蕴含的热电输运新现象、新机制和新概念一次次地给热电领域带来新的惊喜，推动了热电材料研究的持续蓬勃发展。

硒化物材料的种类繁多，其晶体结构、带隙、导电类型(载流子或离子)和相组成(单相或多相)等不尽相同。如图 4.7 所示，多种硒化物的 ZT 值已高于 1.0，甚至突破 2.0。本节将以 PbSe、Cu_2Se、SnSe 等几种典型的高性能硒化物热电材料为例，阐述其关键结构特征及其对热电输运的作用机制并介绍最新研究进展。

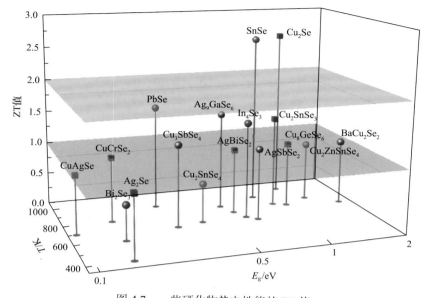

图 4.7 一些硒化物热电性能的 ZT 值

其中，二元化合物是红色标志，三元化合物是绿色标志；具有类液态或离子导电特征的
无序系统是方形标志，其他是球形标志

4.3.2 PbSe

在铅属硫族化合物中，PbS 存在于天然矿物且易获得，最早在 20 世纪 40 年代即被用于制造热电器件。紧接着，具有更优异性能的 PbTe 在 50～60 年代得到广泛研究，并将其用于同位素热电发电机(RTG)，见证了航天时代的蓬勃发展。与之相比，PbSe 作为一种潜在的热电材料在很长时间内都未得到足够重视。直到 2010 年前后，Parker 等[33]首先从理论上预测了 PbSe 优异的热电性能。计算结果表明，P 型 PbSe 的 ZT 峰值在 1000K 时可达 2。随后，又陆续出现了一些关于高性能 PbSe 热电材料的实验报道。

作为 PbTe 的同族化合物，PbSe 具有诸多相似的性质：高对称的岩盐晶体结构使其具有很高的能谷简并度，从而获得了高泽贝克系数；较窄的带隙(约 0.3eV)保证了较高的电导率和掺杂原子的相容性；较强的晶格非谐性使材料具有较低的本征热导率。此外，由于 Pb 原子特殊的电子构型，PbX(X=S、Se、Te)材料的禁带宽度随温度升高而增大。这种高温下禁带的宽化有助于抑制双极扩散，进而保持高温下较高的泽贝克系数和 ZT 值。与 PbTe 相比，PbSe 虽然性能较差，但熔点更高(PbSe 为 1078℃，而 PbTe 为 924℃)，热稳定性更好；当然，PbSe 的原料成本也低于 PbTe。

名义化学计量比为 1∶1 的 PbSe 总是表现出 P 型导电行为。这是因为在材料制备过程中不可避免地发生 Pb 氧化，产生 Pb 空位和多余的空穴载流子。为了得到 N 型材料，可在初始原料配比中保持 Pb 过量以抑制本征激发，消除高温下的 P-N 转变。作为一种较为成熟、结构简单的二元化合物，PbSe 的热电性能可以通过多种手段进行调控和优化，如掺杂、固溶、能带结构调控（能带收敛/汇聚、共振能级）、引入多尺度声子散射中心等。当然，这些调控手段的结果并不是单一的，可对热电输运产生协同调控的效果。此外，PbSe 化合物具有简单的化学组成和晶体结构，也成为多种热电输运调控新概念、新原理和新方法的理想实验材料。

元素掺杂是优化 PbSe 载流子浓度、提高热电性能的有效手段。PbSe 可以与很多主族掺杂元素相容，详见表 4.2。N 型掺杂（卤素原子、III 族元素、Sb 等）和 P 型掺杂（碱金属原子）都可以有效地优化载流子浓度，在 800K 附近实现接近或超过 1 的 ZT 峰值；而过渡族金属元素的掺杂效率一般较低。Wang 和 Snyder[34]利用熔炼方法制备了 Na 掺杂的 PbSe，其 ZT 峰值在 850K 时达到 1.2。此后，Ag、Br、Al、Nb、In 等多种其他元素掺杂也被报道。N 型 PbSe 的最优载流子浓度区间为 $3\times10^{19}\sim4\times10^{19}\mathrm{cm}^{-3}$，P 型为 $1\times10^{20}\sim2\times10^{20}\mathrm{cm}^{-3}$。

表 4.2　不同掺杂元素下 P 型和 N 型 PbSe 的性能

掺杂元素(摩尔分数)	ZT 值	温度/K	载流子浓度(类型)	制备方法
0.7% Na	1.2	850	1×10^{20}(P)	熔融-热压
4% Ca，1% Na	1.2	923	1.1×10^{20}(P)	熔融-热压
8% Sr，1.5% Na	1.5	900	2.5×10^{20}(P)	熔融-热压
1.5% Ag	1.0	773	4.5×10^{19}(P)	熔融-放电等离子体烧结
1% Tl	1.0	850	4.5×10^{19}(P)	机械合金化-热压
2% Na，3% CdS	1.6	923	3×10^{20}(P)	熔融-放电等离子体烧结
0.18% Br	1.2	850	3×10^{19}(N)	熔融-热压
0.2% Cl	0.8	723	1.5×10^{19}(N)	熔融-热压
0.2% Cl，10% Sn	1.0	773	4×10^{19}(N)	机械合金化-放电等离子体烧结
1% Al	1.2	850	2×10^{19}(N)	机械合金化-热压
0.25% Sb	1.4	800	2.6×10^{19}(N)	熔融-放电等离子体烧结
4% Nb	1.1	673	2.17×10^{19}(N)	机械合金化-放电等离子体烧结
0.5% In	1.2	900	6×10^{19}(N)	熔融-热压
2% Pb	0.85	673	5×10^{18}(N)	机械合金化-放电等离子体烧结

人们很快发现，单纯依靠掺杂和载流子浓度优化对电性能的提升空间有限，于是开始从其他角度探索优化热电性能的方法。其中，能带结构调控促进了 PbSe

热电性能的大幅提高。对于 P 型 PbSe，其价带中 L 带和 Σ 带的能量接近，都可能参与电输运，所以可以通过对价带的调整来优化其电性能。Wang 等[35]通过在 PbSe 中固溶锶(Sr)，减小了价带中 L 带和 Σ 带的带边能量差，在 P 型 $Pb_{0.92}Sr_{0.08}Se$ 材料中实现了 1.5 的高 ZT 值。Zhao 等[36]揭示了 PbSe 基材料中固溶处理和纳米析出物(CdS、CdSe、ZnS、ZnSe)的积极作用：一方面，Cd 固溶促进了 L 带和 Σ 带的简并；另一方面，通过调控纳米第二相的成分，使其与基体的价带顶实现"带对齐"，进而减弱了对载流子的散射，ZT 值达到 1.6。

而对于 N 型 PbSe，由于导带中 L 带与 Σ 带的能量差别较大，电子只在 L 带中传输，因而考虑更多的是引入共振能级的方法。Zhang 等[37]通过 Al 掺杂 N 型 PbSe，在导带中引入共振态，同时 Al 掺入形成了纳米级声子散射中心，使材料在 850K 时的 ZT 值高达 1.3。Pan 和 Wang[38]基于第一性原理计算研究了 Tl 在 PbSe 中的共振效应，发现共振能级最重要的特征是其中心能量位置，它的最佳位置是靠近带边、略靠近导带。Tan 等[39]的计算表明，从 PbTe、PbSe 到 PbS，阴离子的 p 轨道不断下移，Mn 掺杂引起的能带修饰从多价带型逐渐转变到共振态型。

在调控能带结构的同时，这种与成分改变相关的优化手段通常也对声子产生额外的散射作用，进而降低热导率，进一步提高其热电性能。PbSe 的晶格热导率在室温下约为 1.3W/(m·K)，在 700K 下约为 0.8W/(m·K)，极限晶格热导率约为 0.4W/(m·K)。固溶处理可以引入声子点缺陷散射，这是降低晶格热导率的常用方法，但同时也会引入载流子合金散射，损害其电性能。考虑到这一点，研究人员也尝试引入空位或纳米析出相，希望较为独立地降低晶格热导率。Slade 等[40]设计合成了 PbSe-NaSbSe$_2$ 体系，虽没有观察到纳米结构，但无序的 Na^+、Pb^{2+} 和 Sb^{3+} 导致其具有很强的点缺陷声子散射，在 400~873K，其晶格热导率在 0.55~1W/(m·K)，$NaPb_{10}SbSe_{12}$ 的 ZT 峰值可达到 1.4(900K)。Lee 等[41]利用原位纳米析出富 Sb 相的方法，使 N 型 $Pb_{1-x}Sb_xSe$ 的晶格热导率降低至 0.5W/(m·K)，其 ZT 峰值在 800K 达到了 1.4。Zhou 等[42]设计了 $Pb_{0.95}(Sb_{0.033}\square_{0.017})Se_{1-y}Te_y$(□=空位，$y$ = 0~0.4)热电材料，通过调控点缺陷、空位驱动的位错及 Te 诱导产生的具有不同大小和质量的纳米析出物，在宽频范围内散射声子，得到了接近非晶极限的晶格热导率[约 0.4W/(m·K)]；当 y = 0.4 时，该材料在 823K 时的 ZT 峰值约为 1.5。Luo 等[43]在 PbSe 中固溶 GeSe，在 573K 时的晶格热导率低至 0.36W/(m·K)，这可能是因为 Ge^{2+} 原子处于晶格偏心位置，诱发了低频振动模式；进一步借助 Sb 掺杂，材料在 773K 时的 ZT 值达到 1.54。Wu 等[44]通过利用纳米 SiO_2 颗粒表面改性剂的高温分解制备出具有纳米孔洞的 PbSe，实现了 14%的孔隙率，室温的晶格热导率显著降低到 0.56W/(m·K)。

除了上述较为"传统"的调控方法，研究人员在 PbSe 中发现了多种新颖、独特的现象，发展了新的性能调控手段。You 等[45]发现，Cu 掺杂 PbSe 的载流子浓度随温度升高而增大，表现出"动态掺杂"效应，从而确保其在较大温度范围内能保持较佳的载流子浓度；另外，低温下 Cu₂Se 纳米相、位错与高温下间隙 Cu 原子振动导致声子的多级散射，使晶格热导率在全温度范围内显著降低，含 0.375at% Cu 的 PbSe 的 ZT 值高达 1.45。Zhou 等[46]也在 N 型 PbSe 中引入 Cu₂Se，在优化电性能的同时可使声子软化，773K 时的晶格热导率降低至非晶极限，ZT 峰值达到 1.8。Wu 等[47]发现，在机械合金化结合放电等离子体烧结的工艺条件下，SiC 等多种惰性纳米颗粒会在 PbSe 中产生类似于化学掺杂的"机械掺杂"效应，使材料的载流子浓度提高 5 倍以上，PbSe-SiC 复合材料的 ZT 峰值在 600～700K 达到了 0.9 以上，与常规化学掺杂的结果十分接近。这种"机械掺杂"效应可能与复合界面处形成的过饱和 Se 空位有关。

4.3.3　SnSe

如图 4.8 所示，SnSe 是 Sn 和 Se 构成的二元化合物之一，其熔点约为 854℃。室温下 SnSe 属正交晶系和 Pnma 空间群，是一种准二维层状结构化合物。在 b-c 平面内，Sn 原子和 Se 原子紧密键合在一起，原子层沿 a 轴方向堆垛，层间以较弱的范德瓦耳斯力相连。因此，SnSe 晶体极易发生沿 b-c 面的解理，从而呈现出典型的层状特征。SnSe 在 800K 附近发生相变，由 Pnma 结构转变为 Cmcm 结构。SnSe 为间接带隙半导体，其带隙约为 0.9eV。这一禁带宽度比硅 Si 的带隙要小（1.1eV），但却比传统热电材料（PbTe、Bi₂Te₃）大。因此，本征 SnSe 的电导率较低，长期以来并未得到热电研究人员的广泛关注。2014 年，Zhao 等[48]生长了 SnSe 单晶材料，测得其沿 b 轴方向的 ZT 值高达 2.6，刷新了块体材料的热电性能记录。从此，SnSe 成为热电领域的研究热点。

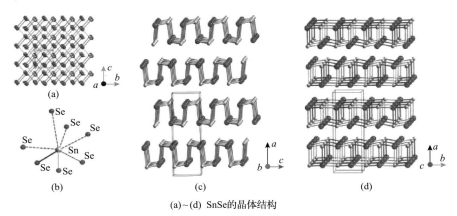

(a)～(d) SnSe的晶体结构

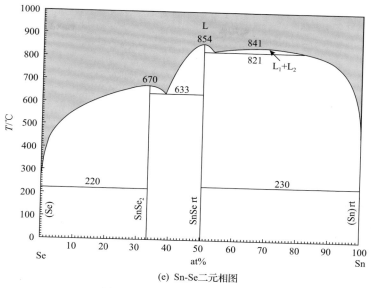

(e) Sn-Se二元相图

图 4.8　SnSe 的晶体结构和相图

SnSe 的一个突出特性是其晶格热导率较低。未掺杂的 SnSe 单晶沿 a、b、c 轴的室温热导率分别仅为 1.2W/(m·K)、2.3W/(m·K)、1.7W/(m·K)，这反映了其较弱的化学键和极强的晶格非简谐性。Xiao 等[49]通过实验验证了 SnSe 晶体中较低的声速和较大的格林艾森常数[图 4.9(a)]。基于非弹性中子散射和第一性原理计算，Li 等[50]揭示了 SnSe 的巨中子散射效应，这与软模晶格的不稳定性相关[图 4.9(b)]。Skelton 等[51]通过计算表明 SnSe 高温相的低频声子具有很大的非简谐性，这使其具有极低的热导率。

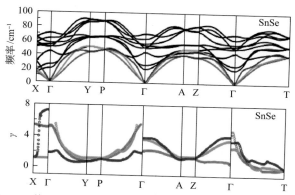

(a) SnSe的声子谱(上)与格林艾森常数 γ 谱图(下)，其中红、绿色高亮为两条横波声学支，蓝色高亮为一条纵波声学支

(b) 利用沿[H02]和[0K2]方向的非弹性中子散射测量的晶格动力学结构因子$S(Q，E)$

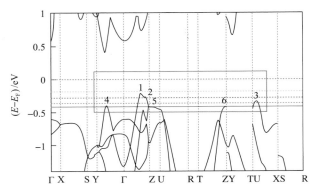

(c) 理论计算的SnSe能带结构，其中红色虚线(从上向下)分别表示载流子浓度为
$5×10^{17}$、$5×10^{19}$、$2×10^{20}$、$5×10^{20}cm^{-3}$的费米能级

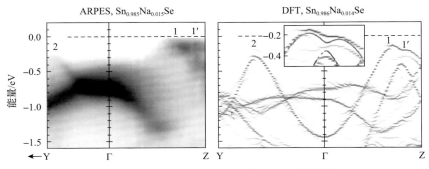

(d)　$Sn_{0.985}Na_{0.015}Se$沿Y-Γ-Z方向的角分辨光电子能谱(ARPES)能带谱图(左)与$Sn_{0.986}Na_{0.014}Se$的
密度泛函理论(DFT)计算的能带结构(右)，嵌图为$Sn_{0.986}Na_{0.014}Se$(密度图)和未掺杂SnSe(曲线)
在VBMs附近的能带结构

图 4.9　SnSe 的能带结构图和声子谱

　　SnSe 在电输运方面也表现出独特的现象。即使在重掺杂条件下(载流子浓度 n_H 约 $4\times10^{19}\mathrm{cm}^{-3}$)，P 型 SnSe 的泽贝克系数仍然维持在一个较高水平(约 $160\mu\mathrm{V/K}$)，这种现象源于 SnSe 价带的多能谷特征。如图 4.9(c) 所示，SnSe 的价带在约 0.2eV 的窄能量区间内存在至少 6 个能谷。前两个峰的能量差很小(0.02~0.06eV)，当载流子浓度达到 $(4\sim5)\times10^{19}\mathrm{cm}^{-3}$ 时，很容易被费米能级穿过。利用这种特征来优化载流子浓度，在 Na 掺杂的 SnSe 中可以实现较宽温度范围内对 ZT 值的提升。Lu 等[52]利用角分辨光电子能谱(ARPES)技术，从实验上分析了其多能谷特征[图 4.9(d)]。Wang 等[53]采用 ARPES 研究了 SnSe 单晶中高度各向异性的电子结构，揭示了其独特的准线性色散关系。

　　在 N 型 SnSe 研究方面，Chang 等[54]发现 Br 掺杂的单晶 SnSe 的 ZT 值在 773K 达到 2.8，如图 4.10 所示。与沿面内方向(b 轴方向)得到高性能的 P 型 SnSe 不同，

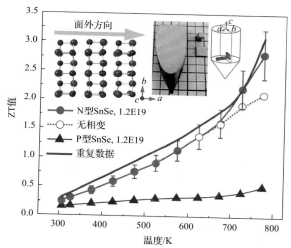

(a) P型和N型SnSe的ZT值随温度变化的关系图[嵌图：沿 c 轴方向SnSe的晶体结构示意图
(蓝色为Sn原子，红色为Se原子)；沿(100)面切割样品的实物图和示意图]

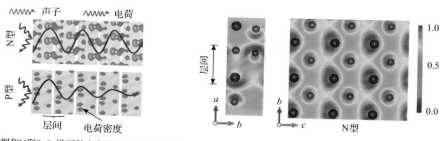

(b) P型和N型SnSe沿面外方向的载流子和声子输运示意图[其中，彩色的点代表电荷密度，灰色区域表示沿面外方向(a轴方向)两层原子厚度的SnSe]

(c) 理论计算的N型SnSe在a-b和b-c面的电荷密度

图 4.10　SnSe 的 ZT 值、载流子和声子输运示意图、电荷密度图

N 型 SnSe 是在沿面外方向(a 轴方向)得到的 ZT 峰值。这很可能是因为 N 型 SnSe 层间具有重叠的电荷分布，从而促进了其电输运过程；同时，层间较弱的相互作用显著抑制了热输运过程。Duong 等[55]也报道了 N 型 SnSe 单晶的高热电性能，他们通过掺杂 Bi 来提供额外的电子，使载流子浓度达到 $2.1 \times 10^{19} cm^{-3}$，在 773K 实现了 2.2 的 ZT 值。

在 SnSe 单晶的制备工艺方面，Jin 等[56]开发了一种水平蒸汽传输方法来合成高质量、致密的 SnSe 单晶，并研究了其 b-c 面的热电输运性质，ZT 值在 773K 达到 1.2。Zhou 等[57]通过第一性原理计算研究了 SnSe 中本征和非本征缺陷的性质，并通过实验验证了 Na、Br、I 掺杂可以有效改善其热电性能。Chang 等[58]在 SnSe 单晶中固溶 PbSe，实现了晶体的连续相变，从而提高了晶体的对称性，优化了能带结构，进一步提升了功率因子；同时，Pb 引入还可以有效抑制热传导，最终在 300～723K 的温度区间内实现了～1.34 的平均 ZT 值。

与单晶、类单晶样品相比，多晶材料更易制备且力学性能更好。研究人员在提升多晶 SnSe 的性能方面也开展了大量研究，通过掺杂(P 型掺杂：碱金属、Ag；N 型掺杂：Bi、Br、I、$BiCl_3$)、固溶(SnS、SnTe、PbSe)、能带结构调控(促进能带简并：Cd、Pb)和微结构设计(可控化学合成、织构调控、引入空位及位错等晶体缺陷)等方法[59]，优化了载流子浓度、抑制热传导并协同调控热电输运性能。

SnSe 多晶与单晶表现出了不同的电输运性质。Wei 等[60,61]引入晶界势垒散射机制解释了不同工艺、不同掺杂浓度下 SnSe 的迁移率随温度的变化规律，Wang 等[62]也通过低温实验数据验证了这一结果。从化学常识看，Sn 空位可以提高 SnSe 的空穴载流子浓度，优化热电性能，这也被实验所证实。Wei 等[60]研究了碱金属掺杂对多晶 SnSe 热电性能的影响，发现 Na 具有最高的掺杂效率，揭示了多晶 SnSe 中的晶界势垒散射机制。Shi 等[63]和 Gong 等[64]研究了 Cu 掺杂对 SnSe 的影响，发现 Cu 掺杂可以增大 SnSe 的载流子浓度，优化其电输运特性；同时，位错、晶格畸变和应力等对声子的散射使其热导率降低，ZT 值达到 1.2～1.4。

Shi 等[59]通过 Cd 掺杂降低了 Sn 空位形成能，优化了多晶 SnSe 的载流子浓度，提升了其电输运性能。同时，引入的缺陷通过对声子散射而获得了较低的热导率，最终在 823K 下实现了约 1.7 的高 ZT 值。Li 等[65]发现重掺杂 Br 元素可以大幅提高多晶 SnSe 的载流子浓度，使其电导率接近单晶 SnSe。同时，由于成分波动和位错对声子的散射降低了热导率，最终在 $SnSe_{0.9}Br_{0.1}$ 样品中实现了约 1.3 的 ZT 值。Chandra 等[66]通过水热法制备了 Ge 掺杂的 SnSe，发现 $Sn_{0.97}Ge_{0.03}Se$ 在垂直压力方向能够达到约 2.1 的 ZT 值，在平行压力方向的 ZT 值只有约 1.75。Zhao 等[67]通过 Ag 掺杂改善了 Ge 固溶的 SnSe 的热电性能，研究发现 Ag 掺杂能够增大载流子浓度，增大带边有效质量，减小带隙，而 Ge 能够提升泽贝克系数，通过合金化降低热导率，所以 $Sn_{0.975}Ag_{0.01}Ge_{0.015}Se$ 样品在 793K 下能实现 1.5 的 ZT 值。Qin 等[68]通过在 SnSe 中引入少量 $SnSe_2$ 作为非本征缺陷掺杂剂，优化了载流子浓度、带边有效质量和泽贝克系数，最终在 300~773K 的温度范围内实现了约 1.7 的 ZT 值。

　　SnSe 简单的二元化学组成为纳米材料与纳米结构设计、新型制备工艺发展等提供了理想的材料。Shi 等[69]通过简单的热溶剂法成功合成了 $SnSb_xSe_{1-x}$ 样品，发现通过 Sb 掺杂能够使载流子浓度升高，$SnSb_{0.02}Se_{0.96}$ 样品在 773K 实现了约 1.1 的 ZT 值。Shi 等[70]通过烧结过程中 $InSe_y$ 的分解，制备了 P 型纳米多孔结构 SnSe，通过引入的多孔结构、界面和晶界增强了声子散射，实现了极低的热导率，最终在 823K 实现了约 1.7 的 ZT 值。Liu 等[71]通过相分离和纳米结构化策略，使用 Pb 和 Zn 共掺杂提高了电导率和功率因子；相分离和纳米结构化能够显著降低其晶格热导率至 $0.13W/(m \cdot K)$，最终实现约 2.2 的高 ZT 值。Yang 等[72]通过在 SnSe 中引入碳纤维，成功解耦了热电输运的关系，在 823K 下实现了 1.3 的 ZT 值；同时，掺杂碳纤维的样品表现出优异的力学性能，有利于器件的制备。Asfandiyar 等[73]通过机械合金化和放电等离子体烧结工艺制备了 $Sn_{0.985}S_{0.25}Se_{0.75}$ 固溶体，发现含 Sn 空位的 $Sn_{1-v}S$ 可以在晶粒中引入位错并散射中频声子，ZT 值在 823K 下达到 1.1。随后，通过 Ag 掺杂形成 $AgSnSe_2$ 纳米沉淀，实现了极低的晶格热导率，最终 $Sn_{0.978}Ag_{0.007}S_{0.25}Se_{0.75}$ 样品可在 823K 下实现~1.75 的 ZT 值。

4.3.4　Cu₂Se

　　20 世纪 90 年代，Slack 等提出"声子玻璃-电子晶体"（PGEC）概念，促使多种具有两套亚晶格结构的新型热电材料的发现。2012 年，Liu 等[74]发现 Cu_2Se 化合物中的 Cu 离子在高温下表现出类似液体的、可自由迁移的特性，所以将"声子玻璃-电子晶体"的概念拓展到了"声子液体-电子晶体（PLEC）"，从而为探索新型热电材料提供了新的思路。

　　二元化合物 Cu_2Se 有着非常复杂的晶体结构，室温 α 相的结构至今仍未完全确定。最近，Iversen 等提出其室温平均结构属三方相和 $R\bar{3}m$ 空间群。在 400K 以上 Cu_2Se 为高温立方 β 相，空间群为 $Fm\bar{3}m$ [图 4.11(a)]。在高温结构中，Se 原子构成刚性亚晶格，Cu 离子随机分布在间隙位置并在其间迁移。这种离子迁移与液体的性质类似，从而使部分横波声子的传播受到阻碍。因此，具有类液态 Cu 亚晶格的 Cu_2Se 材料在高温区间的比热介于固体和液体之间[图 4.11(b)]。此外，Cu 离子的无序分布与迁移现象引起了强烈的声子散射，极大地降低了声子的平均自由程，使材料在 1000K 下可实现~0.5W/(m·K)的低晶格热导率。即使在低温下，其晶格热导率仍然很低，这与 Cu 离子局域振动引起的低频光学支密切相关。

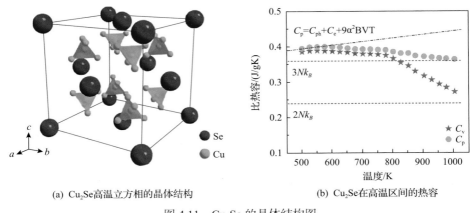

(a) Cu₂Se高温立方相的晶体结构　　　　　(b) Cu₂Se在高温区间的热容

图 4.11　Cu₂Se 的晶体结构图

除了极低的热导率，Cu₂Se 的电导率和载流子迁移率[~20cm²/(V·s)]在快离子导体材料中属于较高水平，所以其 ZT 值在 1000K 下达到 1.5。考虑到 Cu 亚晶格强无序的类液态结构，其良好的电输运性能似乎有些反常。Sun 等[75]通过第一性原理计算了 Cu₂Se 不同 Cu 位点的电子结构，发现 Cu 空位对能带结构几乎没有影响，能带的基本形状没有变化，而引入 Se 空位时导带底和价带顶都发生了显著改变，这表明是 Se 亚晶格而非 Cu 亚晶格决定了价带的带边状态和电输运性质，从而使 Cu₂Se 表现出"电子晶体"的特征。

除了类液态的性质，Cu₂Se 在 400K 附近存在一个由低温 α 相到高温 β 相的可逆结构转变。Liu 等[76]准确测定和分析了这一转变中的电学和热学性质。他们发现该结构的变化属于二级相变，其连续变化的过渡态能量和高温 X 射线衍射谱都证实了这一点。由于是二级相变，当温度接近临界相变温度 T_C 时，样品密度、载流子浓度和结构的波动将导致电子和声子的强烈散射，从而降低电导率和热导率，显著提高了泽贝克系数。基于杜隆-珀蒂定律计算的定压比热容，最终在 Cu₂Se 相变过程中测试得到了 2.3 的极高 ZT 值，并且峰值温度可通过碘掺杂进行调控。最近，Chen 等[77]将由相变引起的热吸收考虑到热导率测定的过程中，修正了热输运方程，发现 Cu₂Se 相变时的真实热导率低于用实测比定压热容计算得到的热导率，但高于杜隆-珀蒂定律恒压比热容给出的热导率，最终临界相变处的 ZT 峰值被修正为 0.86。尽管如此，这一 ZT 值仍是该温度范围内稳定 α 相和 β 相的 3 倍多，因此利用相变过程中的临界散射现象提高 Cu₂Se 的热电性能成为新的优化策略，从而也为其他具有类似相变特点的材料提供了研究思路。

严格化学计量比的 Cu_2Se 是本征半导体,然而在材料合成与制备过程中将不可避免地产生一定量的 Cu 空位,从而决定了该材料为 P 型半导体。严格化学计量比的 Cu_2Se 具有合适的载流子浓度,热电性能也最佳。但是,缺铜会导致铜空位含量增加,热电性能显著恶化,因此制备工艺对材料性能有很大影响。此外,通过固溶合金化和制备复合材料等策略可以显著提高 Cu_2Se 的热电性能。Liu 等[74]通过熔融退火工艺制备了接近本征半导体的 Cu_2Se,ZT 值在 1000K 达到 1.5。Su 等[78]利用自蔓延高温合成方法成功制备了高质量的 Cu_2Se,ZT 值在 1000K 达到了 1.8。Zhao 等[79]通过在 Se 位固溶 S,提高了 Cu 周围的化学键强度,降低了铜空位浓度,并优化载流子浓度至最优区间,同时合金散射降低了晶格热导率,优化后的 $Cu_2Se_{1-x}S_x$ 的 ZT 值在 1000K 达到 2.0。Nunna 等[80]在碳纳米管(CNTs)表面原位生长出 Cu_2Se,制备得到了 Cu_2Se/CNTs 纳米复合材料,晶格热导率大幅降低,1000K 时的 ZT 值达到 2.4。Olvera 等[81]设计制备了 Cu_2Se/$CuInSe_2$ 复合材料体系,850K 时的 ZT 值达到 2.6,并将其高性能归因于 In 掺杂的 Cu_2Se 晶体中出现的 Cu^+ 局域化,这使得纳米复合材料的电导率得到极大提升的同时降低了热导率。

由于具有典型的类液态行为,Cu_2Se 的 ZT 值可以达到极高水平,但 Cu 离子的长程迁移也造成了在实际应用中面临的阳离子析出和材料失稳问题。Qiu 等[82]研究了类液态阳离子的迁移和金属析出的机制,他们发现决定阳离子析出的关键阈值是临界电压而非通常认为的电流密度。之后,通过化学成分调控和多段结构设计大幅提高了类液态材料的临界电压,实现了较好的稳定性。在此基础上,Qiu 等[83]进一步研制了 Cu_2Se/$Yb_{0.3}Co_4Sb_{12}$ 热电器件,在 680K 温差下的转换效率达到 9.1%,同时在 520K 的温差下,该器件 420h 内具有良好的稳定性。

4.3.5　多元硒化物

根据"声子玻璃-电子晶体"的概念,需要具有不同结构/功能基元的材料体系来实现高热电性能。然而,这通常难以在二元体系中实现。因此出现了多种多元材料,其中一个亚晶格充当导电网络,另一个作为电荷基团阻碍声子传输。Cu 基和 Ag 基的多元硒化物根据其结构可归纳为两种类型。一种是类金刚石结构材料,这类化合物通过交叉取代从金刚石中衍生出来,通常表现出高对称结构,并具有相对"有序"和"固定"的原子排列。常见的化学组成有三元化合物 I-III-VI_2、I_2-IV-VI_3、I_3-V-VI_4 与四元化合物 I_2-M-IV-VI_4(I = Cu、Ag;III = In、Ga;IV = Sn、Ge;V = Sb、Bi;VI = S、Se、Te;M = Zn、Cd、Hg、Fe、Mn、Co、Mg)。另一种是类似于 Cu_2Se 的无序结构化合物。在这些化合物中,阴离子形成刚性骨架或层状结构,而 Cu 离子或 Ag 离子随机分布在间隙或层间位置。对于其中一些化合物,随着温度的升高,阳离子会从一个位置迁移到另一个位置,显示出超离子传导特性和类似液体的声子行为。

1. 类金刚石结构硒化物

在类金刚石结构硒化物材料中，热电性能较高的体系主要有 Cu_2SnSe_3、Cu_3SbSe_4 和 N 型化合物 $AgInSe_2$。

Cu_2SnSe_3 属于典型的"声子玻璃-电子晶体"类金刚石结构化合物，其原料丰富，环境友好，加之具有优异可控的热电输运性能，在热电领域的研究较为广泛。Cu_2SnSe_3 的晶体结构较为复杂，由于制备工艺、组分的不同，Cu_2SnSe_3 可结晶为立方、四方、正交和单斜相结构。最常见的是立方（$F\bar{4}3m$）和单斜结构（Cc），而单斜相又可能表现出三种不同的晶体结构。Cu_2SnSe_3 是一种直接带隙的 P 型半导体，禁带宽度在 $0.4\sim1.7eV$。Fan 等[84]精细调控了 Cu_2SnSe_3 中 Cu/Sn 的比例，发现随着 x 的增加，$Cu_{3-x}Sn_xSe_3$（$x=0.87\sim1.05$）从四方相转变为立方相，然后转变为单斜相 II（C2），最后为单斜相 III（C3），并发现 Cu/Sn 比例极大地影响着材料中的载流子浓度，而不同晶体结构的演变对材料的能带结构和电输运机制的影响较小。

Shi 等[85]通过第一性原理计算发现 Cu_2SnSe_3 中 Cu-Se 键形成了载流子的导电网络通道，而 Sn 原子则被 Cu-Se 的网络结构包围，不参与导电，但可提供价电子以实现体系的电价平衡。Xi 等[86]和 Shigemi 等[87]通过计算也得到了类似的结果。因此，通过变价元素替代 Sn 可以有效地调节体系的载流子浓度和价带顶费米能级的位置，而其几乎不会对化合物的能带结构产生影响进而优化材料的热电性能。Shi 等[85]通过熔融退火工艺制备的 $Cu_2Sn_{0.9}In_{0.1}Se_3$ 材料在 850K 时实现了 1.14 的高 ZT 值，较基体提高了约 120%，In 的引入使其在较高载流子浓度区间，费米能级处于多带区域，故能保证材料具有较高的泽贝克系数。Li 等[88]通过高压燃烧合成法制备了块状（Ag、In）共掺杂的 Cu_2SnSe_3 样品，对于 $Cu_{1.85}Ag_{0.15}SnSe_3$ 材料，在 Cu 的位置掺杂 Ag 可以提高泽贝克系数，使 ZT 值在 773K 时增加到 0.80。由 Ag 掺杂引起的低电导率可通过在 Sn 位置进行 In 掺杂来改善，$Cu_{1.85}Ag_{0.15}Sn_{0.9}In_{0.1}Se_3$ 在 823K 时的 ZT 峰值达 1.42。

Cu_3SbSe_4 是另一种高性能类金刚石结构硒化物。早在 20 世纪 50 年代，该化合物即被合成出来，研究人员针对其电学和光学性质开展了系列工作。21 世纪初期，随着光伏和热电等能量转换材料研究的兴起，该化合物同其他 Cu 基类金刚石材料又得到了广泛关注。

Cu_3SbSe_4 的空间群为 $I\bar{4}2m$，熔点约为 734K，属于直接带隙半导体，带隙约为 0.3eV，这在类金刚石结构化合物中是比较小的。电输运实验现象与第一性原理计算都表明，在其价带顶存在能带劈裂，导致多带传输，从而有利于泽贝克系数的提高。Do 等[89]采用第一性原理计算研究了该系统中的各种缺陷和掺杂元素的稳定性及其对电子能带结构和输运性质的影响，计算结果表明可通过引入 Cu 空位或利用 Sn、Ge、Pb 和 Ti 取代 Sb 实现 P 型掺杂，可通过 Mg、Zn 取代 Cu 实现 N 型掺杂。不过目前有效的 N 型掺杂元素在实验上还没有被发现。Zhang 等[90]系统计算了 Cu_3SbSe_4 及其他铜硫族化合物的成键特性和能带结构，发现 Cu 的 3d 电子表现出本征局域化与杂化成键的双重特性。

与其他多数 Cu 基类金刚石化合物类似，本征 Cu_3SbSe_4 的载流子浓度过低，因此掺杂是优化性能的基本手段。此外，通过合金化、纳米晶和纳米结构设计也可以降低热导率。2011 年，Skoug 等[91]和 Yang 等[92]几乎同时研究了 Cu_3SbSe_4 的热电性能和掺杂效应，其中掺 Sn 或 Ge 的样品 ZT 值达到 0.6～0.7。在此基础上，Skoug 等[93]通过 Cu_3SbS_4 合金化降低热导率，ZT 值进一步提高到 0.8。Wei 等[94, 95]利用简便的机械合金化结合放电等离子体烧结方法合成了单相的 Cu_3SbSe_4，通过引入 Cu 空位和 Sn 掺杂实现了对载流子浓度的大范围精确调控，其 ZT 值达到 0.7，并基于 SPB 模型系统阐释了电输运性质，揭示了多带传输的特性。Zhang 等[96]通过 Al、Ga、In 等三价元素掺杂，在提高载流子浓度的同时促进了能带简并，ZT 值在 623K 达到 0.9。Zhang 等[97]用 Ag 取代 Cu，提高了载流子浓度，增大了带隙，提高了态密度有效质量，同时降低了热导率，ZT 值在 623K 达到 0.9。Li 等[98]制备了 Cu_3SbSe_4 纳米晶材料，通过掺杂和合金化获得接近 1.0 的 ZT 值。Liu 等[99]通过由溶液法合成的纳米晶体制成 Sn/Bi 掺杂 Cu_3SbSe_4，在 673K 处获得 1.26 的 ZT 值；进一步将 Cu_3SbSe_4 制成环形发电器后，当温差为 160K 时，每个发电器可提供 1mW 的发电功率。

类金刚石结构化合物多为 P 型半导体，寻找与之相匹配的 N 型材料是研制高效热电器件的重要前提。作为罕见的 N 型类金刚石结构化合物，$AgInSe_2$ 的 ZT 值在 900K 可达 1.1，这与性能最好的 P 型类金刚石材料的性能相当。这种高性能主要是因为其本征热导率低[室温时为 $0.99W/(m \cdot K)$]，但又由于其晶体对称性很高，因而这种低热导率在类金刚石材料中并不常见。晶格动力学的计算结果表明，低热导率源于 Ag-Se 团簇的低频振动。此外，在 Ag 位置掺杂 Cd 可以显著改善其在中低温度范围的性能。研究人员以 $Ag_{0.9}Cd_{0.1}InSe_2$ 作为 N 型臂，$Cu_{0.99}In_{0.6}Ga_{0.4}Te_2$ 作为 P 型臂，首次研制了基于类金刚石材料的两对组件，在 520K 温差下，其输出功率最大为 0.06W。

2. 无序结构与类液态三元硒化物

另一类三元硒化物与 Cu_2Se 等材料类似，Se 原子构成刚性骨架，而 Cu 离子或 Ag 离子在高温下可以迁移，材料表现出类液态特征。表 4.3 列出了几种典型的 Ag 基和 Cu 基三元无序结构硒化物的室温热导率和 ZT 峰值。

表 4.3 部分 Cu 基和 Ag 基三元硒化物的 ZT 峰值和室温热导率（包括掺杂或固溶的样品）

材料	ZT 峰值	T/K	κ/[W/(m·K)]
Ag_8SnSe_6	1.2	800	0.25~0.55
Ag_9GaSe_6	1.5	850	0.30~0.65
Ag_8SiSe_6	0.8	340	0.8~1.1
$AgSbSe_2$	1.15	680	0.3~0.4
$AgBiSe_2$	0.9~1.0	~800	0.6~1.0
$Ag_{0.94}CuSe$	0.9	673	1.4~1.7
$CuAgSe$	0.6~0.7	450	1.5~1.7
Cu_8GeSe_6	1.0	800	0.3~0.7
$CuCrSe_2$	1.0	773	~0.85
Cu_3SbSe_3	0.25	623	0.5~0.6

在这些三元类液态硒化物中，硫银锗矿型化合物 Cu_8GeSe_6、Ag_9GaSe_6 和 Ag_8SnSe_6 表现出较优异的热电性能，在 800~850K 时，其 ZT 值为 1.0~1.5。这种高性能主要源自其极低的热导率，如表 4.3 所示。Jiang 等[100]发现 Cu_8GeSe_6 的低热导率[室温下为 0.2~0.4W/(m·K)]源自其较弱的化学键和低频光学支对声频声子的共振散射；在 Cu_8GeSe_6 中固溶 Ag 和 Te 可以进一步增强声子散射，在 800K 时的 ZT 值高于 1.0。Li 等[101]和 Lin 等[102]将 Ag_8SnSe_6 和 Ag_9GaSe_6 的低晶格热导率[室温时为 0.1~0.2W/(m·K)]归因于低声速和低截止频率，这是软键的宏观表现。另外，在掺 Nb 的 Ag_8SnSe_6 和 Te 合金化的 Ag_9GaSe_6 中分别得到了 1.2 和 1.5 的高 ZT 值。有趣的是，Ag_9GaSe_6 的高温相具有非常高的电子迁移率，约 $860cm^2/(V·s)$，这在超离子材料中很少见，并且比之前的几种热电材料体系的迁移率要大得多，这主要是由于 Ag_9GaSe_6 导带底的有效质量（$\sim0.11m_0$）非常小，它通常由弥散的 Ag 5s 轨道构成。在 CuAgSe 和 Ag_2Se 化合物中也发现了类似的情况。相反，铜基的硫族化物由于其本征的铜空位，通常为 P 型。它们的价带顶主要由局域的硫族元素 p 轨道和 Cu 的 3d 轨道构成，因此空穴迁移率很低。

4.4 硫 化 物

硫化物尤其是部分简单的二元硫化物是一系列重要的半导体材料，其独特的物理和化学性能在光伏器件、锂离子电池、光催化、光致发光等领域有广泛的应用。金属硫化物作为热电材料的研究始于 20 世纪 60 年代，早期研究主要集中在电学性能。由于硫化物通常具有低毒、低价、高丰度的特性，近年来有关硫化物热电性能的研究也越来越多，材料的热电性能不断得到优化。本节主要概述硫化物热电材料的研究进展。

4.4.1　PbS 体系

作为Ⅳ-Ⅵ族化合物的一员，PbS 具有与 PbTe 相同的 NaCl 型面心立方晶体结构[图 4.12(a)]，空间群为 Fm$\overline{3}$m，为直接带隙半导体（$E_g = 0.41\text{eV}$），具有较大的玻尔半径（18nm）和较高的熔点（1391K）。较高的晶体学对称性使其具有较高的能带简并度，基于局域密度近似（LDA）的全势能线性缀加平面波方法（FPLAPW）可以计算出 PbS 能带结构，如图 4.12(b) 和图 4.12(c) 所示，导带由非抛物型的单带组成；价带结构较为复杂，由简并度较小的轻带（L 带）和高简并度的重带（Σ 带）组成，PbS 体系载流子的输运性质主要源于 Pb 6p 和 S 3p 轨道电子的贡献。从能带角度分析，PbS 提供了较多的热电性能优化途径，加之材料中含有价格低廉的 S 元素，所以认为它是替代 PbTe 热电体系的理想材料。对本征 PbS 化合物，通过施主或受主掺杂制备 P 型和 N 型热电材料，P 型掺杂常用的元素有 Li、Na、Cu、Ag 等；N 型材料既可以在 Pb 位掺杂 Bi、Ni、Sn、Al、Ga、In、Sb 等元素，也可以在 S 位掺杂卤族元素 Cl、Br、I 等。除了固溶原子，还可以通过在不同 PbX（X =

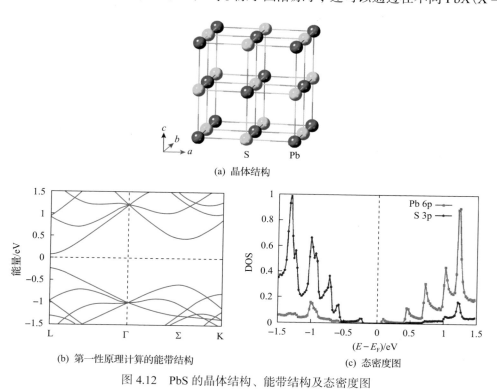

(a) 晶体结构

(b) 第一性原理计算的能带结构　　　　(c) 态密度图

图 4.12　PbS 的晶体结构、能带结构及态密度图

Se 和 Te)化合物之间形成固溶体来调节能带结构并提高其热电性能，同时也可以通过引入纳米结构来优化热电性能。

通过改变固溶原子的种类和位置来调制 PbS 半导体的 P 型和 N 型传导性质[图 4.13(a)和图 4.13(b)]。Zheng 等[103]采用固相反应法合成了系列 Ag 掺杂 P 型 PbS 材料，通过工艺参数控制空穴浓度的连续变化($0.4 \times 10^{19} \sim 2.0 \times 10^{19} \mathrm{cm^{-3}}$)，最高功率因子值达到 $0.8 \mu W/(cm \cdot K^2)$；ZT 值相对于基体材料增加了 1 倍，在 870K 时超过 0.6。相较于 Ag 原子，固溶碱金属原子调节 P 型 PbS 的热电输运性能更加显著，Hou 等[104]通过 Li 和 Na 共掺杂，不仅获得了高功率因子 $11.5 \mu W/(cm \cdot K^2)$，还在宽温域内具有高的平均功率因子($PF_{ave}$)，达到 $9.9 \mu W/(cm \cdot K^2)$。Qin 等[105]掺杂 Cu 元素形成置换和间隙固溶体共存的 P 型(Pb, Cu)S-Cu 体系，通过降低载流子有效质量实现了迁移率和载流子浓度的同步提升，成功地将功率因子最优值移向近室温区，在获得超高 PF 峰值[$23 \mu W/(cm \cdot K^2)$]的同时得到 $300 \sim 823K$ 的平均 PF 值(PF_{ave})约为 $18 \mu W/(cm \cdot K^2)$，最终于 773K 获得目前文献报道的最高 ZT 值 1.2，室温时的 ZT 值达到 0.2。对于 N 型 PbS 热电材料的研究则更为丰富。Wang 等[106]通过卤族元素 Cl 掺杂实现了载流子浓度的最优化 $n_e = 1.2 \times 10^{20} \mathrm{cm^{-3}}$，并于 1000K 获得高 ZT 值(1.0)。采用 Pb 位单原子或多原子固溶的方法实现了能带结构调整，通过引入额外导带参与电子传输，并改变费米能级处的导带形状，有效平衡了载流子有效质量和迁移率间的矛盾，获得了高功率因子，$PF > 30 \mu W/(cm \cdot K^2)$，实现了全温域平均 ZT 值($ZT_{ave}$)超过 0.7。通过阴阳离子共掺杂或空穴掺杂，增加了缺陷散射中心，实现声子谱的调幅分解，达到了降低晶格热导率的目的，最低值约为 $0.5 W/(m \cdot K)$，并于 673K 获得较高 ZT 值(1.1)和 ZT_{ave}(约 0.7)。

精确控制合成工艺参数，可在 PbS 材料中原位析出纳米相，构筑纳米尺度"声子阱-电子通道"结构，形成宽频声子散射中心，再结合析出相与基相的良好共格关系，可维持较高的电输运性质，调制复合材料电声解耦[图 4.13(c)和图 4.13(d)]。Zhao 等[107-109]系统研究了金属硫化物纳米相 MS(M=Cd、Zn、Ca、Sr、Cu 等)对基相 PbS 热电输运性能的影响规律，并通过理论计算描绘出异质界面处的能带排布特征，结果发现能带补偿(band offset)的最小值通过异质结处的价带排布来调制载流子的传输性质，在 CdS 作为纳米相的 P 型 PbS 中，0K 时能带台阶的最小值仅为 0.13eV，从而获得最高的载流子迁移率和功率因子，并于 923K 得到高 ZT 值～1.3；同样在 N 型 PbS 中，发现纳米相 Bi_2S_3、Sb_2S_3、SrS 等能够最大限度地降低晶格热导率，相较于基体减小了 50%，因此于 923K 获得与 P 型相比拟的 ZT 值为 1.1[110]。进一步，Jiang 等[111]通过调制纳米相的微观结构来降低晶格热导率，当 N 型 PbS 中析出褶皱形纳米相时，晶格热导率低至 $0.4 W/(m \cdot K)$，于 900K 实现 ZT 值的大幅提升(1.7)，并与 P 型 PbTe 构成热电器件，其热电转换效率高达

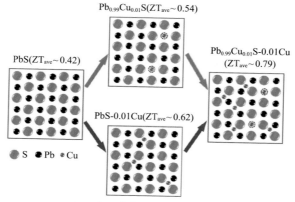

(a) P型PbS化合物ZT值优化路径

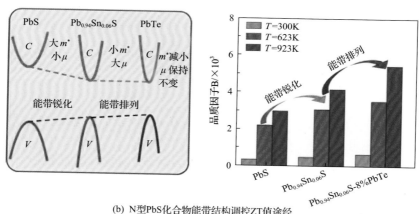

(b) N型PbS化合物能带结构调控ZT值途经

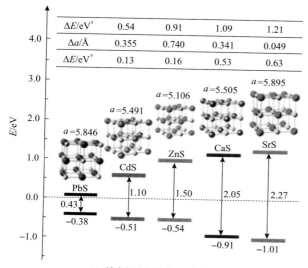

(c) 纳米析出相优化PbS能带结构

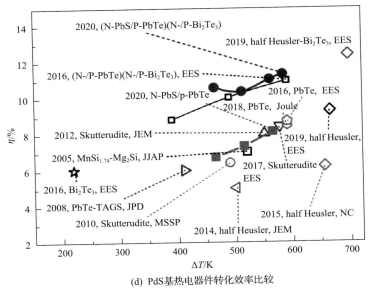

(d) PdS基热电器件转化效率比较

图 4.13　PbS 基热电材料的性能优化策略及其器件转化效率比较

11.2%（ΔT=585K）。Ibanez 等[112]和 Li 等[113]尝试引入纳米金属单质，构筑半导体-金属异质结，调制电声输运，在 PbS-Ag 体系中，于 850K 获得高 ZT 值 1.7；另外，半导体-金属异质结在热电器件研制中展现了巨大优势，其具有低的接触电阻，从而有可能大幅提升热电转换效率，加速了 PbS 体系替代 PbTe 的步伐，并有望应用于温差发电器件中。

4.4.2　SnS 热电材料

1932 年，德国的矿物学家罗伯特-赫森堡首次对锡硫矿 SnS 进行了报道，此后关于其结构、光学和电学性能及其合成制备技术的研究相继发展。SnS 属于Pbnm 空间群结构，隶属立方晶系，与同为Ⅳ-Ⅵ族半导体的 SnSe、GeS、GeSe 具有相同的晶格结构。在 SnS 晶体结构中，每一个 Sn 原子与相邻的 3 个 S 原子以共价键相连，可以看作由 sp³ 类型的轨道杂化形成，每两层原子之间的距离拉长，层间的原子键部分以范德瓦耳斯力结合。SnS 的熔点为 880℃，与 SnSe 体系类似，在 600℃附近存在一个由 Pnma 相到 Cmcm 立方相的转变［图 4.14（a）］[114]。SnS 的层状结构使其性能表现出各向异性，Albers 等[115]通过对其单晶的研究发现，其空穴迁移率沿不同轴有一定差别，不同方向的迁移率比分别为

$$\frac{\mu_a}{\mu_b} = 5.5 \pm 0.5 \tag{4.1}$$

$$\frac{\mu_a}{\mu_c} = 1.15 \pm 0.1 \tag{4.2}$$

式中，μ_i 为沿 i 轴 ($i=a$，b，c) 的空穴迁移率。可见，载流子沿 b 轴穿过层间时将受到更多的散射，迁移率降低。通过 Sb 和 Ag 掺杂，其空穴浓度可从 10^{14}cm^{-3} 提高至 10^{19}cm^{-3}。

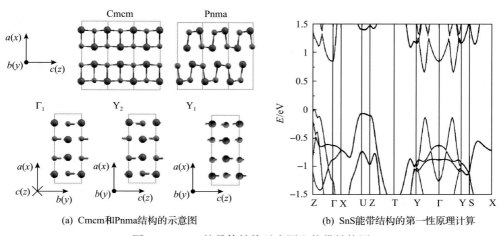

(a) Cmcm和Pnma结构的示意图　　　　　　　(b) SnS能带结构的第一性原理计算

图 4.14　SnS 的晶体结构示意图和能带结构图

以前对于 SnS 的研究主要有：用作试剂和碳氢化合物聚合时的催化剂，用作太阳能电池中的薄膜光吸收层，用作染料敏化太阳能电池的量子点，锂离子电池正极等，而对于其热电性能的研究较少。Parker 和 Singh 用第一性原理计算其能带结构，如图 4.14(b) 所示，SnS 属于间接带隙半导体，其可能具有较高的泽贝克系数；SnS 的层状结构和强烈的晶格非简谐效应使其具有超低的晶格热导率。这引起了人们对 SnS 材料热电性能的研究兴趣。

理论预测 P 型重掺杂 SnS 多晶的载流子浓度可达约 10^{19}cm^{-3}，ZT 值达到 1.8。Tan 和 Li 等[116]利用机械合金化和放电等离子体烧结的方法制备出 SnS 材料，并最早开展对其热电性能的研究，并发现 Ag 掺杂可以显著提高其热电性能[117]。Ag 掺杂有效提高了 SnS 的载流子浓度和电输运性能，SnS 本征的层状结构和 Ag 掺杂引入的点缺陷有效降低了热导率，实验得到的 ZT 峰值为 0.6 (923K)。Niu 等[118]报道了 Li 掺杂 $Sn_{0.98}Li_{0.02}S$ 多晶材料，其室温载流子浓度增加至 $1.3 \times 10^{16}\text{cm}^{-3}$，通过 DFT 计算发现，Li 掺杂可以平滑价带边，增加载流子的传输路径。Li 掺杂还引入了 Li_2S 纳米析出相，有效增强了散射声子，室温热导率降低约 40%，获得的 ZT 值为 0.66 (848 K)。已报道的多晶 SnS 的热电性能较低，单晶 SnS 因具有较高的载流子迁移率而受到研究人员的关注。Wu 等[119]利用改良的布里奇曼法成功制备了 Na 掺杂的 SnS 单晶，其 b 轴方向的功率因子在室温时可达 $20\mu\text{W}/(\text{cm}\cdot\text{K}^2)$。

较高的功率因子来源于单晶样品本征的高迁移率和由 Na 掺杂引起的载流子浓度增加，所得 $Sn_{0.98}Na_{0.02}S$ 单晶沿 b 轴的 ZT 峰值为 1.1(870K)，优于多晶 SnS 热电材料。He 等[120]报道了 Se 固溶 SnS 单晶，在 S 亚晶格位固溶 Se 引入的点缺陷，从而增强了声子散射，降低了晶格热导率。此外，引入固溶元素 Se 后，SnS 的有效质量和载流子迁移率也得到了协同优化。其室温功率因子从 $30\mu W/(cm \cdot K^2)$ 提高到 $53\mu W/(cm \cdot K^2)$，获得 ZT 峰值为 1.6(873K)，在 300~873K 的平均 ZT 值为 1.25。高性能的 SnS 单晶代表了向低成本、地球资源丰富和环境友好型热电材料的研究迈出重要一步。

4.4.3 Cu-S 热电材料

Cu-S 化合物与 Cu_2Se 类似，都属于类液态热电材料，表现出"声子液体-电子晶体"特性，具有良好的电输运性能和较低的热导率。Cu-S 化合物的原料毒性低、价格低廉，应用前景广阔，近年来受到人们的重视。本节主要从 Cu-S 化合物的结构、性能、制备方法及稳定性等角度出发，讨论该热电材料体系的研究进展和存在问题。

1. Cu-S 体系的结构及热电性能

Cu-S 化合物的晶体结构对 Cu 离子的含量很敏感，如图 4.15 所示，随着 Cu 离

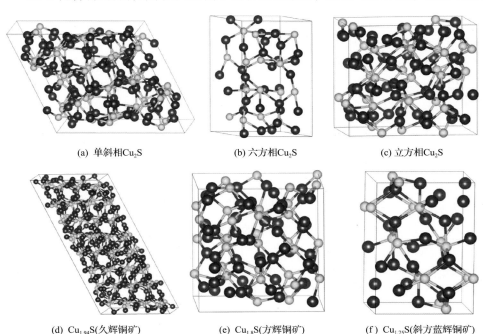

<table>
<tr><td>(a) 单斜相Cu₂S</td><td>(b) 六方相Cu₂S</td><td>(c) 立方相Cu₂S</td></tr>
<tr><td>(d) Cu₁.₉₄S(久辉铜矿)</td><td>(e) Cu₁.₈S(方辉铜矿)</td><td>(f) Cu₁.₇₅S(斜方蓝辉铜矿)</td></tr>
</table>

(a) 单斜相Cu_2S (b) 六方相Cu_2S (c) 立方相Cu_2S

(d) $Cu_{1.94}S$(久辉铜矿) (e) $Cu_{1.8}S$(方辉铜矿) (f) $Cu_{1.75}S$(斜方蓝辉铜矿)

图 4.15 Cu-S 化合物不同成分点的结构示意图

子含量的降低，其晶体结构从富铜的 Cu_2S（辉铜矿）逐渐变成缺铜的 CuS，如 $Cu_{1.97}S$、$Cu_{1.96}S$、$C_{1.92}S$、$Cu_{1.8}S$、$Cu_{1.75}S$ 等。表 4.4 列出了 $Cu_{2-x}S$ 相随 x 变化的结构名称及其代表相。

表 4.4　$Cu_{2-x}S$ 相随 x 变化的结构名称及代表相

x 所处范围	名称	代表相
$0{\leqslant}x{\leqslant}0.03$	辉铜矿（chalcocite）	Cu_2S
$0.03{<}x{\leqslant}0.07$	低辉铜矿（djurleite）	$Cu_{1.96}S$
$0.14{<}x{\leqslant}0.2$	蓝辉铜矿（digenite）	$Cu_{1.8}S$

此外，Cu-S 化合物也随温度变化而发生相转变。图 4.16 为 Cu-S 体系的相图：Cu_2S 在室温时为 γ 单斜相-辉铜矿；温度升至～103℃，转变为中温 β 六方相-辉铜矿；温度超过 435℃，转变成 α 立方相-方辉铜矿。其中，β 六方相及立方相已呈现出快离子导体的特征。此外，由于构成刚性骨架的 S^{2-} 重排缓慢，所以在相变过程中材料内部还可能存在多种亚稳态中间相。

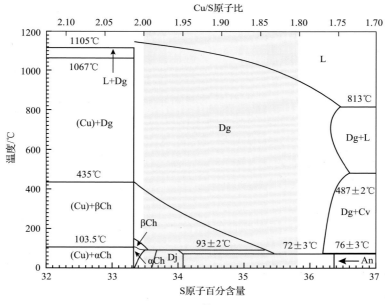

图 4.16　Cu-S 体系的相图

Cu-S 化合物的高温相由一套高度对称的面心立方（FCC）S^{2-} 亚晶格和一个无序的 Cu^+ 亚晶格组成。其中，Cu^+ 位于由 S^{2-} 组成的 FCC 亚晶格间隙位置，具有较高的离子迁移率，表现出类似熔融态的、可长程移动的特征。$Cu_{1.8}S$ 在室温下为三方相-久辉铜矿，在 91℃附近发生快离子转变，转变为 FCC 相-方辉铜矿。随着

Cu 含量降低，Cu-S 化合物的相变温度也相应降低，当 x 低于 1.8 时，高温相变几乎消失，直接由三方相转变至立方相。额外的 Cu⁺ 空位可提高空穴载流子浓度，为热电性能的提升提供了可能，同时也促进了 Cu⁺ 的扩散。

$Cu_{2-x}S$ 的晶体结构对成分敏感且温度依赖关系复杂，对其电声传输具有显著影响。当 Cu 含量降低时（$0 \leqslant x \leqslant 0.2$），$Cu_{2-x}S$ 的室温电导率可提升 5 个数量级（Cu_2S 为 0.01S/cm，$Cu_{1.8}S$ 为 2400S/cm）；在中温区，β 快离子导体相的离子电导率 σ_i 与温度呈一定的相关性，如 105℃时为 0.5S/cm，240℃时则升至 5S/cm。至于高温区，处于间隙位的 Cu⁺ 具有较大的振动幅度和迁移特性，除强烈地散射声子外，也会阻碍部分横波声子的传输，从而降低热扩散系数和比定压热容。因此，Cu-S 化合物在高温时处于快离子导体状态同样也可以获得优异的 ZT 值。

2. Cu-S 体系的研究进展

关于 Cu-S 材料热电性能的研究可追溯至 20 世纪 60 年代。Abdullaev 等[121] 研究表明，Cu_2S 的泽贝克系数的变化规律与温度呈正相关。随着温度升高，Cu_2S 经历了由 γ 单斜相—中温 β 六方相—α 立方相的相变过程，对应的泽贝克系数分别为 100～200μV/K、300μV/K、960μV/K。1977 年，Okamoto 和 Kawai 等测量了 Cu_2S 的功率因子，约为 0.06μW/(cm·K²)。由于其热电性能较差，后续鲜有对 Cu-S 体系热电性能研究的报道。直到 21 世纪初，随着热电材料的发展，Cu-S 体系才受到人们更多的关注。当前主要研究的成分点位于图 4.16 的阴影区域分布（$0 < x < 0.2$），分为以 $Cu_{1.8}S$ 和 $Cu_{1.97}S$ 为基础的两大体系。

得益于大量 Cu⁺ 空位带来的高载流子浓度，$Cu_{1.8}S$ 具有较高的室温电导率，但同时也伴随有较高的电子热导率和极低的泽贝克系数。采用熔融法制备的 $Cu_{1.8}S$ 块体的电导率在 330K 时可达 1700S/cm，而泽贝克系数仅为 12.4μV/K[122]。通过掺杂 In、Cd 等元素，其泽贝克系数可提升一个数量级，至 250μV/K，但其电导率下降幅度更大，故其功率因子仍然不高。

2011 年，Ge 等[123]采用机械合金化结合放电等离子体烧结方法制备了 $Cu_{1.8}S$ 块体，其 ZT 值在 673K 时为 0.3。通过调节合金化工艺并提高烧结温度至 1173K，在 $Cu_{1.8}S$ 相引入微孔及第二相 $Cu_{1.96}S$，可使 ZT 值在 773K 时提高至 0.5。随后，Qin 等[124]利用相同的方法，将 50nm 左右的 SiC 纳米颗粒引入 $Cu_{1.8}S$ 基体，增强了声子散射，其室温热导率可降至 0.7W/(m·K)。由于 SiC 是半导体材料，其具有较高的电导率及泽贝克系数，与 $Cu_{1.8}S$ 复合后，提高了材料的载流子浓度。当复合 1wt% 的 SiC 后，材料的 ZT 值提升至 0.87（773K）。Zou 等[125]和 Qin 等[126]在 Cu-S 中加入 SiO_2、WSe_2 等纳米颗粒，在大幅提高泽贝克系数的同时降低了热导率。当添加 1wt% 的 WSe_2 纳米颗粒时，ZT 值在 773K 取得最大值 1.22。

引入点缺陷、微纳尺度的气孔、第二相等均可有效增强声子散射，降低热导率。Yao 和 Zhang 等[127]发现，引入 NH_4Cl 材料可在 $Cu_{1.8}S$ 制造气孔和更多的点缺陷，有效地降低了晶格热导率，使 ZT 值提高约 15%。通过单元素或双元素掺杂(如 Bi、Na、Sn、Sb、Ti)优化载流子浓度、细化晶粒或引入第二相可大幅降低热导率，最终 ZT 值均有显著提升。

此外，通过微结构设计也为提升 ZT 值提供了研究思路。Tang 等[128]尝试在 $Cu_{1.8}S$ 基体中构建石墨烯三维网络，以期引入高迁移率$[10000cm^2/(V \cdot S)]$的石墨烯可提升复合材料整体的迁移率，从而提升功率因子。另外，石墨烯的异质界面可增加对声子的散射，从而降低热导率。更为重要的是，如果石墨烯可以均匀分散在基体中且含量增大到一定临界值，那么片层状的石墨烯有可能相互连接构成三维网络，这在一定程度上会阻碍 Cu 离子的类液态迁移行为，从而增强复合材料的稳定性。结果表明，引入石墨烯后，如 0.75wt%石墨烯/$Cu_{2-x}S$ 样品在 873K 时的 ZT 峰值可提高至 1.56。该样品经过 5 次循环后，其功率因子变化小于 5%，展现了较好的抗热冲击性。多壁碳纳米管对 $Cu_{1.8}S$ 材料热电性能的影响与石墨烯类似。值得注意的是，引入石墨烯和碳纳米管后，基体中 $Cu_{1.8}S$ 和 $Cu_{1.96}S$ 之间的相比例也发生了变化，这给后续结果的分析带来了较大困难。通过 N 型掺杂降低空穴浓度、纳米结构及微观相设计与控制仍然是进一步提升 $Cu_{1.8}S$ 热电性能的有效策略。此外，合金化为系统理解从室温到高温的相变，从而降低高对称性相出现的温度提供了一种可能。

与 $Cu_{1.8}S$ 基热电材料相比，Cu 含量较高的 $Cu_{1.96}S$ 基热电材料的 Cu^+ 空位较少，空穴载流子浓度更小，具有较低的电导率、较大的泽贝克系数、极低的晶格热导率和更高的 ZT 值。He 等[129]采用高温固相熔融法合成 $Cu_{1.97}S$，其晶格热导率仅～0.6W/(m·K)(1000K)，ZT 值达到 1.7(1000K)。随后，Zhao 等[130]通过调整高温固相熔融的工艺进一步提高了 ZT 值，达到 1.9(约 970K)。Qiu 等[131]通过改变 Cu/S 比例，制备了一系列 $Cu_xS(1.8 \leqslant x \leqslant 1.96)$ 化合物，发现块体的能带结构、费米能级及热电性能对 Cu^+ 含量非常敏感；同时，S 在晶体结构中的排列方式对电输运性能也有重要影响，ZT 值随 x 的增大而提升。Zheng 等[132]也对 $Cu_xS(x=1.92,1.94,1.98)$ 块体的相结构和热电输运特性进行了研究，通过对价带能级的密度泛函理论计算发现，优化 $Cu_{1.96}S/Cu_2S$ 的摩尔比可实现对材料电输运特性的优化。Meng 等[133]利用球磨和放电等离子体烧结的方法制备了 In_2S_3/Cu_2S 复合材料，其 ZT 峰值达到 1.23，较纯 Cu_2S 相提升了 250%。

如前所述，$Cu_{2-x}S$ 具有极低的晶格热导率，而 $Cu_{2-x}Se$ 具有良好的电输运特性，两者的结合有可能获优异的热电性能。Yao 等[134]在 Cu_2S 掺入 Se 元素，在引入点缺陷调节其能带结构提升电输运性能的同时，降低了晶格热导率，实现了对电热性能的协同调控，ZT 值提升了 131%。Zhao 等[135]发现 $Cu_{2-x}Se$ 和 $Cu_{2-x}S$ 可以在二者摩尔比为 1∶1 时形成固溶体，$Cu_{2-x}Se_{0.5}S_{0.5}$ 具有独特的中尺度多晶型、纳米畴等多层次结构。此外，高温下液态 Cu 离子不仅能够强烈地散射声学声子，而且还消除了一些横向声子振动。$Cu_{2-x}Se_{0.5}S_{0.5}$ 固溶体不仅具有与 $Cu_{2-x}S$ 相似的低热导率，还具有与 $Cu_{2-x}Se$ 类似的高功率因子，ZT 峰值达到 2.3。He 等[136]报道了一种被称为马赛克式结构的 Cu-S 基热电材料，其制备过程是将 Cu 粉、S 粉和 Te 粉加热固溶并快速冷却，随后采用放电等离子烧结制备成块体，$Cu_2S_{0.52}Te_{0.48}$ 样品的 ZT 峰值达到 2.1（1000K）。

综上所述，一般可通过掺杂、固溶、成分调控、能带结构优化、引入第二相等新型微观结构设计优化 $Cu_{2-x}S$ 的热电性能。其中，新型微观结构设计的理念是电子在高迁移率或准单晶的框架上快速转移，而声子被晶格应变、镶嵌或异质界面强烈散射，从而实现对电子和声子输运特性的协同调控，进而提高热电性能，这为热电材料性能优化提供了新的思路与策略。

3. Cu-S 体系的稳定性问题

近年来，Cu-S 基热电材料的性能得到了显著提升，展现出良好的应用前景，同时其高温稳定性和长期可靠性逐渐受到人们的关注。

1866 年，Becquerel 制作了第一个 Cu_2S 基热电电池，但 Cu_2S 棒的性能缺乏再现性，在高温下重复熔化几次，其热电性能几乎损失殆尽。1900 年，Hermite 和 Cooper 在"硫化铜应用于热电电池"的专利中指出，硫化铜材料存在的两个问题限制了其工业化应用：其一，性能的可重复性及稳定性；其二，合适的连接材料以保证较低的接触阻值。同类型的 Cu-Se 基热电材料也存在相似问题。20 世纪 60 年代，3M 公司申请了 $Cu_{1.97}Ag_{0.03}Se$（称为"TPM-217"）的专利。在随后的十年里，3M 公司在美国国家航空航天局（NASA）喷气推进实验室、Teledyne 能源系统公司和通用原子能公司（General Atomics Corporation）对其进行了测试和开发，希望能用在下一代 RTG（放射性同位素热电发电器）上。他们发现，Cu_2Se 在外加电流（如 $12A/cm^2$）与热梯度条件下的不稳定性（Se^{2-} 蒸发、Cu^+ 的定向迁移及析出），以及材料与器件的接触电阻的不稳定性，造成了材料热电性能严重衰减，最终他们不得不放弃该材料体系。

Cu^+ 空位浓度与其扩散系数有一定的相关性。Rickert 和 Wiemhofer[137]发现，随着 Cu^+ 空位浓度的增加，Cu^+ 的扩散系数降低，稳定性提高。Dennler 等[138]研究了 CuS、$Cu_{1.8}S$ 和 Cu_2S 的热学及电学稳定性。结果表明，CuS 样品在温度高于 240℃ 时，无论是在空气或 N_2 气氛中都不稳定。Cu_2S 样品则无法通过电流稳定性测试，经过长时间电流（$24A/cm^2$，24h）通过后会出现裂纹和铜晶须，说明 Cu_2S 在大电流作用下不具有电稳定性。相反，$Cu_{1.8}S$ 样品即使在高达 $48A/cm^2$ 的电流密度下保持 72h，也未发生明显的 Cu^+ 迁移和退化现象，其泽贝克系数、电阻率、晶体结构和化学计量比在测试后都保持稳定。密度泛函理论计算表明，$Cu_{1.8}S$ 的形成能比 Cu_2S 更低，这意味着 $Cu_{1.8}S$ 更加稳定。

然而，$Cu_{1.8}S$ 的热电性能却比 $Cu_{1.96}S$ 低很多。Tang 等[139]在 $Cu_{1.8}Sb_{0.04}S$ 中掺杂 Sn 实现了 Sb/Sn 共掺杂，优化了载流子浓度和电输运性能，得到的 $Cu_{1.8}Sb_{0.02}Sn_{0.03}S$ 的功率因子和 ZT 值分别为 $9.75\mu W/(cm \cdot K^2)$ 和 $1.2(773K)$。$Cu_{1.8}Sb_{0.02}Sn_{0.03}S$ 还展现了较好的可重复性，在经历 4 次 773K 的高温测试循环后，ZT 值的波动小于 2%。$Cu_{1.8}S$ 基热电材料表现出良好的器件化应用前景。值得注意的是，该样品还含有 $Cu_{1.96}S$ 相，在今后的 $Cu_{1.8}S$ 相研究中关注其电学稳定性测试仍然是必要的。

相较于 $Cu_{1.8}S$ 体系，$Cu_{1.96}S$ 体系(包括如 $Cu_{1.97}S$、Cu_2S 等相似 Cu 计量比的类型)热电材料具有更高的热稳定性，但其电稳定性相对较差，即存在较明显的 Cu^+ 的长程扩散问题，特别是大电流密度通过时扩散得更严重。然而，$Cu_{1.96}S$ 体系的优异性能却又在很大程度上来自于 Cu^+ 的类液态行为，人们为了解决高性能与高可靠性之间的矛盾做了许多尝试，如固溶、掺杂得到的 Cu-Sb-S、Cu-Fe-S、Cu-Te-S 及其他体系等。

Meng 等[133]利用球磨法及放电等离子体烧结法，将 In_2S_3 和 Cu_2S 复合获得的 ZT 值达 1.23。纳米 $CuInS_2$ 相的形成抑制了 Cu_2S 的相变和铜元素偏析。在 573K 和 $12A/cm^2$ 电流密度下保持 90000s，该样品的电阻变化率 R/R_0 几乎保持不变。

综上所述，Cu-S 具有独特的热电输运特性，尽管目前尚不清楚许多相关的物理机制，但通过掺杂、固溶、引入第二相、能带工程、微纳结构设计等均可使其热电性能得到显著提高，并在不同程度上抑制 Cu^+ 的长程迁移，增加材料的稳定性。如何调和高热电性能和高稳定性之间的矛盾，是未来产业化过程中需要重点解决的问题。

4.4.4 黝铜矿 $Cu_{12}Sb_4S_{13}$ 热电材料

黝铜矿 $Cu_{12}Sb_4S_{13}$ 属于含 Cu、Sb 和 S 的硫盐矿物一族，具有复杂的晶胞结构。$Cu_{12}Sb_4S_{13}$ 属于面心立方晶系，空间群为 $I\bar{4}3m$。如图 4.17 所示，每个晶胞由 58 个原子组成，在同一个晶胞内 Cu 原子有两种不同的占位，即 6 个 Cu 原子占据在 3 个 S 原子和 1 个 Sb 原子构成的四面体位置，剩余的 6 个 Cu 原子占据在 3 个 S 原子构成的平面上。Cu 和 S 原子占位分别位于 Cu 12d、Cu 12e、S 2a 和 S 24g。Cu-Sb-S 三原子通过不同方式进行键合。Lai 等[140]利用密度泛函理论精确计算了 Cu-Sb-S 三原子键合后的价电子分布图[图 4.17(b)]，在 Sb 原子周围观察到孤对电子分布，从而佐证了 Cu12e 原子具有非常大的振动半径，在声子谱中会出现强峰。黝铜矿复杂的晶体结构(一个晶胞中有 58 个原子)结合 Sb 的孤对电子将导致较强非谐性，所以黝铜矿 $Cu_{12}Sb_4S_{13}$ 展现出本征低热导率的特性。密度泛函理论的能带结构计算[图 4.17(c)]表明，$Cu_{12}Sb_4S_{13}$ 是间接带隙半导体，能带间隙约为 1.15eV，费米能级在价带顶部的态密度（DOS）尖峰附近且具有高的简并度（N_V=4）。这种能带结构赋予了其优异的电输运特性，并因此具有本征 P 型半导体特性。黝铜矿 $Cu_{12}Sb_4S_{13}$ 还拥有本征低晶格热导率，使其可能成为具有高 ZT 值的热电材料。

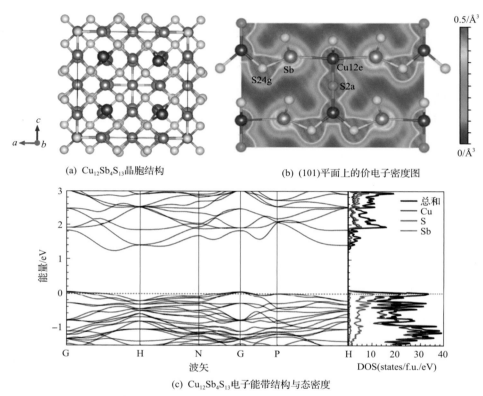

(a) $Cu_{12}Sb_4S_{13}$晶胞结构　　　　　　(b) (101)平面上的价电子密度图

(c) $Cu_{12}Sb_4S_{13}$电子能带结构与态密度

图 4.17　$Cu_{12}Sb_4S_{13}$ 晶体结构和能带结构图

天然矿物 $Cu_{12}Sb_4S_{13}$ 的组成较复杂，不同矿物的化学组分、晶粒取向、元素分布等存在不确定性，一般采用人工合成的 $Cu_{12}Sb_4S_{13}$ 材料进行热电性能的研究。如前所述，$Cu_{12}Sb_4S_{13}$ 是一种本征高简并 P 型半导体，其本征载流子浓度过高，早期研究主要集中在载流子浓度调控。例如，Zn 取代 Cu 能够有效调控载流子浓度，提高泽贝克系数，降低电子热导率，ZT 峰值达到 1.0（700K）；Sn 取代 Cu 后，电子向掺杂能级聚集，从而抑制 $Cu_{12}Sb_4S_{13}$ 金属-半导体转变，这也有利于提高泽贝克系数[141]。在 Cu 和 Sb 位进行双掺杂也是优化载流子浓度的有效手段。但是，在 $Cu_{12}Sb_4S_{13}$ 体系引入过多外加元素极易达到饱和，这将导致第二相 $CuSbS_2$ 析出，降低材料的热电性能。有关该体系等电子掺杂的研究较少，在 S 晶格位固溶同族的 Se 元素并不会引入多余的载流子，但材料的简并度及能带的色散关系将发生变化，载流子迁移率提高，功率因子提升至 $16\mu W/(cm \cdot K^2)$，表明提高简并度可以优化 $Cu_{12}Sb_4S_{13}$ 的电输运性能。

黝铜矿 $Cu_{12}Sb_4S_{13}$ 的本征低热导率特性使通过降低热导率的手段来优化其热电性能较为困难。由填充空位及固溶引入的点缺陷能够在一定程度上降低 $Cu_{12}Sb_4S_{13}$ 的晶格热导率。近年来的研究表明，第二相对 $Cu_{12}Sb_4S_{13}$ 的热电输运性能具有较大的影响，通过调控第二相的晶粒尺寸并借助纳米材料特殊的表面效应，可以实现对热电输运性能的优化。Sun 等[142]采用机械合金化结合放电等离子体烧结的方法合成 $Cu_{12}Sb_4S_{13}$ 材料，通过调整工艺参数，在基体中析出第二相，增强声子散射，有效降低了热导率。Hu 等[143]将磁性 γ-Fe_2O_3 纳米颗粒（$\sim$10nm）引入 $Cu_{12}Sb_4S_{13}$ 材料，制备了一系列 Fe_2O_3 复合 $Cu_{11.5}Ni_{0.5}Sb_4S_{13}$ 基热电材料。γ-Fe_2O_3 纳米颗粒增强了声子散射，使材料的晶格热导率显著降低。当 γ-Fe_2O_3 含量为 1.0vol%时，材料的 ZT 峰值达到 1.0（700K），比基体材料提高了$\sim$33%。Sun 等[144]报道了 Nb_2O_5 纳米颗粒复合 $Cu_{11.5}Ni_{0.5}Sb_4S_{13}$ 材料。Nb_2O_5 的熔点超过 1300K，在放电等离子体烧结过程中抑制了基体晶粒长大；Nb_2O_5 纳米颗粒与基体之间的异质排斥作用使其仅存在于基体晶界处且与基体具有良好的共格关系。这不仅增强了声子散射，降低了晶格热导率，还提高了其电导率。功率因子超过 $16\mu W/(cm \cdot K^2)$，全温度范围内的晶格热导率小于 $0.7W/(m \cdot K)$，得到的 ZT 峰值为 1.2（723K）。

4.5　方钴矿及其他锑化物

4.5.1　CoSb₃ 基方钴矿热电材料

方钴矿（Skutterudite）化合物因其发现地在挪威小镇 Skutterud 而得名。方钴矿材料，尤其是填充方钴矿材料因呈现出"声子玻璃-电子晶体"的输运特性，吸引了研究人员的广泛关注。人们对方钴矿材料的填充机制和热电性能进行了大量研究，材料的热电性能得到了大幅提高，在中高温区发电领域的应用前景广阔。

方钴矿化合物具有体心立方晶体结构，空间群为 $Im\bar{3}$，其结构通常以 AB_3 表示（A 为过渡金属元素，如 Ir、Co、Fe 等；B 为磷族类元素，如 As、Sb、P 等）。以 $CoSb_3$ 为例，其晶体结构如图 4.18 所示。每个单位晶胞内含 8 个 $CoSb_3$ 单元，32 个原子，其中 8 个 Co 原子占据晶体的 8c 位置（1/2, 1/2, 1/2），24 个 Sb 原子占据晶体的 24g 位置（0, y, z）。另外，每个晶胞中含有两个由 Sb 构成的二十面体笼状空隙。这些空隙可被碱金属、碱土金属、稀土金属等部分或完全填充，形成通式为 $M_xCo_4Sb_{12}$（M 为填充元素）的填充方钴矿材料。

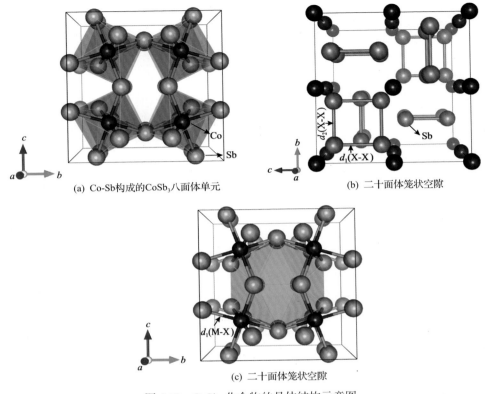

(a) Co-Sb构成的CoSb₃八面体单元   (b) 二十面体笼状空隙

(c) 二十面体笼状空隙

图 4.18   CoSb₃ 化合物的晶体结构示意图

在众多方钴矿结构材料中，CoSb₃ 化合物具有良好的综合热电性能。未填充的 CoSb₃ 化合物的电子有效质量远大于空穴有效质量（m_e^*=3.1 m_0，m_h^*=0.28 m_0），P型 CoSb₃ 化合物具有非常高的空穴迁移率，室温空穴迁移率约为 2000cm²/(V·s)，其电导率较高、泽贝克系数适中；而 N 型 CoSb₃ 化合物具有较大的电子有效质量，在相同的载流子浓度下，其泽贝克系数较高、电导率适中。尽管 CoSb₃ 具有较高的电导率和泽贝克系数，但其热导率很大，CoSb₃ 的室温热导率为 10～15W/(m·K)，远高于 Bi₂Te₃ 体系材料[1～4W/(m·K)]，这严重影响了 CoSb₃ 材料整体的热电性能。如何降低方钴矿材料的热导率就成为改善其热电性能的关键。由于方钴矿特殊的晶体结构，故可以通过固溶或间隙位填充的方式综合优化电导率、泽贝克系数和热导率三个物理量，以提高材料的整体性能。此外，还可以通过不同的工艺条件制备纳米结构材料或纳米复合材料，通过显著降低材料的晶格热导率来优化热电性能。

1. 掺杂、合金固溶

通过掺杂或合金固溶引入点缺陷散射、降低晶格热导率是热电材料研究的常用方法。通过相似原子部分取代 $CoSb_3$ 化合物中的 Co 或 Sb 形成三元或多元固溶体，利用固溶体的点缺陷和晶格原子间的质量、应变场涨落来增强声子散射，降低晶格热导率，提高材料的热电性能。以 Ir、Rh 等部分取代 Co，以 As 部分取代 Sb，这些同族元素固溶为等电子固溶，主要目的是增加点缺陷，降低晶格热导率。Shi 等[145]研究了 Ir 固溶方钴矿材料 $Co_{1-x}Ir_xSb_3$，其热导率比 $CoSb_3$ 基体下降了 30%～50%。而非等电子掺杂不仅增加了点缺陷，还可以改变其电输运特性，调整载流子浓度。通常用 Ni、Pd、Pt 等原子取代 $CoSb_3$ 中的 Co 位或用 Te、Se 等原子取代 Sb 位获得 N 型方钴矿材料，用 Fe 等元素部分取代 Co 位获得 P 型方钴矿材料。由于取代原子和基体原子在质量、尺寸和电负性等方面存在差异，所以一般都存在固溶极限。仅依赖单一原子掺杂或固溶降低材料热导率的可调范围较窄。为了进一步降低热导率，在 Co 位或 Sb 位掺杂多种元素或在一个位置同时掺杂多种元素可提高固溶极限。双原子或多原子掺杂能有效改变材料中四元环的键合状态和对称性，从而改变声子的振动图谱，使材料的热导率大幅降低。2008 年，Liu 等[146]以受主元素 Sn 和施主元素 Te 共同掺杂 Sb 位，利用机械合金化制得 N 型 $CoSb_{2.75}Sn_{0.25-x}Te_x$ 四元合金固溶体，材料的晶格热导率大幅降低，ZT 峰值达到 1.1。2014 年，Tang 等[147]研究了 N 型 $In_xCo_4Sb_{12-x/3}$ 的相图和热电性能，In 的固溶度高达 $x=0.27$，显著增强了声子散射，降低了晶格热导率，其 ZT 峰值达到 1.2(750K)。P 型掺杂 $CoSb_3$ 基化合物因稳定性差、掺杂元素固溶度低等，故其热电性能较差。

2. 填充 $CoSb_3$ 化合物

将碱金属、碱土金属、稀土元素等填充到 $CoSb_3$ 的二十面体空洞中形成的材料称为填充 $CoSb_3$ 方钴矿化合物。填充原子进入空隙后与 Sb 原子以弱键结合，如同一个谐振子，在热量的传播中，由于其震荡吸收作用，消耗了大量热能，从而降低了材料的热导率。早在 1977 年，Jeitschko 和 Brown 就合成了填充式方钴矿 $LaFe_4P_{12}$，直到 90 年代，随着"声子玻璃-电子晶体"概念的提出，科学家发现填充式方钴矿具有优异的热电输运性能，随即其作为热电材料而受到广泛关注。2001 年，Chen 等[148]和 Nolas 等[149]分别发现 Yb 和碱土金属(Ba)在 $CoSb_3$ 中具有较高的填充量，填充原子起到了谐振子的作用，热导率大幅降低，N 型填充 $CoSb_3$ 的 ZT 值提高至 1.0～1.2。

填充 $CoSb_3$ 的热电性能与填充量有关。而 $CoSb_3$ 化合物的填充极限不仅与空隙尺寸密切相关，还受填充原子物理特性的影响。2005 年，Shi 等[150]基于密度泛函理论建立了各种元素填充方钴矿的稳定性判据，预测了 N 型方钴矿的填充分数极限，提出了电负性选择原则，即填充原子 M 与 Sb 原子之间的电负性之差大于 $0.8(\chi_{Sb}-\chi_M>0.8)$ 才能形成稳定的填充方钴矿化合物。在满足电负性规则的前提下，填充量极限与填充原子的离子半径和价态密切相关。此外，还可以通过外来原子置换 Co 位或 Sb 位为体系提供空穴，以此来中和填充原子为体系注入的过多电子，达到电荷补偿的目的，进一步提高填充原子的填充量。图 4.19 列举了一些典型单填充 CoSb$_3$ 化合物的填充分数限制与填充离子半径、价态的关系图。一般价态越高，填充量越小。

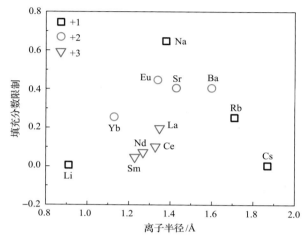

图 4.19　不同价态、不同离子半径的原子在 CoSb$_3$ 中的填充极限图

　　为了进一步降低晶格热导率，填充方钴矿体系逐渐由单原子填充向双原子和多原子填充发展。Yang 和 Zhang 等研究了一系列双原子填充方钴矿 Ba$_x$R$_y$Co$_4$Sb$_{12}$（R=La、Ce 和 Sr），并结合理论计算发现双原子填充方钴矿较单原子填充方钴矿具有更低的晶格热导率，这是由于不同的填充原子提供了更宽范围的局域共振声子散射，并提出选择局域振动频率差别较大的填充原子组合能更有效地降低晶格热导率。2008 年，Shi 等[151]研究发现（Ba，Yb）双原子填充方钴矿 N 型 Ba$_x$Yb$_y$Co$_4$Sb$_{12}$ 的 ZT 峰值达到 1.36（800K）。2011 年，他们将三种原子填入方钴矿空隙中，从而引入多个频率的振动模式以对更宽频率的声子进行有效散射，材料的晶格热导率降低至理论极小值，ZT 峰值达到 1.7（850K）[152]。这些理论和实验研究表明，多原子填充比单原子填充能更有效地降低方钴矿热电材料的晶格热导率，提升 ZT 值（图 4.20）。

　　此外，填充方钴矿材料的电输运特性研究也受到了大量关注。CoSb$_3$ 基方钴矿材料的电输运性能主要由 CoSb$_3$ 框架结构决定，填充原子对其的影响较小。图 4.21 是 CoSb$_3$ 的能带结构图，由于 Sb 的 p 电子的反键态性质，p 电子在价带顶形成了一个离散性非常强的单带，在 Γ 点附近非常接近线性色散关系，故其有效质量非常小。而导带底是由 Sb 的 5p 电子和 Co 的 3d 电子所构成的三重简并带，电子的有效质量较大，所以二元 CoSb$_3$ 方钴矿的电子结构适合其 N 型材料电输运性能的

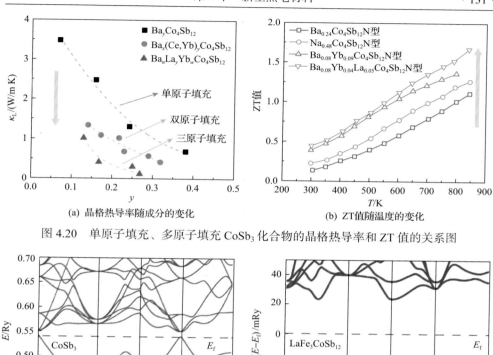

(a) 晶格热导率随成分的变化　　　　　　(b) ZT值随温度的变化

图 4.20　单原子填充、多原子填充 CoSb$_3$ 化合物的晶格热导率和 ZT 值的关系图

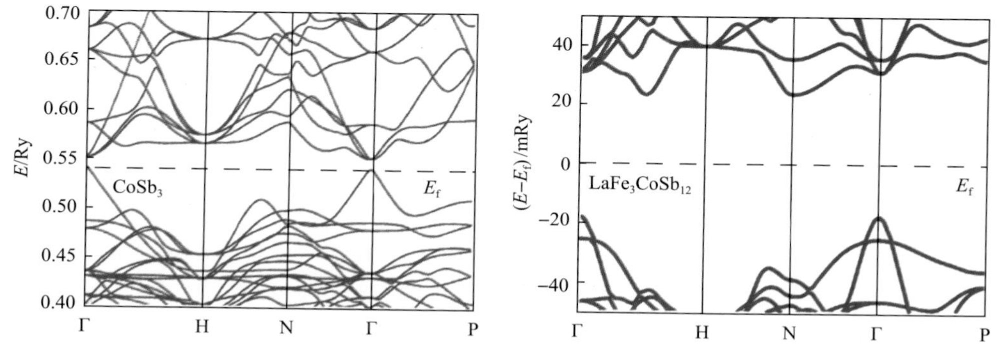

(a) CoSb$_3$　　　　　　　　(b) LaFe$_3$CoSb$_{12}$

图 4.21　CoSb$_3$ 和 LaFe$_3$CoSb$_{12}$ 的能带结构图

优化。在方钴矿中，填充原子以一种近离子键与 Sb 原子结合，其价电子几乎完全提供给框架原子，对能带结构的影响很小。在 N 型方钴矿中，泽贝克系数与载流子浓度的关系及迁移率与载流子浓度的关系都遵循相同的规律，对应于最大功率因子的最佳载流子浓度，约为 6×10^{20} cm^{-3}，对应的理论计算结果是向每个单胞提供 0.4～0.6 个电子。因此，在对 N 型方钴矿材料的性能优化中，采用多原子填充的方法可以在维持电子数总量恒定的情况下，使其电性能和热性能各自进行独立优化，最终获得了 ZT 值达到 1.7 的 N 型多原子填充方钴矿材料。而 P 型填充方钴矿的研究虽早，但其热电性能却远不及 N 型填充方钴矿材料。这和方钴矿能带结构中导带底和价带顶的不对称有很大关系。CoSb$_3$ 价带顶准线性分布的轻带决定了 P 型 CoSb$_3$ 具有较高的空穴迁移率，但较低的空穴有效质量使其泽贝克系数和功率因子较低。因此，P 型 CoSb$_3$ 的电性能主要取决于轻带。通常在 Co 位进行 P 型掺杂(如 Fe 取代 Co)，Fe 的取代会在其价带顶引入一个 Fe 的 3d 重带，可有效

提升价带顶态密度，有助于 P 型材料电学性能的优化。1997 年，Sales 等[153]报道了单填充 $CeFe_{4-x}Co_xSb_{12}$ 和 $LaFe_{4-x}Co_xSb_{12}$ 等 P 型方钴矿材料，其 ZT 峰值达到 1.0。Rogl 等[154]研究了多填充 P 型 $Sr_{0.12}Ba_{0.18}DD_{0.39}Fe_3CoSb_{12}$（DD 表示钕镨化合物）的热电性能，其 ZT 峰值大于 1.2（800K）。

3. 纳米化和纳米复合

当方钴矿材料的晶粒减小至纳米尺度时，其晶界密度显著提高，从而增强了声子散射作用。Toprak 等[155]报道了不同晶粒尺寸的方钴矿晶格热导率对总热导率的贡献率，发现晶格热导率对总热导率的贡献率达到 80%。通过纳米化，$CoSb_3$ 的室温热导率降至 1.5～2.2W/（m·K）。与此同时，纳米结构也会对载流子产生散射，这在一定程度上恶化材料的电性能。通常通过调控制备条件来调节晶粒尺寸，使材料的热导率降幅较电性能恶化更为明显，进而改善材料的热电性能。

除了对 $CoSb_3$ 材料的晶粒纳米化，在 $CoSb_3$ 基体中引入纳米尺度第二相形成纳米复合结构也是提高热电性能的重要手段。纳米第二相在材料内部可引入大量界面，对声子造成强烈的散射，从而显著降低热导率。2006 年，Zhao 等[156]采用原位合成法，以 $Yb_yCo_4Sb_{12}$ 为基体，通过氧化过量添加的 Yb 元素，获得 Yb_2O_3 纳米复合 $Yb_{0.25}Co_4Sb_{12}$ 材料，其 ZT 峰值从 1.0 提高至 1.3（850K）。近期研究表明，在方钴矿材料中引入纳米颗粒，利用晶界处的纳米颗粒对低能量载流子的过滤效应和声子的散射效应，可同时实现泽贝克系数的大幅提高和热导率的显著下降。而具有高电导率的 $AgSbTe_2$、Ag 等纳米颗粒不仅可以散射声子、降低晶格热导率，还能够增强晶粒间的连接，提高载流子迁移率和电导率，同时因对低能量载流子的过滤效应提高了泽贝克系数，材料的 ZT 值得到显著提升。2009 年，Peng 等[157]和 Li 等[158]采用熔体旋甩结合放电等离子体烧结技术制备了原位析出 InSb 纳米第二相的 N 型填充 $In_xCe_yCo_4Sb_{12}$ 材料，其晶格热导率低至 0.56W/（m·K），ZT 峰值达到 1.45。

4.5.2 其他锑化物热电材料

1. Mg_3Sb_2 基化合物

Mg_3Sb_2 属于 1-2-2 型 Zintl 化合物，因具有"电子晶体-声子玻璃"特性而引起研究人员的广泛关注。Zintl 相化合物会表现出半导体特性，通过掺杂可以优化其载流子浓度。典型的 Zintl 相化合物包括 AM_2Pn_2（A=Sr、Ca、Yb、Eu；M=Mn、Zn、Cd；Pn=Sb、Bi）1-2-2 体系、$A_9M_{4+x}Pn_9$（A=Sr、Ca、Yb、Eu；M=Mn、Zn、Cd；Pn=As、Sb、Bi）9-4-9 体系、$A_{14}MPn_{11}$（A=Sr、Ca、Yb、Eu、Ba；M=Al、Mn、Zn、Cd、Ga、Nb、In；Pn=P、As、Sb、Bi）14-1-11 体系等。作为 1-2-2 体

系的特例（Mg 在 AM_2Pn_2 中同时占据 A 和 M 位），Mg_3Sb_2 基化合物自 1933 年首次发现以来经过了漫长的发展。1966 年科研人员提出 Mg_3Sb_2 是一种有望在 900℃以下工作的理想热电材料[159]。2003 年，Kajikawa 等[160]通过热压烧结制备得到了 Mg_3Sb_2 材料，但由于原料中所含杂质较多且在烧结后观察到 C 单质和 MgC_2 等第二相，所以测得该样品具有较低的热导率，ZT 值在 650K 下达到 0.55，但未能判断杂质和第二相在其中的影响。Condron 等[159]于 2006 年采用真空熔融结合热压烧结的方法，通过引入过量的 Mg 制备得到了 Mg_3Sb_2 纯相化合物，在 875K 时的 ZT 值为 0.21，但在晶界处观察到了氧化现象及在 900K 以上材料的热分解，从而对该体系的进一步研究提出了挑战。2016 年，Tamaki 等[161]通过理论计算预测了 N 型 Mg_3Sb_2 的优良热电性能，并通过 Mg 自掺杂成功得到了 N 型样品，经 Te 掺杂后其 ZT 值在 700K 下达到了 1.5。Mg_3Sb_2 也因此被认为是能够作为替代 Bi_2Te_3、PbTe 的环境友好型热电材料，近几年来引发了对其的研究热潮。人们从掺杂改性、微结构调控等方面进行了诸多尝试，实现了对 Mg_3Sb_2 基热电材料的性能优化。

Mg_3Sb_2 具有反 α-La_2O_3 型晶体结构（空间群 $P\bar{3}ml$），由共价键的$[Mg_2Sb_2]^{2-}$层状骨架和沿 c 轴方向堆叠的 Mg^{2+} 层片组成［图 4.22（a）和（b）］，其中$[Mg_2Sb_2]^{2-}$层是以 Sb 原子作为四面体顶点组成的二维网格，每个四面体中包含一个 Mg 原子，而 Mg^{2+} 层中的离子呈三角形排列。以上阳离子与阴离子层间通过离子键相连。此外，从图 4.22（b）中的四面体网格中观察到类似隧道的多孔结构，其被认为是间隙原子的稳定位置。离子键和共价键的共存使载流子和声子均具有丰富的输运性质，并表现出良好的机械强度。复杂的晶体结构可有效散射声子，使材料具有本征低晶格热导率。

由于晶体内部形成 Mg 空位且稳定存在，所以 Mg_3Sb_2 表现为本征 P 型半导体的特性。近年来，Mn 掺杂的 Mg_3Sb_2 和 Bi 掺杂的 $Mg_3Sb_{1.5}Bi_{0.5}$ 基材料先后被确认

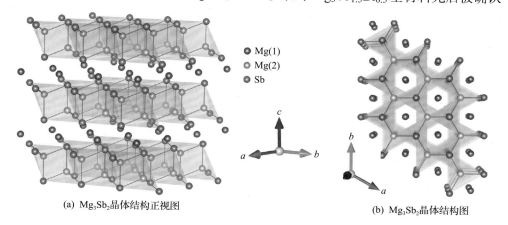

（a）Mg_3Sb_2晶体结构正视图　　　　　（b）Mg_3Sb_2晶体结构图

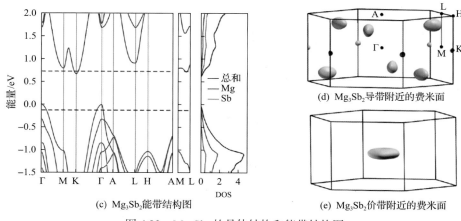

(c) Mg₃Sb₂能带结构图

(d) Mg₃Sb₂导带附近的费米面

(e) Mg₃Sb₂价带附近的费米面

图 4.22　Mg₃Sb₂ 的晶体结构和能带结构图

为 N 型半导体，并具有较高的热电性能。这种优良的热电性能来源于晶体特殊的能带结构[图 4.22(c)]，导带最小值位于 M-L 带上，具有六重谷间简并度和较小的有效质量。图 4.22(d) 和(e) 为计算得到的 N 型 Mg₃Sb₂ 的费米面，沿 M-L 线存在六个完全各向异性的费米口袋，而 P 型 Mg₃Sb₂ 仅在 Γ 点有一个高度各向异性的载流子口袋。这种能带结构的明显差异解释了为何 N 型 Mg₃Sb₂ 具有比 P 型 Mg₃Sb₂ 更优异的热电性能。

Mg-Sb 的二元相图如图 4.23(a)所示。从图中可以看出，与大多数 Zintl 相化合物类似，Mg₃Sb₂ 化合物相在相图中为一条竖线，具有非常窄的单相组分。然而，在实际化合物中却存在各种缺陷，故体系的熵增加，并将唯一确定的单相线扩大到一定的范围，如图 4.23(b)所示。由于实际晶体中存在大量的 Mg 空位，所以单相区向 Sb 单质一侧倾斜。其相界由组成原子的化学势决定，Mg₃Sb₂ 中 Mg 过量

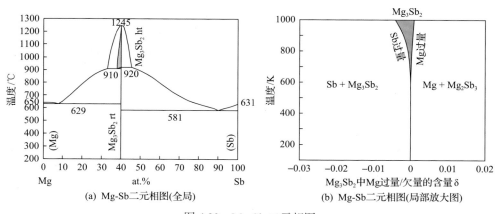

(a) Mg-Sb二元相图(全局)

(b) Mg-Sb二元相图(局部放大图)

图 4.23　Mg-Sb 二元相图

和 Sb 过量将在窄相范围内存在较大的化学势差，从而导致热力学势在两种状态下发生跃迁，由此可以解释材料中的 P-N 型转变。在实际合成中，位于单相区两侧组分的样品通常具有更好的热力学稳定性，为避免样品成分的不均匀性导致性能发生较大变化，一般选择 Mg 过量和 Sb 过量的标称组分，分别对应 N 型和 P 型半导体状态。

Mg_3Sb_2 基热电材料的性能通过缺陷工程、能带工程、微观结构优化等手段得到了大幅提高。Mg 空位作为 Mg_3Sb_2 基材料中最主要的缺陷，决定了化合物的 PN 型。近几年，Mg_3Sb_2 化合物 P 型到 N 型的过渡转变引起了研究人员的极大兴趣，并为合成其他 N 型热电材料提供了新的思路。根据缺陷形成能计算［图 4.24（a）］，在所有缺陷中，Mg 空位（红线所示）在费米能级附近具有最低的形成能，倾向于在材料中形成 Mg 空位，发生缺陷反应 $Mg \rightarrow V''_{Mg} + 2h^{\cdot}$。因此，这些高浓度的 Mg 空位使费米能级深入价带，所以材料表现为本征的 P 型半导体传导特性。当引入过量的 Mg 后，Mg 空位的缺陷形成能显著提高［图 4.24（b）］，从而有利于实现 N

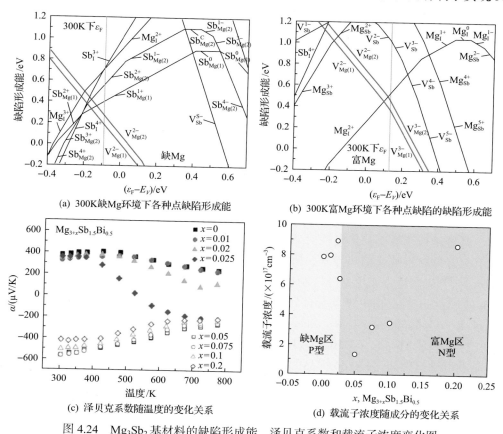

(a) 300K缺Mg环境下各种点缺陷形成能

(b) 300K富Mg环境下各种点缺陷的缺陷形成能

(c) 泽贝克系数随温度的变化关系

(d) 载流子浓度随成分的变化关系

图 4.24　Mg_3Sb_2 基材料的缺陷形成能、泽贝克系数和载流子浓度变化图

型传导[161,162]。其他研究也证实了过量 Mg 对制备 N 型 Mg_3Sb_2 半导体的必要性。如图 4.24(c) 所示，通过提高过量的 Mg 浓度，泽贝克系数由正变负，对应的载流子浓度也显示了材料的导电类型发生了从 P 型到 N 型的转变[图 4.24(d)]。研究表明，过量的 Mg 在调节载流子浓度方面也起着至关重要的作用。

此外，通过向 Mg_3Sb_2 基化合物中引入其他的外部点缺陷可进一步优化载流子浓度并获得更高的热电性能。在 P 型 Mg_3Sb_2 中，研究报道了 Bi、Pb 在 Sb 位取代和 Na、Zn、Ag、Li 等元素掺杂在 Mg 位取代对热电性能的影响。Bhardwaj 等[163]通过放电等离子体烧结工艺合成了 $Mg_3Sb_{2-x}Bi_x$($0 \leqslant x \leqslant 0.4$)纯相样品，当在 Sb 位掺杂 0.2at% 的 Bi 时，电子输运和声子传输部分解耦，同时实现了功率因子的提高和热导率的降低，ZT 值在 750K 时达到 0.6。而 Pb^{4+} 替代 Sb^{3-} 可大幅提高空穴载流子浓度，在泽贝克系数不变的同时实现了电导率的提高，当掺杂量为 10at% 时，ZT 值在 773K 时提高到 0.84。Shuai 等[164]选用碱金属族中的 Na 对 Mg 原子进行置换，采用机械合金化和热压法制备 $Mg_{3-x}Na_xSb_2$($x=0, 0.006, 0.0125, 0.025$)等样品，掺入 Na 后在室温时的载流子浓度提高了 4 个数量级，同时载流子迁移率并没有明显降低，从而提高了功率因子，当掺杂量 x 为 0.0125 时，773K 时的 ZT 值达到 0.6。Bhardwaj 等[165]采用放电等离子体烧结工艺成功合成了单相 $Mg_{3-x}Zn_xSb_2$ ($0 \leqslant x \leqslant 0.1$)化合物，在 773K 时 $Mg_{2.9}Zn_{0.1}Sb_2$ 的 ZT 值达到 0.37，比未掺杂的 Mg_3Sb_2 高 42%，ZT 值的提升主要来自载流子浓度的优化及由质量涨落导致的声子散射的增强。基于以上工作，Ren 等[166]尝试采用 Na 与 Zn 共掺杂，有效减弱了电离杂质散射，空穴迁移率显著提高，晶格热导率大幅降低，ZT 值得到了有效提高，在 773K 时达到 0.8。之后，Fu 等[167]采用一步放电等离子体烧结法制备了 Ag 掺杂样品，标称组分为 $Mg_{2.96}Ag_{0.04}Sb_2$ 的样品在 773K 时获得了 0.66 的 ZT 峰值。对于 N 型 Mg_3Sb_2，目前的研究工作已尝试利用 Mn、Sc、Y、La 作为掺杂剂在 Mg 位上掺杂以降低空穴浓度，利用 S、Se、Te 掺杂 Sb 位及引入 Mn 间隙位来调节电子浓度，其理论掺杂效率及热电性能如图 4.25 所示。由于 Mg_3Bi_2 与基体形成固溶体能有效降低材料的晶格热导率，所以图 4.25(b) 研究的基体组分为 $Mg_{3+\delta}Sb_xBi_{2-x}$。Kim 等[168]应用垂直布里奇曼法制备得到了 $Mg_{3-x}Mn_xSb_2$($x=0, 0.3, 0.4$)单晶，引入 Mn 使 Mg_3Sb_2 样品由 P 型半导体转变为 N 型，由于减小了晶界散射，在单晶中获得了高于多晶样品的 ZT 值。Zhang 等[169]采用电弧熔炼和放电等离子体烧结的制备工艺得到了 $Mg_3Sb_{1.5-0.5x}Bi_{0.5-0.5x}Te_x$($0 \leqslant x \leqslant 0.2$)系列样品，引入 Te 极大地提高了样品的电输运性能，$x=0.04$ 样品的 ZT 值在 725K 时达到了 1.65。之后，Zhang 等[170,171]又采用相同的方法尝试掺杂了其他硫族元素，但未能得到高于 Te 掺杂的载流子浓度，在 Se 和 S 掺杂时的 ZT 值分别达到了 1.2 和 1.0，热电性能优化的效果不如 Te 掺杂显著。因此，在之后很长一段时间内，Te 被认为是 Mg_3Sb_2 体系中最有效的掺杂剂。Gorai 等[172]通过理论计算证明，第 III 副族元素(Sc、Y、La)作为掺杂剂时能实现更高的载流子浓度和迁移率，从而使 ZT 值大幅提高。随后，Imasato 等[173]通过机械合金化结合热压法制备了一系列 $Mg_{3.05}La_xSb_{1.5}Bi_{0.5}$ $(0.005{\leqslant}x{\leqslant}0.03)$样品，结果表明 La 元素具有更高的掺杂效率和热稳定性。Shi 等[172]通过真空熔融结合热压制备得到了 $Mg_{3.05}Y_xSbBi(0.002{\leqslant}x{\leqslant}0.03)$ 材料，获得了高达 $10^{20}cm^{-3}$ 的载流子浓度，约为相近量 Te 掺杂样品的 5 倍，从而在 700K 时获得了 1.8 的高 ZT 值，这也是目前报道的 Mg_3Sb_2 基材料的最高热电性能。此

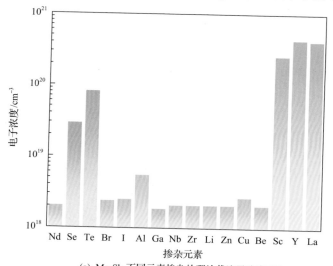

(a) Mg_3Sb_2不同元素掺杂的理论载流子浓度对比

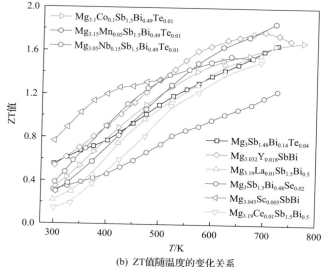

(b) ZT值随温度的变化关系

图 4.25　不同掺杂剂下的 Mg_3Sb_2 基材料的理论载流子浓度[172]和 ZT 值

后，Liang 等[174]采用机械合金化与放电等离子体烧结工艺进行了 Mn 与 Se 双元素复合掺杂，有效抑制了 Mg 空位和 Mg 间隙的形成，同时 Mn 的引入弱化了晶格间化学键，使载流子浓度和迁移率同时提高，再结合多元共掺杂对声子散射作用的增强，实现了热电性能的显著提升，在 723K 时获得的 ZT 峰值为 1.6，在 323～723K 时获得的平均 ZT 值 1.1。

与许多热电材料类似，Mg_3Sb_2 基化合物在室温及更高温度下表现出以声子散射为主导的散射机制，迁移率呈现为 $T^{-1.5}$ 的温度依存性。通过比较不同合成工艺制备的 Mg_3Sb_2 基材料后发现，在机械合金化合成的样品中出现了电荷散射偏离声子散射的现象。这种偏离被认为是载流子受离化杂质散射的影响，来自于机械合金化过程中引入的过饱和 Mg 空位。因此，通过控制合成工艺或引入其他外源点缺陷能够调节散射机制，从而改善其热电性能。Mao 等[175]通过改变热压温度和保温时间，发现随着热压温度的升高，Mg 空位浓度有所降低，在 300～500K 时离化杂质散射向离化杂质与声子的混合散射机制转变，迁移率大幅提升，电导率显著提高。在引入 Te 掺杂的基础上，通过向 Mg 位点引入 Nb、Fe、Co、Hf 和 Ta，同样能观察到以上散射机制的转变。从以上研究可以看出，Mg 空位在调节载流子散射机制中具有重要作用。通过控制合成工艺或掺杂改性实现的性能优化，本质上都源于对 Mg 空位、晶界等缺陷的调控。

此外，Mg_3Sb_2 基化合物可以通过能带工程来提高其电输运性能，从而改善 ZT 值。Imasato 等[176]通过在 Mg_3Sb_2 中固溶不同浓度的 Bi 来改变能带位置，如图 4.26(a)所示，随着 Bi 固溶量的增加，导带位置下移，并逐渐和价带交叠，Γ-M 带和 K 带重新排列，在增加总简并度的同时减小带隙并降低了能带有效质量，结果表明当 Mg_3Bi_2 的浓度为 20%～30%时，能够得到最佳的热电性能。Sun 等[177]通过理论计算证明了 Ca 和 Yb 等离子掺杂剂对能带简并度的影响，通过对 Mg 位点的部分取代，化学键的共价性降低，间接带隙增大，导带最小值的各向异性增强，使带简并度从 6 提高到 7，从而优化了材料的电输运性能，如图 4.26(b)所示。Tan 等[178]提出晶体场屏蔽的概念，从理论上预测了在 P 型 Mg_3Sb_2 中掺杂 Ba 可以有效提高带简并度，增大泽贝克系数，在 800K 时将 ZT 值提高到 1.2。

除缺陷工程和能带工程外，微观结构优化也是一种提高热电性能的有效手段，包括增大晶粒尺寸、纳米复合、织构化等。与其他热电材料不同，在 Mg_3Sb_2 材料体系中，观察到晶格热导率随晶粒减小而增大的现象，同时难以用现有模型来解释室温下的电荷输运行为，这是由 Matthiessen 定律中假定材料是均匀介质所带来的局限性。Kuo 等[179,180]提出必须将晶界区域视为有效的分离相而不是散射中心，通过构建晶粒、晶界两相串联模型而得到了与实验值相吻合的结果，解释了室温下迁移率的热激活行为主要来自晶粒与晶界相之间的能带偏移，并估计消除晶界

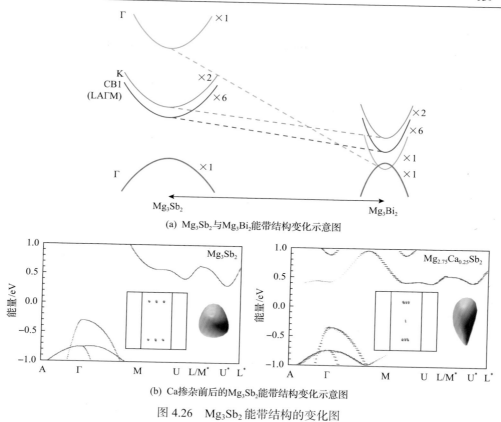

(a) Mg₃Sb₂与Mg₃Bi₂能带结构变化示意图

(b) Ca掺杂前后的Mg₃Sb₂能带结构变化示意图

图 4.26　Mg₃Sb₂能带结构的变化图

电阻可使室温 ZT 值提高 460%。随后利用三维原子探针(APT)技术证实了这种"晶界相"的存在，在靠近晶界的 10nm 区域内观察到约 5%的均匀贫 Mg 区，降低了 N 型 $Mg_{3.05}Sb_{1.99}Te_{0.01}$ 晶界附近的载流子浓度，形成晶界导电势垒，显著抑制了电导率的提高。因此，减小晶界效应、降低晶界氧化被认为是大幅提高 Mg_3Bi_2基材料热电性能的有效途径。Kanno 等[181]采用机械合金化结合放电等离子体烧结工艺制备出 $Mg_{3.2}Sb_{1.5}Bi_{0.49}Te_{0.01}$ 样品，通过将烧结温度从 873K 提高到 1123K，平均晶粒增大至 5μm，观察到大晶粒样品在 300~470K 时的散射机制更接近声子散射，而非之前研究中认为的离化杂质散射，散射机制的改变大幅提高了载流子迁移率，使 ZT 值从 1.3 提升至 1.6(600K)。Wood 等[182]利用 Mg 蒸汽进行饱和退火处理，减小了晶界处 Mg 空位对载流子浓度的消极影响，使样品在晶粒长大的过程中仍能保持 N 型导电性，成功制备了粒径大于 30μm 的样品，在 300K 时的 ZT 值达到 0.8。而 Shi 等[173]选择钽管密封熔融退火同样实现了粗化晶粒、降低晶界电阻的效果。为了进一步降低室温下晶界电阻的影响，Imasato 等[183]通过 Sb 助熔剂法和 Mg 蒸汽退火成功合成了 N 型 Te 掺杂的 Mg_3Sb_2 单晶，发现电导率和载流

子迁移率与温度呈 $T^{-1.5}$ 的关系，表明声子散射为样品中载流子的散射机制，证实在多晶材料中观察到的迁移率热激活现象是由晶界电阻引起的。与多晶样品相比，单晶样品的载流子迁移率显著提高，室温下的电导率是多晶样品的 5 倍，ZT 值提升 100%以上。此外，Bhardwaj 等[184]制备了纳米石墨烯(GNS)复合 $Mg_3Sb_{2-x}Bi_x$ 样品，通过引入大量的声子散射中心有效地降低了热导率，同时石墨烯具有较高的载流子浓度和迁移率，这在一定程度上改善了材料的电输运性能，在 773K 时获得了 1.35 的 ZT 值。Song 等[185]通过热压与热锻法制备的织构样品在室温下观察到平行于织构方向的载流子迁移率显著提高，而热输运性质未发生明显变化，这种独立的电输运优化使整个温域的平均 ZT 值得以提升。

　　Mg_3Sb_2 基热电材料通过缺陷工程、能带工程和微观结构调控等手段，在电输运性能的提升和热导率的降低等方面取得了突破，实现了热电性能的大幅提升。在此前的研究中，对低温下 Mg_3Sb_2 材料中的载流子散射机制有很多讨论，其电输运行为较为复杂。因此，准确理解材料中的载流子散射及内部多重缺陷的作用对进一步优化材料的热电性能至关重要。

2. Zn_4Sb_3 基化合物

　　Zn_4Sb_3 是一种具有极其复杂晶体结构的化合物，晶胞空隙包含无序分布的 Zn 原子，这使得材料具有极低的热导率同时又表现出良好的电传输特性，是一种典型的"声子玻璃-电子晶体"材料，因而具有良好的热电性能，近年来成为热电领域的研究热点。

　　Zn_4Sb_3 化合物具有 α、β、γ 三种晶型，分别在 263K 以下、263～767K 及 767K 以上温度区间稳定存在。其中，β-Zn_4Sb_3 化合物的热电性能较好。β-Zn_4Sb_3 是 P 型半导体，属于六方晶系，R3c 空间群，对其晶体结构的认识尚存在争议。Mayer 模型是早期比较经典的 β-Zn_4Sb_3 结构模型，但与实验结果相差较大。近年来，Snyder 等通过结构测定发现，并没有任何 Zn 原子占据 Sb(1)格点，约 90%的 Zn(1) 被 Zn 占据，其余为空位。另外，通过计算发现除 Zn(1)、Sb(1)和 Sb(2)原子位置外，还有另外三个晶格间隙位置被原子占据。在此研究基础上提出了 β-Zn_4Sb_3 的间隙模型，认为在 Sb(1)和 Sb(2)位置被 Sb 原子完全占据，Zn(1)位置存在约 10%的空位，除此之外，还存在间隙 Zn 原子。采用这种新结构计算得到的密度和化学计量与实验值一致，而且符合共价化合物规则。其晶体结构如图 4.27 所示，Sb(1)格点上的原子按畸形六边形分布，与 6 个 Zn(1)原子相邻，距离为 2.76Å，所以 Sb(1)的化合价为–3；Sb(2)与另外 Sb(2)原子间的距离为 2.82Å，表明其中含有与 ZnSb 相似的 $(Sb_2)^{4+}$ 二聚物，$(Sb_2)^{4+}$ 像刚玉中的 Al 原子一样，位于 Sb^{3-} 层形成的八面体空隙中，每三层拥有一个 $(Sb_2)^{4+}$。Zn(1)与四个 Sb 相邻，金属键的距离是 2.7Å。在每一个 β-Zn_4Sb_3 晶胞中，有 18 个 Sb^{3-} 和 12 个 Sb^{2-}，共提供 78

个电子，故需要 39 个 Zn^{2+} 来达到电价平衡，而因为 Zn(1) 只有 36 个可能的位置，所以至少需要三个间隙的 Zn 原子以实现电价平衡。

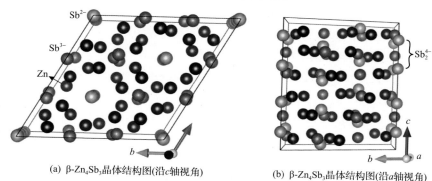

(a) β-Zn_4Sb_3晶体结构图(沿c轴视角)　　　　(b) β-Zn_4Sb_3晶体结构图(沿a轴视角)

图 4.27　β-Zn_4Sb_3 化合物的晶体结构图

β-Zn_4Sb_3 间隙模型揭示了这种化合物具有优良热电性能的原因，其结构中间隙位置无序且弥散分布的 Zn 原子能够显著降低材料的声子平均自由程。β-Zn_4Sb_3 具有较大的带隙，故其具有较高的泽贝克系数；同时，β-Zn_4Sb_3 晶体结构中的 Sb 框架又使其保持良好的电性能，所以β-Zn_4Sb_3 在具有较低热导率的同时还具有较高的功率因子。图 4.28 为β-Zn_4Sb_3 化合物的 ZT 值和热导率与其他热电材料的比较图。从图中可以看出，在 150～400℃时，β-Zn_4Sb_3 具有最优 ZT 值，其 ZT 峰值可达 1.3，这主要是由于在该温度区间内β-Zn_4Sb_3 具有异常低的热导率[室温下其晶格热导率仅为 0.65W/(m·K)][186]。

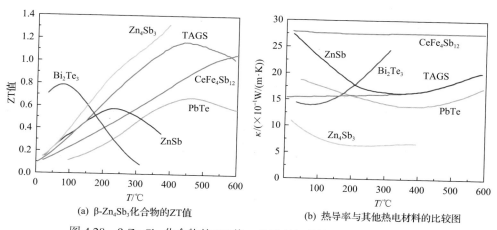

(a) β-Zn_4Sb_3化合物的ZT值　　　　(b) 热导率与其他热电材料的比较图

图 4.28　β-Zn_4Sb_3 化合物的 ZT 值、热导率与其他热电材料的比较图

由于形成β-Zn_4Sb_3 的条件非常严格，目前在制备β-Zn_4Sb_3 化合物的过程中，Zn 过高的饱和蒸汽压使其在制备过程中的挥发程度相当严重且很难抑制；同时，

由于β-Zn₄Sb₃相与低温γ-Zn₄Sb₃相的线膨胀系数不同及降温过程中杂质相的形成，如何制备单相无裂纹的β-Zn₄Sb₃材料一直是工艺控制的难点。目前，有关β-Zn₄Sb₃热电性能优化的研究主要集中在掺杂和纳米化，但大量研究表明，通过掺杂将导致材料的电导率和晶格热导率的同时降低，或者电导率增大而泽贝克系数降低，难以同时优化β-Zn₄Sb₃的热电输运特性，ZT 值也未实现大幅提高，这可能与β-Zn₄Sb₃本身就是重掺杂半导体有关。另外，纳米结构对β-Zn₄Sb₃材料热电输运特性的调控效果也不理想。

3. BiSb 基化合物

纯 Bi 和纯 Sb 均为半金属材料，两者具有相同的斜方六面体晶体结构和相似的晶格参数。但当两者形成 $Bi_{1-x}Sb_x$ 合金时，其物理性能与 Sb 的含量有关，其禁带宽度随 Sb 的含量而改变。当 $x \leqslant 0.07$ 时，合金材料表现为半金属行为，当 $0.07 < x < 0.22$ 时，合金材料表现为 N 型半导体行为；当 $x \geqslant 0.22$ 时，合金材料又表现为半金属行为(图 4.29)。

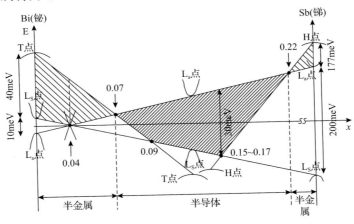

图 4.29　$Bi_{1-x}Sb_x$ 合金靠近费米面附近的能带结构示意图

BiSb 合金是低温区极具潜力的热电材料。其晶体结构为斜方六面体，属于 R3̄m 空间群。BiSb 合金的热电输运性能表现为各向异性，在沿三次对称轴方向有较大的 ZT 值。1962 年，Smith 等报道了不同成分的 BiSb 合金的热电性能，发现 $Bi_{88}Sb_{12}$ 单晶的 Z 值在 80K 可达到 $5.2 \times 10^{-3}K^{-1}$。随后，Yim 等研究了在零磁场和加磁场情况下，不同成分 BiSb 单晶材料的热电性能，发现 Sb 的含量在 10%～20%时，合金具有较大的 ZT 值。BiSb 合金为 N 型传导，P 型掺杂 BiSb 合金的热电性能较差。在低温区制作热电器件时，通常选用超导材料取代 P 型热电臂，与 N 型 BiSb 臂构成温差电偶，可获得器件优值与 N 型 BiSb 材料优值完全相同的热电器件。近年来，Chung 等[187,188]报道了 P 型 $CsBi_4Te_6$ 材料，其在低温区具有优良的热电性能，ZT 峰值在 225K 时可达 0.8。

虽然 BiSb 单晶材料在低温下具有优良的热电性能，但由于单晶材料不易制备，同时其本身的力学性能具有强各向异性，因此其发展和应用受到了制约。为了进一步提高 BiSb 材料的综合性能，研究人员逐渐开始针对 BiSb 多晶材料开展研究工作。对于多晶材料来说，尽管其电输运性能相对单晶材料有所下降，但通过对晶粒尺寸的调控和纳米复合，利用材料内部存在的大量晶界对声子的散射作用，可以有效降低材料的热导率，从而优化热电性能。另外，Chen 等[189-192]发现部分掺杂元素(Pb、Sn 等)可以提高 BiSb 的热电性能。未来需要对低温 BiSb 热电材料做进一步研究，以寻求具有较高热电性能的 P 型和 N 型材料来实现更广泛的应用。

4.6　哈斯勒热电材料

4.6.1　概述

哈斯勒化合物是于 1903 年由 Fritz Heusler 率先发现的一类典型的三元金属间化合物。通常用 X、Y 和 Z 代表哈斯勒化合物的组成元素，其中 X、Y 通常为过渡金属，Z 为主族元素。当 X、Y、Z 的原子比为 1：1：1 时，通常称为半哈斯勒(half-Heulser，HH)化合物，半哈斯勒化合物的通式可用 XYZ 来表示。当 X、Y、Z 的原子比为 2：1：1 时，称为全哈斯勒(full-Heusler，FH)化合物，全哈斯勒化合物的通式可用 X_2YZ 来表示。图 4.30 是全哈斯勒化合物可能的元素组合方式。

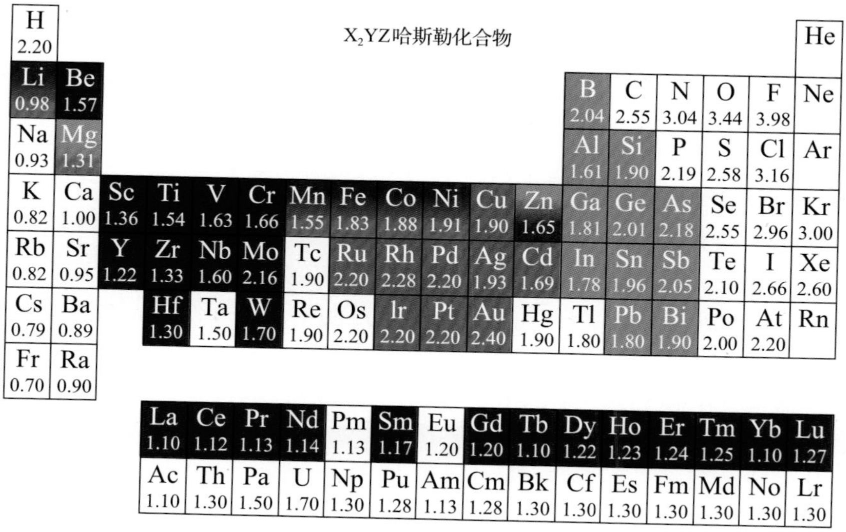

X_2YZ哈斯勒化合物

H 2.20																	He
Li 0.98	Be 1.57											B 2.04	C 2.55	N 3.04	O 3.44	F 3.98	Ne
Na 0.93	Mg 1.31											Al 1.61	Si 1.90	P 2.19	S 2.58	Cl 3.16	Ar
K 0.82	Ca 1.00	Sc 1.36	Ti 1.54	V 1.63	Cr 1.66	Mn 1.55	Fe 1.83	Co 1.88	Ni 1.91	Cu 1.90	Zn 1.65	Ga 1.81	Ge 2.01	As 2.18	Se 2.55	Br 2.96	Kr 3.00
Rb 0.82	Sr 0.95	Y 1.22	Zr 1.33	Nb 1.60	Mo 2.16	Tc 1.90	Ru 2.20	Rh 2.28	Pd 2.20	Ag 1.93	Cd 1.69	In 1.78	Sn 1.96	Sb 2.05	Te 2.10	I 2.66	Xe 2.60
Cs 0.79	Ba 0.89	Hf 1.30	Ta 1.50	W 1.70	Re 1.90	Os 2.20	Ir 2.20	Pt 2.20	Au 2.40	Hg 1.90	Tl 1.80	Pb 1.80	Bi 1.90	Po 2.00	At 2.20	Rn	
Fr 0.70	Ra 0.90																

La 1.10	Ce 1.12	Pr 1.13	Nd 1.14	Pm 1.13	Sm 1.17	Eu 1.20	Gd 1.20	Tb 1.10	Dy 1.22	Ho 1.23	Er 1.24	Tm 1.25	Yb 1.10	Lu 1.27
Ac 1.10	Th 1.30	Pa 1.50	U 1.70	Np 1.30	Pu 1.28	Am 1.13	Cm 1.28	Bk 1.30	Cf 1.30	Es 1.30	Fm 1.30	Md 1.30	No 1.30	Lr 1.30

图 4.30　哈斯勒化合物可能的元素组合形式[193]

全哈斯勒化合物的晶体结构通常为 $L2_1$ 型(空间群为 $Fm\bar{3}m$)，可看成由四个相互穿插的面心立方亚晶格构成，每个亚晶格完全被 X、Y 和 Z 原子占据。如果两个 X 亚晶格中有一个是空的，那么形成半哈斯勒化合物，它的晶体结构通常为 $C1_b$ 型(空间群为 $F\bar{4}3m$)。图 4.31 分别给出了全哈斯勒和半哈斯勒的晶体结构。

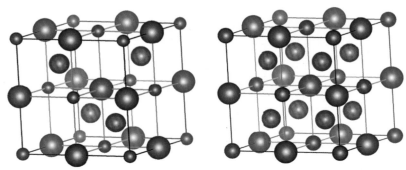

(a) 半哈斯勒的晶体结构　　　　　　　(b) 全哈斯勒的晶体结构[194]

图 4.31　半哈斯勒和全哈斯勒晶体结构图(绿、红和蓝色球分别代表 X、Y 和 Z 原子)

　　整个哈斯勒家族拥有超过 1500 名成员，其中有 250 多种半导体材料。通过改变化学成分，这些半导体的带隙可在 0～4eV 进行调控，因而在热电和太阳能电池领域受到了人们的广泛关注。近年来，研究人员在 MNiSn(M=Ti、Zr、Hf)、MCoSb(M=Ti、Zr、Hf)和 RFeSb(R=V、Nb)等体系中获得了优异的热电性能，ZT 值突破了 1.5。同时，由于哈斯勒化合物具有良好的高温稳定性和优异的机械性能，所以在中高温废热发电领域具有广阔的应用前景。

　　本节将分为两部分，第一部分介绍半哈斯勒基热电材料的主要研究进展。第二部分以 Fe_2VAl 为代表，介绍全哈斯勒化合物的研究进展。

4.6.2　半哈斯勒化合物

　　如上所述，半哈斯勒的晶体结构可以看作是 Y、Z 形成的 ZnS 结构，它的八面体间隙被 X 填充，体现了 Y、Z 两个元素之间共价键的相互作用对材料的电学性质起主要贡献。同时，X、Z 两个元素之间形成 NaCl 结构，Y 原子占据其四面体间隙，又体现出 X 和 Z 两个元素之间离子键的强烈相互作用。通常，X 是电负性最小的元素，它可以是主族元素、过渡金属元素或稀土元素；Z 是电负性最大的元素，通常是主族元素；Y 的电负性介于 X 和 Z，通常是元素周期表中靠右边的过渡元素。半哈斯勒化合物的种类繁多，包含金属和半导体，它们中有铁磁体、反铁磁体、顺磁体和半金属铁磁体。半哈斯勒化合物的性质在很大程度上取决于组成元素的价电子数(VEC)。当半哈斯勒化合物的 VEC=8(或 18)时，通常呈现半导体特性，是极有潜力的热电材料。当 VEC 不等于 8 和 18 时，则显示金属性。近年来，带有本征阳离子缺陷的 VEC=19 的部分半哈斯勒化合物也表现出较好热电性能潜力，ZT 峰值可达 0.9，如图 4.32 所示[195]。

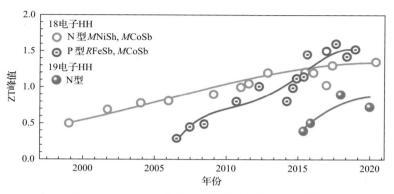

图 4.32　HH 化合物的 ZT 峰值随年份演变图[195]

　　作为一种有潜力的新型热电材料，HH 化合物具有以下优点：①组成元素种类繁多，为开发高性能、低成本、环保的热电材料提供了有力保障；②机械性能优异，能避免服役时的软化、断裂等现象；③半哈斯勒体系中两种组成元素为过渡金属，有利于在器件制作过程中与金属电极连接；④半哈斯勒体系中同时存在多种 N 型化合物和 P 型化合物，为制作器件提供了多种物理性质和热电性能相近的热电材料。

1. MNiSn 化合物（M=Ti, Zr, Hf）

　　MNiSn 是半哈斯勒体系中热电性能最优异的 N 型材料，具有较大的泽贝克系数（室温下为 $-150 \sim -400\mu V/K$）和适中的电阻率，但较高的热导率制约了 MNiSn 热电材料的发展。因此，该体系的研究主要集中在通过等电子合金化、细化晶粒等降低热导率并通过掺杂提高功率因子。

　　等电子合金化是一种将原子量不同但价电子数相同的元素进行置换形成固溶体以降低晶格热导率的方法。等电子合金化降低热导率的原因是不同原子之间质量和尺寸的差异引起的质量涨落缺陷和应力场涨落缺陷增强了声子散射。Hohl[196]认为 Ti、Zr 和 Hf 是同族元素，价电子数相同，电负性相近，所以形成固溶体之后其热导率降低，但电输运性能改变得很小。由于"镧系收缩"效应，与 Zr 具有相近的原子半径和化学性质，Liu 等[197]提出 Zr、Hf 固溶后大的质量涨落将增强声子散射，从而降低晶格热导率，而不会对载流子迁移率产生显著恶化，实验制备的 $Hf_{0.8}Zr_{0.2}NiSn_{0.985}Sb_{0.015}$ 样品的 ZT 值在 1000K 时达到 1.1。除 M 位外，Ni 位用 Pd 置换也有不错的效果。Shen 等[198]在 ZrNiSn 中用 Pd 替代 Ni 位，Pd 置换量为 20%时的室温热导率从 $11.4W/(m \cdot K)$ 降低至 $5.9W/(m \cdot K)$。

细化晶粒也是一种降低热导率的有效方法。Goldsmid[199]指出减小平均晶粒尺寸可以降低 ZrNiSn 的晶格热导率，而不降低载流子迁移率，小晶粒对低频声学声子的散射效果显著。许多研究人员通过改进工艺细化晶粒以降低热导率，通常采用的方法是将固相反应法、熔融法和电弧熔炼法制备的块体通过球磨粉碎，然后再用热压或放电等离子体烧结使之致密化，以达到细化晶粒的目的[198,200,201]。Yu 等[202]采用悬浮熔炼结合放电等离子体烧结的方法制备了 $Hf_{1-x}Zr_xNiSn_{1-y}Sb_y$ 合金，成分为 $Hf_{0.6}Zr_{0.4}NiSn_{0.98}Sb_{0.02}$ 的样品的 ZT 值在 1000K 时达到 1.0。

为了改善 MNiSn 的电输运性能，许多研究人员报道了掺杂对其热电性能的影响。Hohl 等[196]研究表明 Nb 或 V 取代 M 后，电阻率显著降低，同时泽贝克系数也降低，但总体上功率因子有所提高。Uher 等[203]和 Bhattacharya 等[204]分别在 $Zr_{0.5}Hf_{0.5}NiSn$ 和 TiNiSn 的 Sn 位掺杂 Sb，结果表明少量 Sb 掺杂（小于 5%）可使电阻率降低 1～2 个数量级，同时仍保持较大的泽贝克系数，功率因子大幅提高。Culp 等[205]制备的 $Hf_{0.75}Zr_{0.25}NiSn_{0.975}Sb_{0.025}$ 样品的 ZT 值在 1025K 时达到 0.81。Xie 等[206]通过制备 Sb 梯度掺杂的 ZrNiSn 样品，并结合单抛带模型计算了 ZrNiSn 的电子态密度有效质量为 $2.7m_0$，进而预测了 ZrNiSn 在不同温度下的最优电输运性能对应的优化载流子浓度。

随着先进制备技术的应用和多学科交叉融合，MNiSn 体系的研究进入了高速发展时期，其 ZT 峰值逐渐提升至 1.5。这一时期提高 MNiSn 化合物性能的方法主要围绕纳米工程和能带工程展开。

纳米半哈斯勒材料可以分为两类。①纳米晶块体材料，即材料由纳米尺寸的晶粒构成。纳米晶块体材料的制备分三步：首先通过传统的电弧熔炼、感应熔炼或悬浮熔炼等方法制备半哈斯勒铸锭，然后通过熔融纺丝或球磨等方式获得粉体材料，最后再将含纳米尺寸晶粒的粉体通过放电等离子体烧结或热压烧结制得致密的块体材料。放电等离子体烧结和热压烧结能够在较短时间内使材料致密化，极大地缩短了保温时间，从而有助于抑制晶粒长大和控制材料的微观结构。②纳米复合材料，即复合材料中至少有一相为纳米相。MNiSn 中添加的第二相纳米粒子主要有 ZrO_2、γ-Al_2O_3、C_{60}、WO_3 和 NiO 等。Chen 等[207]在性能优化后的 $Hf_{0.5}Zr_{0.5}Ni_{0.8}Pd_{0.2}Sn_{0.99}Sb_{0.01}$ 成分中添加 ZrO_2 纳米颗粒，引入第二相纳米颗粒作为散射中心能够降低晶格热导率，同时由于能量过滤效应可使泽贝克系数增大。当 ZrO_2 添加量为 9vol% 时，在 800K 时获得的 ZT 峰值为 0.75。Poon 等[208]研究了 ZrO_2 纳米颗粒对 P 型 $Hf_{0.3}Zr_{0.7}CoSn_{0.3}Sb_{0.7}$ 化合物的影响。在 ZrO_2 添加量为 1vol% 时，获得的 ZT 峰值为 0.8。Makongo 等[209,210]提出"热电材料原子尺度结构工程"（ASSET）的概念，即在 $Zr_{0.25}Hf_{0.75}NiSn$ 化合物中额外添加 2% 的 Ni 将析出 $Zr_{0.25}Hf_{0.75}Ni_2Sn$ 第二相，由于半哈斯勒相 $Zr_{0.25}Hf_{0.75}NiSn$ 与全哈斯勒相 $Zr_{0.25}Hf_{0.75}Ni_2Sn$ 的晶体结构相似，晶格失配较小，所以这种纳米复合可使电导率、泽贝克系数和热导率解耦，并可进行单独调控，从而显著提高 HH-FH 纳米复合材料的热电性能。

能带工程是提高 MNiSn 化合物热电性能的另一重要手段，目前常用的方法有掺杂共振态、重空穴带、能带简并及软声子等。Chen 等[211]利用接近熔点的高烧结温度制备 $Hf_{0.6}Zr_{0.4}NiSn_{0.995}Sb_{0.005}$ 以减小晶格应变，使带隙增大。研究表明杂质共振态具有提高泽贝克系数的作用，从而使 ZT 值得以提高。Simonson 等[212]首次报道了 V 掺杂的 $Hf_{0.75}Zr_{0.25}NiSn$ 化合物出现共振态的证据。根据 Simonson 的发现，Chen 等[213]在 N 型 $Hf_{0.6}Zr_{0.4}NiSn_{0.995}Sb_{0.005}$ 中掺杂 VB 族元素 V、Nb 和 Ta，以优化其热电性能。研究人员发现 V 掺杂 ZrNiSn 由于电导率的提高和热导率的降低，其 ZT 值提高了 70%[214]。

在纳米工程与能带工程的共同作用下，MNiSn 化合物热电材料的 ZT 值达到了 1.5。表 4.5 总结了几种 MNiSn 化合物的 ZT 峰值。

表 4.5　MNiSn 化合物的 ZT 峰值及其成分、主要特点[215]

成分	ZT 峰值(温度)	主要特点	参考文献
$Ti_{0.5}Zr_{0.25}Hf_{0.25}NiSn$	1.2(830K)	相分离	[216]
$Hf_{0.6}Zr_{0.4}NiSn_{0.995}Sb_{0.005}$	1.2(860K)	应力降低	[211]
$Hf_{0.65}Zr_{0.25}Ti_{0.15}NiSn_{0.995}Sb_{0.005}$	1.3(830K)	纳米氧化物嵌入	[217]
$Hf_{0.59}Zr_{0.40}V_{0.01}NiSn_{0.995}Sb_{0.005}$	1.3(900K)	掺杂共振态	[213]
$Ti_{0.5}Zr_{0.5}NiSn_{0.98}Sb_{0.02}$	1.2(820K)	纳米晶	[218]
$Ti_{0.5}Zr_{0.25}Hf_{0.25}NiSn$	1.5(820K)	纳米晶	[219]

MNiSn 性能的进一步提升受限于其复杂的本征缺陷与实际带隙之间的关系。ZrNiSn 通过多种实验方式测得的带隙范围为 0.1~0.36eV，Öğüt 和 Rabe[220]报道了 ZrNiSn 带隙的第一性原理计算结果为 0.5eV，并提出实际带隙的缩小与 Zr/Sn 反位缺陷相关。Miyamoto 等[221]和 Kozina 等[222]认为过量的 Ni 在禁带中将形成间隙态，缩小有效带隙。Xie 等[223]对 ZrNiSn 的电子探针成分分析表明 Ni 存在 5% 的过量，通过同步辐射进行结构精修认为 ZrNiSn 中存在的本征缺陷类型为间隙 Ni 原子而不是 Zr/Sn 反位缺陷。Fu 等[224]使用角分辨光电子能谱(ARPES)对 ZrNiSn 单晶进行了测试，报道了 ZrNiSn 的真实带隙为 $(0.66\pm0.1)\,eV$。调控本征缺陷实现有效带隙的增大有利于抑制双极扩散，实现 MNiSn 化合物热电性能的进一步提升。

2. RFeSb 化合物(R=V, Nb)

近年来，RFeSb 化合物因其元素储量丰富、价格低廉、热电性能优异，逐渐成为半哈斯勒热电材料中的佼佼者。未掺杂的 RfeSb 属于 N 型半导体，具有较低的电阻率（2～200μΩ·m）、较大的泽贝克系数（室温时约为–200μV/K）和较大的热导率［13W/（m·K）］[225]。RFeSb 早期的研究主要集中在细化晶粒来降低热导率和元素掺杂提高功率因子等方面。Zou 等[226]采用机械合金化结合放电等离子体烧结技术制备了 N 型纳米晶 VFeSb，其 ZT 值达到 0.31。Young 等[225]研究了 RFeSb（R=V、Nb）的低温传输性能，并在 V 位进行了 Ti 掺杂，载流子类型实现了由 N 型向 P 型的转变，室温下的 ZT 值为 0.08。Zou 等[227]通过工艺优化使 P 型 Ti 掺杂 $V_{1.2-x}Ti_xFeSb$（x=0.4）样品的 ZT 值在 450℃时达到 0.3。同时，发现退火处理能够显著提高 Ti 掺杂 VFeSb 合金的热电性能，退火后样品的 ZT 峰值达到 0.43。

近年来，能带工程在 RFeSb 体系中的应用取得了显著成果，P 型半哈斯勒的研究逐渐赶上了 N 型材料的步伐，这为半哈斯勒器件的研制奠定了基础。Fu 等[228]研究了 P 型 Ti 掺杂 $(V_{0.6}Nb_{0.4})_{1-x}Ti_xFeSb$ 的热电性能，较大的能带简并度使其具有较大的泽贝克系数。当 x=0.2 时，样品在 900K 时的 ZT 值达到 0.8。研究表明，Ti 在 $(V_{0.6}Nb_{0.4})FeSb$ 中的溶解极限约为 20%，通过降低最佳载流子浓度，可在 Ti 的溶解极限内实现功率因子的优化。载流子迁移率的提高和载流子最优浓度的降低使 P 型 $Nb_{0.8}Ti_{0.2}FeSb$ 的功率因子在 1100K 时达到 45μW/（cm·K^2），比 $(V_{0.6}Nb_{0.4})_{1-x}Ti_xFeSb$ 高出 50%左右。由于功率因子的提高，$Nb_{0.8}Ti_{0.2}FeSb$ 的 ZT 值在 1100K 时提高到 1.1[229]。近年来，Fu 等[230]发现重元素 Hf 在 RFeSb 中的掺杂所产生的质量起伏引起了强烈的声子散射，从而降低了晶格热导率。最终，Hf 掺杂的 $Nb_{0.88}Hf_{0.12}FeSb$ 样品在 1200K 时取得了 ZT 峰值 1.5[230]。随后，Yu 等[231]又通过在 Nb 位进行 Ta 合金化，大幅度降低了材料的热导率，$(Nb_{0.64}Ta_{0.36})_{0.8}Ti_{0.2}FeSb$ 和 $(Nb_{0.6}Ta_{0.4})_{0.8}Ti_{0.2}FeSb$ 在 1200K 时的 ZT 值达到 1.6。

近年来，半哈斯勒化合物在高温发电的器件集成方面取得了重要进展。Fu 等[232]开发出了基于 P 型 NbFeSb 和 N 型 (Zr, Hf)NiSn 的 8×8 原型热电器件，测试表明在 655K 的温差下，最大转换效率可达 6.2%，功率密度高达 2.2W/cm^2。随着器件组装与界面设计的优化，Yu 等[233]使用 N 型 $Hf_{0.5}Zr_{0.5}NiSn_{0.98}Sb_{0.02}$ 和 P 型 $(Nb_{0.8}Ta_{0.2})_{0.8}Ti_{0.2}FeSb$ 组装得到的具有 8 对热电臂的原型器件在 655K 的温差下实现了 2.11W/cm^2 的最大功率密度和 8.3%的最大转化效率。Xing 等[234]通过仿真模拟设计和参数优化，使用 N 型 $Zr_{0.5}Hf_{0.5}NiSn_{0.97}Sb_{0.03}$ 和 P 型 $Nb_{0.86}Hf_{0.14}FeSb$ 组装得到的具有 8 对热电臂的原型器件在 680K 的温差下实现了 3.1W/cm^2 的最大功率密度和 10.5%的最大转化效率。这些结果表明 HH 化合物在温差发电应用方面具有重要潜力。

3. VEC=19 的半哈斯勒化合物

早期对半哈斯勒化合物的研究认为，价电子数（VEC）不等于 8 或 18 的半哈斯勒化合物表现出金属性，因其泽贝克系数较小而不具有热电性能开发的潜力。近年来，Huang 等[235]和 Zhang 等[236]分别制备了 VEC=19 的 NbCoSb 和 VCoSb 合金，在 973K 时的 ZT 峰值分别达到 0.4 和 0.5，X 射线衍射结果证实样品由半哈斯勒主相和其他杂相共同组成。Zeier 等[237]通过计算预测了偏离 VEC=18 的 $Nb_{0.8}CoSb$ 化合物也表现出半导体输运特性，VEC=19 的 NbCoSb 合金可以容纳接近 20% 的阳离子空位。Xia 等[238]通过控制 Nb 的缺量行为，在名义成分为 $Nb_{1-x}CoSb$ 的半哈斯勒化合物中实现了纯相制备，通过调控 Nb 空位的含量调节其载流子浓度，$Nb_{0.83}CoSb$ 样品的 ZT 峰值在 1123K 时达到 0.9。

VEC=19 的半哈斯勒化合物中高浓度的阳离子空位显著增强了对声子的散射，并表现出短程有序的结构分布，其晶格热导率甚至低于 VEC=18 的半哈斯勒化合物。Xia 等[239]在 $Nb_{1-x}CoSb$ 中报道了漫散带与衍射点共存的现象，反映了阳离子空位短程有序和半哈斯勒主相长程有序共存的结构特征，$Nb_{0.8}Co_{0.92}Ni_{0.08}Sb$ 的晶格热导率降低至 $1.7W/(m \cdot K)$（1123K），ZT 峰值达到 0.9。Fang 等[240]基于对 NbCoSb 缺陷的认识，设计了 VEC=19 的 $Ti_{1-x}PtSb$ 化合物并制备出纯相材料，$Ti_{0.82}PtSb$ 与 NbCoSb 具有相似的短程有序行为，其晶格热导率降低至 $1.55W/(m \cdot K)$（1073K），ZT 峰值达到 0.7。

4.6.3　全哈斯勒化合物

与 Cl_b 结构的半哈斯勒化合物具有 18 电子规则相类似，含有一种以上过渡金属的全哈斯勒化合物家族也发现了 24 电子规则，即具有 24 价电子的全哈斯勒（full-Heusler）化合物具有半导体性，如 Fe_2VAl 等[241]。

Fe_2VAl 是一种 P 型中低温热电材料，其构成元素的价格十分低廉，是 Bi_2Te_3 的有力竞争者。Fe_2VAl 在 300K 时的功率因子约为 $50\mu W/(cm \cdot K^2)$[242]，比 Bi_2Te_3 还要高。然而，Fe_2VAl 在室温下的热导率为 $27W/(m \cdot K)$，比 Bi_2Te_3 高一个数量级，故其 ZT 值仅有 0.1。

一个或多个重元素取代是有效降低 Fe_2VAl 晶格热导率的方法。Nishino 等[243]首次报道了利用合金化的手段降低 Fe_2VAl 的晶格热导率，Ge 掺杂 $Fe_2VAl_{0.9}Ge_{0.1}$ 样品的晶格热导率可降至 $11W/(m \cdot K)$。研究人员也对 Fe_2VAl 合金进行了多元取代，如 V 位同时进行 Ti、Ta 取代[244]，V 位同时进行 Ti、W 取代[245]及 V 位和 Al 位分别进行 Ta、Si 取代[245]，Fe_2VAl 的晶格热导率降低至 $5W/(m \cdot K)$。

通过细化晶粒来增强晶界散射也是降低晶格热导率的常用方法之一。例如，将机械合金化与放电等离子体烧结技术、熔体纺丝和高压扭转等方法运用到 Fe_2VAl 的制备上，可使样品晶粒细化，晶格热导率降低。Mikami 等[246]通过机械合金化结合放电等离子体烧结法制备了晶粒尺寸为 400nm 的致密纳米晶 $Fe_2VAl_{0.9}Si_{0.1}$ 样品，与电弧熔融法制备的样品相比其晶格热导率从 $16.5W/(m \cdot K)$ 降低到 13.4W/(m·K)，降低了约 12%。Mikami 等[247]用原子质量更大的 W 取代 V，在晶粒尺寸为 300nm 的纳米晶 $Fe_2V_{0.9}W_{0.1}Al$ 样品中，晶格热导率可降至 3.3W/(m·K)。Masuda 等[248]采用高压扭转法和退火技术制备了平均晶粒尺寸约为 100nm 的 $Fe_2VAl_{0.95}Ta_{0.05}$ 样品。在晶界散射和由 Ta 取代引起的质量涨落的共同作用下，材料的晶格热导率降低到 3.2W/(m·K)，ZT 值在 500K 时达到 0.3，增加了 50%。Anand 等[249]计算了 Fe_2VAl 的间接带隙为 $(0.03\pm0.01)eV$，极小的带隙与较高的本征缺陷浓度 $(10^{20}cm^{-3})$ 使未掺杂 Fe_2VAl 的样品常表现为金属行为，同时他们根据带边结构预测在 Al 位掺杂可以实现有效的性能优化。

4.7　硅基化合物

　　金属硅化物是指硅与过渡金属或少数主族元素形成的含硅化合物，除 Ge-Si 合金外，硅基化合物热电材料的典型代表包括 Mg_2Si、高锰硅 $MnSi_{1.75}$(HMS) 和 $FeSi_2$ 等。由于硅基化合物的熔点普遍较高（>1000℃），热稳定性和化学稳定性优异，热电性能的重复性较好，很适合应用于中高温热电器件中。

4.7.1　Mg_2Si 热电材料

　　Mg_2Si 基热电材料是一种原料蕴藏丰富、价格低廉、绿色环保、热物性良好的一类中温热电材料（450~800K），发展前景较好。其晶体结构为反萤石立方结构，空间群为 $Fm\bar{3}m$。通常 Si 原子以密排面心立方的方式排列，占据晶胞面心和顶角立方点阵的位置，Mg 原子位于 4 个 Si 原子形成的四面体结构的中心位置，结构如图 4.33(a) 所示。在 Mg-Si 二元相图中，Mg_2Si 是唯一稳定的中间相化合物且 Mg 与 Si 的比例范围较窄，熔点约为 1085℃[图 4.33(b)]，而 Mg_2Si 最优热电性能的温度范围为 500~700℃，远低于其熔点，表现出较好的热稳定性且相结构数量较少，相变的可能性小，从而保证了热电性能的重复性，应用潜力较大。此外，Mg 基化合物中的 Mg_2Ge 和 Mg_2Sn 具有与 Mg_2Si 相同的晶体结构，因此可以形成稳定的固溶体，如 $Mg_2Si_{1-x}Ge_x$、$Mg_2Si_{1-x}Sn_x$ 和 $Mg_2Ge_{1-x}Sn_x$ 等，即 Mg_2X(X=Si、Ge、Sn，属ⅣA 族元素)类热电材料。研究表明，Mg_2Si-Mg_2Ge 可以形成任意比例的无限固溶体，$(Mg_2Si)_{(1-x)}$-$(Mg_2Sn)_x$ 体系可在 $0.4<x<0.6$ 范围内形成有限固溶体，$(Mg_2Ge)_{(1-x)}$-$(Mg_2Sn)_x$ 体系可在 $0.3<x<0.5$ 范围内形成有限固溶体。

　　Mg_2Si 化合物是间接带隙半导体，能带结构如图 4.34(a) 所示，价带顶位于 Γ 点，导带底位于 X 点。理论计算的禁带宽度约为 0.22eV，低于文献报道的 0.75~0.8eV。基于能带图谱计算的态密度有效质量 $m_d^*\approx0.8m_0$，对应费米能级附近的态密度也较小，如图 4.34(b) 所示。能带图中，距离导带底 0.2eV 处有另一条导带，两条带具有不同的有效质量，所以通过 Sn 元素掺杂或 Mg_2Sn 复合等手段能够实现重带和轻带在最低点的重合，此时轻、重两条带都能参与电传输，从而有利于提高材料的电导率和泽贝克系数。同理，基于类似的晶体结构，Mg_2Ge、Mg_2Sn的能带图谱中也存在导带劈裂现象，但重带和轻带的位置有上下颠倒的情况，因此通过将 Mg_2Ge、Mg_2Sn 和 Mg_2Si 三种物质进行相互复合，促进多带参与电传输，有望实现电学性能的大幅度提升。

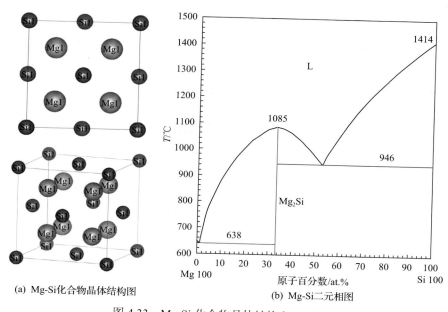

(a) Mg-Si化合物晶体结构图　　　　　　　(b) Mg-Si二元相图

图 4.33　Mg-Si 化合物晶体结构和二元相图

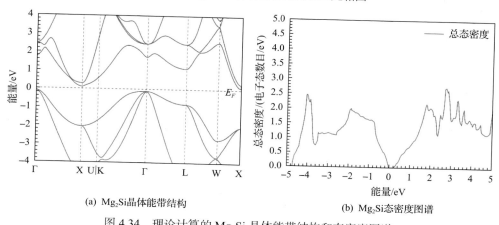

(a) Mg_2Si晶体能带结构　　　　　　　　(b) Mg_2Si态密度图谱

图 4.34　理论计算的 Mg_2Si 晶体能带结构和态密度图谱

早在 20 世纪 50 年代，Mcwllliams 等[250]着手研究了 Mg_2Si 材料的制备和热电性能，但由于原料 Mg 容易氧化，Mg_2Si 材料的纯度及热电性能受到了影响，其 ZT 峰值仅为 0.1（700K）。20 世纪 70 年代，Aymerich 等[251]针对 Mg_2X 类材料的能带结构、态密度和有效质量等电子结构信息开展了大量解析工作。Tani 等[252]的研究结果表明，相对于其他 Mg_2X 类材料，Mg_2Si 具有相对较高的电子和空穴有效质量且电子迁移率明显高于空穴迁移率，因此 Mg_2Si 是一种具有优异电学性能的 N 型半导体。但是，纯相 Mg_2Si 材料的热导率较高，故其最终的 ZT 值仍较低。近年来，关于 Mg_2Si 材料的改性工作主要集中在固溶合金化、元素掺杂、纳米化和纳米复合等方面。

1. 固溶合金化

利用同构材料形成固溶体是提高功率因子并降低材料晶格热导率的重要方法之一：一方面，尽管 Mg_2X 基材料的晶体结构相同，但各材料能带结构（尤其是导带底）的形状和位置仍然存在差异，通常固溶合金化可实现能带结构的优化并提升其电学性能；另一方面，固溶体内部通常存在大量的晶格失配、点空位等缺陷，可引发较强的合金化散射并大幅降低材料的晶格热导率。Ge、Sn 和 Si 的电负性相近，Ge、Sn 替换 Si 原子后，晶格常数在一定范围内呈线性增加，可形成稳定固溶体如 $Mg_2Si_{1-x}Ge_x$、$Mg_2Si_{1-x}Sn_x$、$Mg_2Sn_{1-x}Ge_x$ 等，在材料内部会形成大量的质量涨落和应力场涨落区域，从而有利于强化声子散射效应。2007 年，Akasaka 等[253]通过熔融生长结合放电等离子体烧结技术制备了 $Mg_2Si_{1-x}Ge_x$ 基材料，系统研究了 $Mg_2Si_{1-x}Ge_x$ 固溶体随 Ge 含量变化的热电性能，研究表明：在 $x=0\sim1$ 范围内，随着 Ge 添加量的增加，电导率降低，热导率减小；当 $x=0.4$ 时，样品 $Mg_2Si_{0.6}Ge_{0.4}$ 的热电性能较好，ZT 峰值在 750K 可达 0.67。2006 年，Zaitsev 等[254]给出了 Mg_2Si、Mg_2Ge 和 Mg_2Sn 化合物的具体能带结构信息，如表 4.6 所示。研究指出，Mg_2X 材料的导带底通常会出现重带和轻带两条能带且最低能量的差值 ΔE 较小。例如，对 Mg_2Si 来说，重带位于轻带之上，能量差约为 0.4eV，而对于 Mg_2Sn 来说，轻带位于重带之上，ΔE 约为 0.16eV。因此，通过将 Mg_2Si 和 Mg_2Sn 复合可实现导带底附近的能带收敛，并获得重带和轻带同时参与电传输的效果，实现电子态密度有效质量、电导率和泽贝克系数的同时提高。与此同时，$Mg_2Si_{1-x}Sn_x$ 的晶格热导率从纯相 Mg_2Si 材料的 7.9W/(m·K) 降低至约 2.0W/(m·K)，ZT 峰值可达 1.1。

表 4.6　Mg_2X（X=Si、Ge、Sn）材料的电子能带结构和晶格热导率 κ_{lat} 等信息

成分	$E_g(0K)$/eV	ΔE/eV	m_n/m_0	m_p/m_0	μ_n(300K)/[cm²/(V·s)]	μ_p(300K)/[cm²/(V·s)]	κ_{lat}/[W/(m·K)]
Mg_2Si	0.77	0.4	0.50	0.9	405	65	7.9
Mg_2Ge	0.74	0.58	0.18	0.31	530	110	6.6
Mg_2Sn	0.35	0.16	1.2	1.3	320	260	5.9

2015 年，Liu 等[255]发现，类似的能带收敛现象在 $Mg_2Sn_{1-x}Ge_x$ 样品中也存在，并在 $Mg_2Sn_{0.75}Ge_{0.25}$ 样品中获得的 ZT 峰值为 1.4(723K)，在 298～723K 温区的平均 ZT 值约为 0.9。

2. 元素掺杂

元素掺杂是进行材料热电性能优化的通用方法，在基体中引入杂质原子可提高半导体的载流子浓度，优化能带结构，提升简并度，获得较好的电学性能。与此同时，当引入的原子半径与基体原子半径相差较大时，通常会引发大量的晶格畸变而产生较多的点缺陷。尤其是重元素所引发的质量涨落和应力场涨落将对不同波长的声子产生散射，从而有望在不影响电学性能的基础上降低晶格热导率，提高热电性能。近年来，研究人员对 Mg_2Si 材料进行了系统的元素掺杂研究，包括以 Li、Ag、Ga 等元素为代表的 P 型掺杂，以 Bi、Sb、Al、P、As、La 等为代表的 N 型掺杂等。其中，N 型掺杂中的 Bi 和 Sb 元素掺杂被认为最有效。2005 年，Tani 等[256]利用放电等离子体烧结技术制备了 Bi 掺杂的 Mg_2Si 基样品，Bi 占据 Si 位置，其掺杂量对电导率、热导率和泽贝克系数的影响均较大，当 Bi 的添加比例为 Mg_2Si 基体的 2.0%($n_{Mg2Si} : n_{Bi} = 1 : x$，$x=0.02$)时，室温下的载流子浓度从纯相 Mg_2Si 的 $4.3×10^{17}cm^{-3}$ 快速增加到 $1.1×10^{20}cm^{-3}$，电阻率从 $7.1×10^{-2}Ω·cm$ 下降到 $8.6×10^{-4}Ω·cm$，下降了约两个数量级，即使在高温 862K 处，电阻率也下降了约 1 个数量级。同时，热导率也出现了约 14% 的下降，最终 ZT 值从纯相的 0.05 提升到了 0.86(862K)。2009 年，Luo 等[257]利用类似方法制备了 Bi 元素掺杂的 $Mg_2Si_{0.5}Sn_{0.5}$ 样品，其电导率增加明显，在 Bi 掺杂量为 2.5% 的样品中获得了约 0.78 的 ZT 值。2013 年，Liu 等[258]发现在 $Mg_{2.16}(Si_{0.4}Sn_{0.6})_{1-y}Bi_y$ 固溶体中，当 Bi 原子比例 $y=0.03$ 时，载流子浓度和功率因子均明显增加，晶格热导率的下降幅度较大，ZT 峰值可提升至 1.4。2014 年，Gao 等[259]在 Bi 掺杂的 $Mg_2Si_{0.4}Sn_{0.6}$ 样品中测出高达 1.55 的 ZT 值，并推测 Bi 元素的间隙位掺杂是大幅降低晶格热导率并提高 ZT 值的主要原因，对应 Bi 掺杂样品的 ZT 值随温度的变化曲线如图 4.35(a)所示。在 Sb 元素掺杂方面，2007 年，Tani 等[252]发现当 Sb 在 Mg_2Si 中的添加量为 2.0% 时，载流子浓度明显增加，其 ZT 峰值可从 0.05 增加到 0.56(862K)。随后，Zhang 等[260]、Du 等[261]、Liu 等[262]先后利用熔炼结合热压烧结技术和 B_2O_3 溶剂法结合热压烧结工艺制备了 Sb 掺杂的 $Mg_2Si_{0.4}Sn_{0.6}$ 和 $Mg_2Si_{0.5}Sn_{0.5}$ 样品，其 ZT 峰值可达 0.85～1.1。Liu 等[263]发现在 Sb 元素的掺杂调控下，$Mg_{2.16}(Si_{0.4}Sn_{0.6})_{1-y}Sb_y$ 固溶体的 ZT 峰值可达 1.3。2013 年，Gao 等[264]在 Sb 掺杂的 $Mg_{2.08}Si_{0.364}Sn_{0.6}Sb_{0.036}$ 固溶体中获得了 ZT 峰值 1.5。上述材料的 ZT 值随温度的变化曲线如图 4.35(b)所示。此外，Mg_2Si 也可以通过掺杂制备 P 型半导体，P 型掺杂以 Ga 元素掺杂为代表，但多数研究表明其热电性能并不理想，ZT 峰值～0.36。

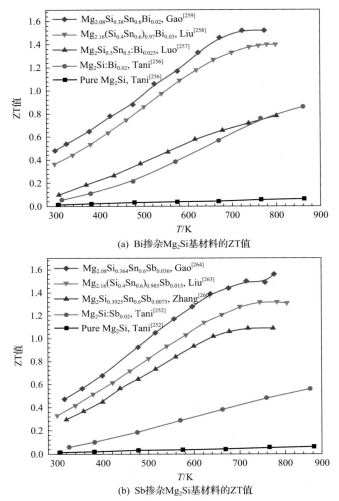

(a) Bi掺杂Mg₂Si基材料的ZT值

(b) Sb掺杂Mg₂Si基材料的ZT值

图 4.35　典型 Bi 和 Sb 掺杂的 Mg_2Si 基材料的 ZT 值随温度变化曲线

3. 纳米化和纳米复合

　　通过晶粒纳米化可大幅增加晶界数量，从而强化声子散射，在基本不影响电学性能的基础上降低晶格热导率。人们在 Mg_2Si 材料中也进行了纳米化方面的相关研究，但收效甚微。2012 年，Satyala 等[265]提出在弛豫时间近似的条件下，通过解玻尔兹曼方程得到电子传导和声子传输等相关参数信息，结果显示 Mg_2Si 材料中的声子平均自由程（PMFP）与电子平均自由程（CMFP）基本相当，引入纳米结构后晶界对声子散射的同时也会对电子产生较强的散射，导致电子迁移率降低，电学性能恶化，但材料的 ZT 值并未明显提高。同年，Cederkrantz 等[266]将 15nm

左右的 TiO_2 纳米晶粒添加至 Mg_2Si 基体中，功率因子的增加幅度较大，尽管最终复合物的 ZT 值相对于纯相 Mg_2Si 材料提高明显，但具体数值仍小于 0.05，相对于元素掺杂等方法并未显示出明显优势。Yi 等[267]以 MgH_2 为镁源，通过固相反应结合放电等离子体烧结技术成功制备了由纳米晶粒（约 50nm）组成的 Bi 掺杂 Mg_2Si 块体，并在基体嵌入了直径约为 17nm 的 Si 纳米晶粒，当 Si 纳米包含物的摩尔分数为 2.5%时，热导率明显下降。但是，Si 纳米包含物会降低 Bi 元素的掺杂量，使载流子浓度降低，所以电导率受负面影响较大。最终 ZT 值也未出现明显增加，同时随着 Si 纳米晶粒添加量的继续增加，其热电性能降低。迄今为止，纳米化和纳米复合方法在实验上并未获得明显突破。但是，理论计算表明在基体中嵌入纳米包含物仍具有较好的前景。2009 年，Wang 等[268]系统计算了在 $Mg_2Si_{0.4}Ge_{0.6}$、$Mg_2Ge_{0.4}Sn_{0.6}$ 和 $Mg_2Si_{0.4}Sn_{0.6}$ 基体中分别嵌入 Mg_2Si、Mg_2Ge 和 Mg_2Sn 等纳米晶粒后，其晶格热导率、ZT 值等参数的变化规律。结果显示，纳米添加物的最优颗粒直径为 4~12nm，当添加量的体积分数仅为 3.4%时，其热导率在 300K 时可降低约 60%，即使在高温 800K 时也能获得约 40%的降低，尤其是在 $Mg_2Si_xSn_{1-x}$ 中添加 Mg_2Si 或 Mg_2Ge 纳米晶粒时，其在 800K 时的 ZT 值有望提升至约 1.9，这给 Mg_2X 基材料的研究带来了新希望。

4.7.2　高锰硅(HMS)热电材料

高锰硅(HMS)是一种热电性能良好的 P 型半导体，在中高温废热发电方面具有较好的应用前景。其熔点高达 1153℃，热学与化学稳定性和机械性能均较好。锰、硅元素均是环境友好且产量丰富的廉价元素，是替代中温 PbTe 的理想材料之一，所以受到了研究人员的广泛关注。可追溯的高锰硅文献研究始于 20 世纪 60 年代，早期的工作主要基于对其晶体结构和制备工艺方面的探索，并未涉及热电性能研究，文章数量也相对较少。近二十年来，随着人们对高性价比环保热电材料的重视，关于高锰硅热电材料的报道迅速增加，文章引用量也逐年攀升。高锰硅作为一种环境友好、性价比高且热学与化学稳定性优异的热电材料越来越受到人们的重视。

研究发现，高锰硅晶体具有超结构特性和分形特征，其晶体结构和显微形貌也引起了许多研究人员的注意。高锰硅是一类不同比例锰硅化合物的总称，其化学式可表达为 $MnSi_x$(x 取值在 1.71~1.75)，而 Mn 元素一般处于最高价态，故称为高锰硅(higher manganese silicide, HMS)。早在 1970 年，Nowotny 等首先发现高锰硅具有"烟囱梯状"结构，并以其姓氏命名为 Nowotny chimney ladder，简称 NCL 结构，该结构是由两种单质元素的晶胞(如 Si 和 Mn)互相嵌构而成[图 4.36(a)]，Mn 原子在外层提供晶格框架，Si 原子在四方框架内部呈螺旋上升的阶梯分布，在最终的高锰硅 NCL 结构中，两种单质元素的晶胞得到了完好保存。

可见，晶格常数 a 和 b 主要取决于处在外层的 Mn 原子晶胞。但是，随着单质元素比例的不同，NCL 结构也会出现多种变化，即晶胞的晶格常数 c 随着 Si 元素含量的不同而变化[图 4.36(b)]。因此，随着 x 值的不同，高锰硅在[001]方向上重复的 Si、Mn 原子亚晶胞数量的比值不同，这使得高锰硅晶体的点阵常数和调制波长之间具有偏离整数比的关系，进而产生了多种非公度相。高锰硅的非公度相结构有 Mn_4Si_7、Mn_7Si_{12}、$Mn_{11}Si_{19}$、$Mn_{15}Si_{26}$、$Mn_{19}Si_{33}$、$Mn_{26}Si_{45}$、$Mn_{27}Si_{47}$、$Mn_{39}Si_{68}$ 等，如图 4.36(b) 所示，这些结构具有相同的晶格常数 a 和 $b(a=b=0.552nm)$，而 c 值各有不同，从 1.7～11.8nm 不等。此外，各种高锰硅亚种之间的差异较小，两种或多种成分的高锰硅材料有共存现象，某种单一组分的纯相高锰硅较难制备，但各种高锰硅亚种之间热电性能的差别并不大，其中 Mn_4Si_7、$Mn_{15}Si_{26}$ 是两种比较常见高锰硅材料。

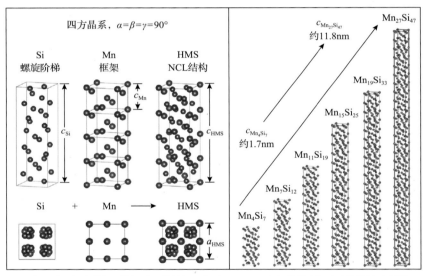

(a) 高锰硅 "烟囱梯状" 结构的三维结构示意图　　(b) 不同c值的高锰硅晶体结构示意图

图 4.36　高锰硅晶体结构图

　　尽管高锰硅非公度相结构的数量比较多，但实际上高锰硅化合物的 Si/Mn 比例均停留在非常狭窄的范围内，即 $MnSi_x$ 中的 x 取值在 1.71～1.75，其比例波动仅为 1.4%，对应的 Mn 占比为 63.6%～64.5%(图 4.37)。当 Mn 占比小于该比例范围时，将形成 Mn_4Si_7 与 $MnSi$ 的二元混合物；相反地，当 Mn 占比大于该比例范围时，又会形成 $Mn_{11}Si_{19}$ 与单质 Si 的二元混合物。另外，高锰硅在制备过程中通常先形成 $MnSi$ 相，而后 $MnSi$ 化合物与单质 Si 通过包晶反应生成最终的高锰硅相。因此，如果反应时间或反应温度不够，最终产物内部也可能同时出现 $MnSi$ 和 Si 杂质，所以制备纯相高锰硅材料的难度相对较大。如何通过简易方法快速制备纯相高锰硅材料也是高锰硅材料的研究重点之一。

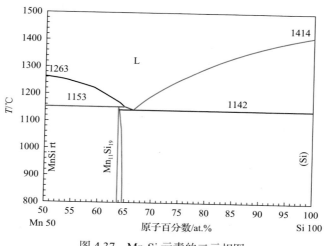

图 4.37　Mn-Si 元素的二元相图

　　高锰硅基材料的晶体结构均属于四方晶系，以 Mn_4Si_7 为例，空间群为 $P\overline{4}c2$，是非中心对称结构，$\alpha=\beta=\gamma=90°$，晶格常数为 $a=b=5.52$Å、$c=17.46$Å。单位晶胞中有 44 个原子，禁带宽度约为 0.82eV，属间接带隙半导体，价带最大值位于 Γ 点，对称点 X、Z、R 点的能量值较低且相差极小，均可认为是导带最低值。高锰硅的导带和价带都相对平坦，故其费米能级附近的态密度较大，费米能级附近的态密度有效质量 (m_d^*) 较大，$m_d^*\approx12.2m_0$，且空穴迁移率均较低[室温下约为 2.0cm^2/(V·s)]，因此其泽贝克系数相对较高。同时，纯相高锰硅材料测得的载流子浓度较高，约为 1.8×10^{21}cm^{-3}，其电学性能也较高，PF≈14.5μW/(cm·K^2) (500℃)，该值甚至高于目前性能较高的单晶 SnSe 或 Cu_2Se 基材料。近年来，高锰硅热电性能的改性研究主要包括以下几个方面：优化制备工艺获取高纯相或纳米化高锰硅材料；通过元素掺杂调节载流子浓度优化电学性能；纳米复合以降低晶格热导率并提高 ZT 值。

　　报道表明，高锰硅材料的 ZT 峰值通常在 773K 附近，其值约为 0.3。一方面，由于制备工艺的不成熟，高锰硅材料通常含有 MnSi 或 Si 杂质相。MnSi 是典型的金属相，会严重降低泽贝克系数并大幅增加热导率。如果杂质相为 Si 单质，尽管材料的热导率降低、泽贝克系数提高，但其电输运性能的恶化非常明显，ZT 值明显下降。另一方面，相对于传统的 Bi_2Te_3、PbTe 等材料来说，高锰硅材料的总热导率过高[κ 约为 3.0W/(m·K)，773K]，这也是 ZT 值偏低的主要原因之一。近年来，研究人员开发了包括自蔓延、固相合成、球磨法、熔融纺丝、悬浮熔炼等先进合成工艺，这些合成方法有效地克服了杂质相析出的问题，同时也将未掺杂高锰硅的 ZT 值提升到 0.4 左右。一些研究人员报道了通过电弧熔炼、放电等离子烧结(一步法)、化学气相输运法、熔融淬火等技术获得的纯相高锰硅化合物,其 ZT 值提升至约 0.45,尤其是利用化学气相输运法制备的高锰硅纯相晶体经过放电等离子体烧结后,在保持较高载流子迁移率的同时降低热导率,其 ZT 值在 800K 时达到约 0.52。此外,在纯相高锰硅材料的基础上进行晶粒纳米化是提升热电性能的有效手段之一。2015 年,Truong 等[269]采用湿法球磨技术将高锰硅的平均颗粒尺寸从干法球磨的 100μm 降低至 10μm,并采用短时、超快、低球料比的湿法球磨工艺杜绝了由碰撞引发的热量累积,避免了杂质相 MnSi 和 Si 单质的出现,最终在 773K 处的热导率从 $3.3W/(m \cdot K)$ 降低至 $2.6W/(m \cdot K)$,较干法球磨降低了 27%。其纯相高锰硅材料的 ZT 值达 0.55,该值较干法球磨提高了近 2 倍,成为目前纯相高锰硅材料的最高值。另外,相对于固相反应法、机械合金化、化学气相沉积等方法而言,湿法球磨结合放电等离子体烧结技术是一种简易高效、节能环保、廉价可靠的制备技术,适合制备高锰硅热电材料。

通过元素掺杂调节载流子浓度来提高电学性能是优化 ZT 值的手段之一。高锰硅作为一种极具应用潜力的热电材料,对其元素掺杂改性的研究工作颇多。对于 NCL 结构的化合物来说,可通过计算所有原子的平均价电子数来判断其半导体性质。通常来说,当 VEC=14 时,高锰硅材料呈本征半导体性能;VEC<14 时为 P 型半导体,且数值越小,空穴载流子浓度越大,电学性能越优异。研究表明,在非等电子掺杂中,由于 Al、Mo、Fe、Cr、W、Ru、V 等元素的价电子数均小于 Mn 元素,掺杂后的平均价电子数明显降低,载流子浓度提高,电导率增加,ZT 值提升,其变化规律如图 4.38(a) 和图 4.38(b) 所示。近年来,Luo 等[270]、Chen 等[271]、Bernard-Granger 等[272]用少量的 Al 原子替换 Si 位,最优功率因子从纯相高锰硅的 $14.5μW/(cm \cdot K^2)$ (500℃) 分别增加到 $20μW/(cm \cdot K^2)$ [$Mn(Al_{0.0015}Si_{0.9985})_{1.8}$]、$18μW/(cm \cdot K^2)$ [$Mn(Al_{0.0045}Si_{0.9955})_{1.8}$]、$18μW/(cm \cdot K^2)$ [$Mn(Al_{0.01}Si_{0.99})_{1.733}$],电学性能明显增加[图 4.38(c)],对应的 ZT 值从纯相高锰硅的 0.43 分别提升到 0.65、0.57、0.70,如图 4.38(d) 所示。Okamoto 等[273]、Ponnambalam 等[274]、Miyazaki 等[275]掺杂 Ru、Cr、V 等元素并替换 Mn 位,最优功率因子分别提升到 $15μW/(cm \cdot K^2)$ ($Ru_{0.1}Mn_{0.9}Si_{1.732}$)、$19μW/(cm \cdot K^2)$ ($Mn_{0.97}Cr_{0.03}Si_{1.8}$)、$23μW/(cm \cdot K^2)$ ($Mn_{0.98}V_{0.02}Si_{1.74}$),电学性能增加明显[图 4.38(c)],对应的 ZT 值分别提升至 0.76、0.6、0.59[图 4.38(d)]。

Re 和 Ge 分别是 Mn 和 Si 的等价电子数元素且原子尺寸均较大,通过等价位重元素掺杂有望在保持高电导率的基础上进一步降低晶格热导率,重元素所引发的质量涨落和应力场涨落将对声子产生强烈的点缺陷散射。基于该理论,实验上高锰硅材料的热电性能得到了大幅度提升。2014 年,Chen 等[276]采用固相反应法制备了纯相高锰硅,并采用 Re 部分替换晶体中的 Mn 原子,实现了在一定范围内

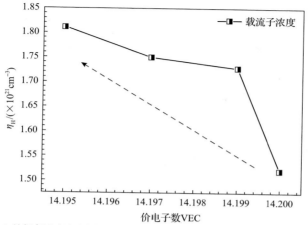

(a) 纯相高锰硅及元素掺杂后载流子浓度、电导率、ZT值随价电子数的变化规律

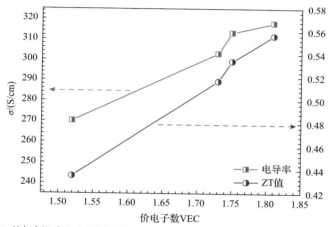

(b) 纯相高锰硅及元素掺杂后载流子浓度、电导率、ZT值随价电子数的变化规律

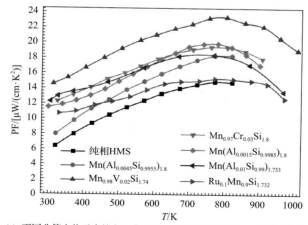

(c) 不同非等电位元素掺杂后高锰硅材料的功率因子和ZT值随温度变化规律

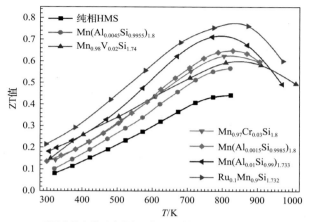

(d) 不同非等电位元素掺杂后HMS材料的PF和ZT值随温度变化规律

图 4.38　HMS 的热电性能变化图

对载流子浓度和迁移率的调节，最终使功率因子在掺杂量为摩尔百分比 4.0%时出现最优值。另外，由于重元素 Re 的加入，晶格失配严重，材料内部点缺陷的数量明显增加，声子散射效应增强，晶格热导率降低，800K 处的总热导率降低至 2.3W/(m·K)，下降了约 17%，ZT 峰值从纯相的 0.45 提升至 0.57，增幅约 27%。后续研究表明，将 ZT 值进一步提高到 0.64，相关工作是高锰硅改性研究的重要代表工作。2016 年，Yamamoto 等[277]采用熔融旋甩结合快速液相淬火法将 Re 元素的添加量提高到 16%，固溶度进一步增加至约 10%，Re 原子对高锰硅基体的晶格挤压作用增加，并诱发产生了大量的位错和点缺陷，故声子散射效应增强，热导率在整个温区内均明显下降，ZT 值成倍增加，在 823~963K 时均大于 1.0(该研究采用自制的性能测试设备)。2019 年，Ghodke 等[278]利用自制设备在类似的样品中又测出了 1.85W/(m·K) 的极低热导率和 1.15 的极高 ZT 值，如该值能得到进一步确认和重复，这无疑将进一步提前高锰硅材料的商业化进程。2019 年，Gao 等[279]在 Re 和 Ge 元素共掺杂的基础上(Mn$_{0.99}$Re$_{0.01}$Si$_{1.75}$Ge$_{0.025}$)采用瞬时高压冲击法(高压为 5~6GPa)对样品进行改性，迫使晶体内诱发大量位错，高频声子散射明显，在 300~1000K 时热导率下降明显，ZT 值提高至 1.0。此外，高锰硅晶格中的 Si 位也可以用 Ge 原子替换，与 Re 原子替换 Mn 位类似，同样也能在维持其电学性能的前提下进一步降低热导率，其 ZT 值可提升约 35%。

　　在基体中引入纳米弥散相是提高热电性能的创新手段之一。纳米弥散相的尺寸恰好处于长波声子散射的范围可对低频声子的传输起到较强的阻碍作用；强制引入的纳米颗粒将引发大量的晶格失配和结构畸变，从而产生原子空位、位错、纳米晶界等缺陷，造成局部阻抗失配，强化对中高频的声子散射。多频段声子散射效应增强将导致晶格热导率大幅降低，进而可获得超低热导率材料(多数半导体中，晶格热导率在总热导率中起主导作用）。2011 年，Luo 等[280]通过熔融旋甩结合放电等离子体烧结法原位生长了富含 MnSi 纳米相的高锰硅材料。一方面，基于可能的能量过滤效应，材料的泽贝克系数出现了额外增加，电学性能增强。另一方面，由于多尺度纳米结构的引入，被散射的声子波段变宽，材料的晶格热导率下降约 21%，ZT 值提高约 55%，至 0.62。2015 年，Chen 等[281]的报道也证实了 MnSi 相复合在提高热电性能方面的可行性，他们在 Re 掺杂的基础上通过熔融淬火结合放电等离子体烧结的方法获得了 MnSi 第二相，在 823K 处的 ZT 值提升至 0.64。2018 年，Muthiah 等[282]通过 Al 原子替换 Si 位，过量的 Si 元素以单质形式析出，并以 3～9nm 的尺寸弥散分布，导致处于该波段附近的声子散射得以强化，热导率下降幅度超过 50%，其 ZT 峰值提升到了 0.82，是目前掺杂和纳米复合手段相结合的代表性工作之一。

经过近年来的发展，人们对高锰硅的晶体结构有了较透彻的认识，纯相高锰硅的制备工艺也日趋简易、廉价。通过元素掺杂和引入纳米弥散相等改性手段，高锰硅的热电性能得到了快速发展，Re 元素的固溶实现了高锰硅热电性能的大幅提高。纳米复合也将 ZT 值提升了约 1 倍。未来，高锰硅材料的研究重点可着重于以下几点：通过多元素共掺杂实现电学性能的进一步提升；探索更多的方法提升 Re、Ge 等元素的固溶度，在保证电学性能的基础上进一步降低热导率；同时，寻找更多种类的纳米相进行材料复合并优化制备工艺，从而使第二相能够按照预想的成分、尺寸和数量均匀析出。总的来说，高锰硅是一种高性价比的热电材料，相对于其他材料，其研究价值和应用的可能性均较大。

4.7.3　FeSi$_2$ 热电材料

FeSi$_2$ 是所有硅基化合物中最环保和廉价的材料，并具有优异的高温抗氧化性，是中高温区（200～900℃）较典型的热电材料。对 FeSi$_2$ 材料来说，研究重点是通过元素掺杂和纳米复合等手段对其热电性能进行优化改性，进一步提高其 ZT 值。

铁是多价态易变元素，硅铁合金相较复杂，环境温度不同，硅铁晶体将呈现不同的相，Fe-Si 二元相图如图 4.39(a) 所示，具有 FeSi$_2$ 化学计量组成的硅铁化合物在 1485K 凝固成由 α-Fe$_2$Si$_5$ 和 ε-FeSi 组成的共晶，这些高温立方相均呈现出金属特性。当温度低于 1255K 时将出现稳定的 β-FeSi$_2$ 半导体相（斜方晶系），其具有较高的热电性能。因此，在制备过程中获得尽可能多的 β-FeSi$_2$ 相是保证热电性能的关键。β-FeSi$_2$ 可通过以下三个反应形成。

(1) 在 1255K，发生包析反应：α + ε → β。

(2) 在 1210K，发生共析分解：α → β + Si。

(3) 温度低于 1210K 时，ε-FeSi 与 Si 单质发生反应：ε + Si → β。

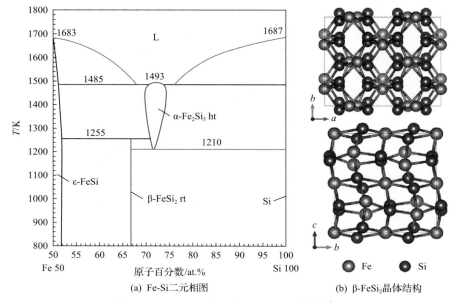

(a) Fe-Si二元相图　　(b) β-FeSi$_2$晶体结构

图 4.39　Fe-Si 二元相图和 β-FeSi$_2$ 晶体结构图

　　尽管，β-FeSi$_2$ 的获取途径较多，但想要获得纯相 β-FeSi$_2$ 晶体依然比较困难：通常 β-FeSi$_2$ 通过包析反应先在 α-Fe$_2$Si$_5$ 与 ε-FeSi 的界面处形成，而 α-Fe$_2$Si$_5$ 的堆垛层错通常会阻碍 β-FeSi$_2$ 晶体的生长，因此 β-FeSi$_2$ 的形成速率由已形成 β-FeSi$_2$ 层的扩散速率控制，反应很慢，需要进行长时间(约 100h)的退火处理才能获得纯相 β-FeSi$_2$ 晶体。

　　β-FeSi$_2$ 是低温半导体相，属于正交晶系，Cmca 中心对称空间群，晶格常数 a、b、c 分别为 9.863Å、7.791Å、7.833Å，晶体结构如图 4.39(b)所示，晶体学单胞中有 48 个原子，Fe 和 Si 分别有两种不同的占位，表现在与近邻原子距离稍有不同。β-FeSi$_2$ 具有间接带隙能带结构，禁带宽度约为 0.67eV，β-FeSi$_2$ 的导带和价带都相对平坦，所以带边载流子的有效质量大，计算的态密度有效质量(m_d^*)约为 13.5m_0，与文献报道值 $m_d^* \approx 12m_0$ 相当，其空穴和电子的迁移率均较低[0.3~4.0cm^2/(V·s)]，泽贝克系数较高。未掺杂的 β-FeSi$_2$ 是本征半导体，其热电性能较差，通过价电子数较少的元素掺杂，如 Mn、Al、Cr、V 等可获得 P 型半导体，通过价电子数较多的元素掺杂，如 Co、Ni、P 等可获得 N 型半导体。1968 年，Birkholz 等发现 P 型 β-FeSi$_2$ 晶体的导电机制依赖于空穴运动，其自由度较小，载流子迁移率仅约为 2.0cm^2/(V·s)；而对于 N 型 β-FeSi$_2$ 晶体的导电机制则是极化子(晶体导带电子和晶格畸变的复合体)在晶格点阵中的跳跃运动，即导带中的电子使晶格离子位移而伴生极化，该极化电场又反作用于电子，电子总是带着它所引起的晶格畸变一起运动，其迁移率更小，约 0.26cm^2/(V·s)，需要调增的幅度较大。

关于 β-FeSi$_2$ 晶体热电性能的研究可追溯到 20 世纪 60 年代。1964 年，Ware 等[283]确认通过 Co、Al 替换 Fe 原子可分别获得 N、P 型 β-FeSi$_2$ 半导体。在掺杂量约为 4%时，其电阻率可降低 2~3 个数量级，估算的 ZT 峰值(500℃)约为 0.13 (Co 掺杂，N 型)和 0.10(Al 掺杂，P 型)，适量的掺杂是提高 β-FeSi$_2$ 热电性能的有效途径。2003 年，Kim 等[284]发现 Cr、Co、Cu、Ge 等元素掺杂对提升电导率和降低热导率等均有显著效果，N、P 型 β-FeSi$_2$ 的 ZT 峰值(850K)分别约为 0.10(Fe$_{0.95}$Co$_{0.05}$Si$_2$)、0.11(Fe$_{0.95}$Co$_{0.05}$Si$_{1.958}$Ge$_{0.042}$)。随后，Zhao 等对 β-FeSi$_2$ 晶体的制备和性能优化做了系统研究，开发了一种将真空悬浮熔炼、熔融旋甩、退火和热压烧结多种手段相结合的制备方法，多次煅烧和长时间退火可确保金属相的 α-Fe$_2$Si$_5$ 和 ε-FeSi 晶体完全转换成 β-FeSi$_2$ 半导体。在此基础上，通过 Al、Mn 掺杂分别获得 P 型的 FeAl$_{0.05}$Si$_2$、Fe$_{0.92}$Mn$_{0.08}$Si$_2$ 半导体，ZT 值分别提升至 0.12 (743K)、0.17(873K)。用该方法得到的 N 型 Fe$_{0.94}$Co$_{0.06}$Si$_2$ 在 900K 时的 ZT 值可达 0.25。在掺杂的基础上，通过复合第二相也是提高热电性能的有效手段。2011 年，Qu 等[285]在 Co 掺杂的基础上(Fe$_{0.98}$Co$_{0.02}$Si$_2$)自催化原位生长了少量 Si 纳米线，增强了声子散射，热导率从 5.2W/(m·K)降低至 3.3W/(m·K)，降低约 37%，N 型 ZT 值提升至 0.29(增加约 48.7%)。Sugihara 等[286]在 Co 掺杂的基础上(Fe$_{0.95}$Co$_{0.05}$Si$_2$)通过添加 Sm$_2$O$_3$、Er$_2$O$_3$、Ta$_2$O$_5$ 等氧化物制备 β-FeSi$_2$ 复合物半导体。一方面，细小氧化物颗粒均匀分布在 β-FeSi$_2$ 中可增加晶界散射，热导率降低约 1/3；另一方面，氧化物的存在可维持相对较高的泽贝克系数，添加少量 Sm$_2$O$_3$ 的 β-FeSi$_2$ 材料增强了其 ZT 值达 0.56(N 型，868K)，添加少量 Er$_2$O$_3$ 的 β-FeSi$_2$ 的 ZT 值达 0.54(N 型，877K)。2015 年，Mohebali 等[287]制备了 25%Si$_{0.8}$Ge$_{0.2}$ 复合的 β-FeSi$_2$ 基热电材料，发现热导率得到大幅度降低，从 3.7W/(m·K)降低至 1.4W/(m·K)，N 型的 ZT 值从 0.19(800℃)提升至 0.54(675℃)。尽管 FeSi$_2$ 材料是比较理想的廉价环保材料，但其热电性能还难以达到商业化应用水平。

4.8　氧化物及含氧化合物

4.8.1　概述

氧化物热电材料相对于合金材料具有更好的高温稳定性，同时组成元素较为廉价、低毒、环保，且样品制备过程简单、成本低，因此在众多热电材料中受到了较多关注。然而由于其热电性能较差，在 20 世纪 90 年代之前，氧化物热电材料并未引起广大研究人员的兴趣。直到 1997 年，Terasaki 等[288]报道了层状结构的 Na$_x$CoO$_2$ 具有较高的泽贝克系数和电导率，从此打破了人们对传统氧化物的认识，氧化物热电材料开始受到人们的重视。随后，一系列具有相似结构、较高热电性能的层状氧化物 Ca-Co-O、$Bi_2Sr_2Co_2O_x$、Sr_xCoO_2、$CuAlO_2$、Ti(Pb)-Sr-Co-O 及具有钙钛矿结构的材料相继被报道，如重费米子的 $SrTiO_3$ 基材料、小极化子跳跃导电机制的 $LaCoO_3$ 基材料等。近来，不少新型氧化物和含氧化合物热电材料被报道，特别是性能优异的层状氧硫族化合物 BiCuSeO 备受关注。下面就其中几种典型材料的特点和研究进展进行介绍。

4.8.2　P 型层状氧化物材料 Na_xCoO_2 和 $Ca_3Co_4O_9$

具有层状晶体结构的 Na_xCoO_2 由具有 CdI_2 结构的 CoO_2 层和 Na 层沿 c 轴交替排列而成。图 4.40(a) 为 $Na_{0.5}CoO_2$ 晶体结构示意图。钴氧八面体以共边相连形成 CoO_2 层，作为电子输运通道；Na 在钴氧层之间处于无序态分布，该层中的 Na 一般为非化学计量比状态，有 30%～50% 的 Na 空位，可作为声子散射层。研究认为[289,290]，Na_xCoO_2 的电子比热容较大，属于强电子相关系统，具有较高的态密度，所以具有较大的泽贝克系数。同时，强电子相关系统会影响过渡金属 Co 的自旋，这同样也会使样品产生较大的泽贝克系数[291]。另外，Na_xCoO_2 中的自旋并不限制在特定原子上，可在晶格中移动且携带一定能量，电子不会被自旋波散射，故电导率较高。而 Na 层中 Na 的无序分布及存在的空位所造成的点缺陷使声子平均自由程缩短，从而其晶格热导率较低。因此，层状结构的 Na_xCoO_2 在热电参数的调控上相对于传统氧化物材料具有明显优势。

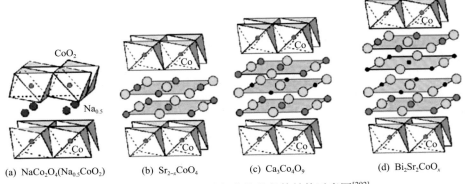

(a) $NaCo_2O_4(Na_{0.5}CoO_2)$　　(b) $Sr_{2-x}CoO_4$　　(c) $Ca_3Co_4O_9$　　(d) $Bi_2Sr_2CoO_x$

图 4.40　几种典型层状氧化物的晶体结构示意图[292]

目前，Na_xCoO_2 单晶的 ZT 值在 800K 左右能够达到 1.0 以上。多晶样品的性能相对较低，多通过掺杂、复合、织构处理等方式提高其电输运性能和 ZT 值。可掺杂元素的种类较多，Na 位可以掺杂 K、Sr、Y、La、Nd、Yb 等元素，Co 位可以掺杂 Mn、Cu、Zn、Fe 等元素。复合样品多采用金属颗粒复合，包括 Ag、Rh、Pd 等，均能有效改善材料的电输运性能。Na_xCoO_2 晶体结构和各物理参数具有明显的各向异性,织构处理可以优化出最佳的热电性能输运方向。通常,多采用调控制备方法或条件来得到织构。文献报道[293],通过水热合成法可以制备具有高取向的 Na_xCoO_2 样品,面内方向的 ZT 值较面外方向的高 2.5 倍。同时,与其他方法制备的低取向样品相比,电导率无论在面内还是面外方向上均有显著提高,最终高取向样品的 ZT 值较低取向样品提高了近 1 倍。虽然 Na_xCoO_2 在性能上具有优势,但具体到应用仍有较大局限。这主要与其稳定性有关,Na 易与空气中的水分和二氧化碳反应发生潮解,同时在烧结过程中易挥发,所以难以精确控制其成分。不过,层状 Na-Co-O 为研究人员寻找高性能热电材料提供了新的思路。一般认为晶体结构是由配位多面体作为组成单元,相互连接排列成"纳米块"或"纳米层"而形成块体材料。如果晶体结构中有两个或两个以上的不同成分或不同结构的"纳米块"按照一定规律排列形成间生结构,那么因不同层起到不同的作用,因此该材料的各热电参数的独立调控就有可能[294]。基于此概念并结合强电子相关系统的优势,与 Na_xCoO_2 具有相似结构的层状钴氧化物如 $Ca_2Co_2O_5$、$Sr_{2-x}CoO_4$、$Ca_3Co_4O_9$、$Bi_2Sr_2Co_2O_x$ 等陆续被报道。图 4.40(b)~图 4.40(d)依次分别为 $Sr_{2-x}CoO_4$、$Ca_3Co_4O_9$、$Bi_2Sr_2Co_2O_x$ 晶体结构示意图。

$Ca_3Co_4O_9$ 的晶体结构与 Na_xCoO_2 相似,由岩盐型 Ca_2CoO_3 层和具有 CdI_2 结构的 CoO_2 层沿 c 轴交替排列而成[295],如图 4.40(b)所示。其中,CoO_2 层作为导电层由钴氧八面体共边相连,Co 一般呈+3 价和+4 价;而 Ca_2CoO_3 层作为绝缘层,Co 一般呈+2 价。通常,$Ca_3Co_4O_9$ 可以记作 $(Ca_2CoO_3)(CoO_2)_{b_1/b_2}$,其中 b_1 和 b_2 分别为 Ca_2CoO_3 层和 CoO_2 层中 b 轴的长度[296]。导电层可以进行单独调控以实现高的电导率,而天然的层状结构可有效散射声子以实现低的热导率,这非常符合 Slack 提出的"声子玻璃-电子晶体"概念。

具有 $(Ca_2CoO_3)_{0.7}(CoO_2)$ 结构的单晶其 ZT 值在 973K 时达 0.87。然而,多晶材料的电导率较低,其 ZT 值也低得多。目前,主要通过掺杂、织构处理、纳米复合、层间复合或上述几种方式相结合的方法来调控其热电性能。掺杂改性是提高热电性能的主要途径[297]。在 $Ca_3Co_4O_9$ 性能调控中,掺杂元素包括碱金属、碱土金属、过渡金属元素及稀土元素等,其中 Bi 掺杂和稀土掺杂得到的性能相对较高。2000 年,Li 等报道[298]纯相 $Ca_3Co_4O_9$ 的 ZT 值在 973K 时不到 0.1,热导率在 300~973K 为 2~1.5W/(m·K)。2014 年,Tian 等[299]通过 Bi、Fe 共掺杂使其 ZT 值在 973K 时提高了 0.4。另外,稀土金属也是较为有效的掺杂元素。由于稀土的原子半径较大,掺杂之后晶格会产生畸变,所以有助于晶格热导率的下降。同时,+3 价稀土元素可提高 Co^{4+} 的浓度而使泽贝克系数提高,从而显著改善材料的电输运性能。2011 年,Van 等[300]通过 Ag 和 Lu 的掺杂使 ZT 值在 1100K 时达到 0.65,为当时报道的多晶 $Ca_3Co_4O_9$ 的最高值。该研究指出,Ag 掺杂能够提高材料的电导率,同时材料中纳米 Ag 的析出及由 Lu 引起的晶格畸变能够显著降低晶格热导率。近期，Saini 等[301]通过 Tb 掺杂使 $Ca_3Co_4O_9$ 样品的 ZT 值在 800K 时达到 0.74，这是目前多晶 $Ca_3Co_4O_9$ 性能报道的最高值。结果显示，Tb 的固溶度较高，在 Ca 位掺杂量达到 50%时仍无第二相析出。此外，Tb 掺杂降低了 Co^{4+} 的浓度，所以空穴载流子浓度下降，泽贝克系数提高。同时，质量较重的 Tb 可以有效散射声子，降低晶格热导率，最终热电性能得到大幅度提高。

　　$Ca_3Co_4O_9$ 的层状结构使其具有明显的各向异性，因此易于织构化从而提高其热电性能。然而，织构化提高材料电导率的同时也会提高热导率，最终的 ZT 值由两者的相对变化确定。Masuda 等[302]在 Na、Bi 共掺杂的基础上进行了织构处理。在同一方向上的测试结果显示，电导率得到大幅度提高，而热导率也随之增大，在室温和 773K 时的热导率分别增加到 5.60W/(m·K) 和 4.36W/(m·K)，较没有织构的样品增加了近一倍。Kenfaui 等[303]系统研究了强织构对 $Ca_3Co_4O_9$ 样品热电性能的影响。结果显示，平行于织构方向的电导率较垂直方向提高了 8.8 倍，而热导率仅提高了 2.7 倍。另外，泽贝克系数的略微增加使样品沿织构方向的 ZT 值提高了 4.6 倍。近几年的文献报道显示，在掺杂的基础上进行织构处理，可将 $Ca_3Co_4O_9$ 的 ZT 值在 1073K 时提高到 0.3[304]。目前，取向控制多采用前驱体取向制备结合压力烧结的方法，其中热压烧结、放电等离子体烧结都是较为常用的方法。Noudem 等[305]在放电等离子体烧结的基础上提出放电等离子体织构化烧结(spark plasma texturing，SPT)，与常规放电等离子体烧结不同的是，放入烧结模具的待烧结预制块直径较小，边缘留有空隙，烧结过程样品经压缩扩展，晶粒能够更好地进行取向生长。

4.8.3　N 型钙钛矿结构材料 $SrTiO_3$ 和高迁移率材料 ZnO

　　除上述具有层状晶体结构的氧化物材料外，具有钙钛矿 ABO_3 结构的氧化物材料，如 $CaMnO_3$、$SrTiO_3$、$LaCoO_3$ 等也受到较多关注，其中以 $SrTiO_3$ 材料的报道最多且性能更为优异。本征 $SrTiO_3$ 呈 N 型导电特性，室温下为立方相，对称性较高。研究表明，其价带由 O 的 2p 轨道形成，导带由 Ti 的 3d-t_{2g} 轨道形成，所以有三个轨道简并度，六个自旋简并度，禁带宽度约为 3.2eV[306]。由于 $SrTiO_3$ 较为特殊的能带结构，故载流子有效质量 m^* 较大（1.16～$10m_0$），泽贝克系数较大。但是，$SrTiO_3$ 的晶体结构简单，组成化合物的原子质量较轻，因此其晶格热导率相对较高，这也是阻碍其热电性能提高的主要原因。

　　Okuda 等[307]研究了低温下 La 掺杂的 $SrTiO_3$ 单晶。结果显示，室温时在较高载流子浓度下（$2\times10^{21}cm^{-3}$）的功率因子能够达到 36μW/(cm·K^2)，可与 Bi_2Te_3 相媲美。然而，由于其热导率超过 10W/(m·K)，故最终的 ZT 值仅为 0.1 左右。Ohta 等[308]进一步研究了 La、Nb 掺杂的 $SrTiO_3$ 单晶在高温下的热电输运性能。La 掺杂样品的 m^* 为 6.0～$6.6m_0$，而 Nb 掺杂样品的 m^* 相对较高，为 7.3～$7.7m_0$。另外，两种掺杂样品的热导率均较高，室温下为 12W/(m·K)，随温度上升而降低，在

1073K 时仍高于 5W/(m·K)。最终,La 掺杂样品的 ZT 值在 1073K 时仅为 0.27。不过,结果表明 SrTiO₃ 基材料中的晶格热导率占主导作用,因此可以通过增加声子散射来降低热导率。

　　La 掺杂的多晶样品的热导率虽较单晶样品有所下降,但在 300~1100K 时仍为 6~3W/(m·K),远高于传统合金热电材料。目前,多数报道中 SrTiO₃ 的 ZT 值在 1000K 以下不超过 0.4。其性能提高的手段多以掺杂且以 A 位稀土掺杂为主,这样做一方面可优化载流子浓度并提高样品的电传输性能,另一方面可通过引入点缺陷来降低晶格热导率。Koumoto 等[309]早期研究表明 SrTiO₃ 的热导率随晶粒尺寸的减小而下降。随着晶粒的减小,晶界散射增强,当晶粒大小降低到 20nm 左右时,理论上可以达到 Cahill 模型计算的极限晶格热导率 1.2W/(m·K)。低维度化不仅能够在较宽的声子频谱范围内散射声子,而且还可以通过界面效应提高泽贝克系数而大幅增加 ZT 值。2007 年,Koumoto 等[65]通过制备超晶格薄膜 SrTiO₃/SrTi₀.₈Nb₀.₂O₃ 发现,当 SrTi₀.₈Nb₀.₂O₃ 层厚度为 1nm 时,泽贝克系数能够达到 850μV/K,ZT 值能够达到 2.4。如果将超晶格的特点引入块体材料中,有望使其 ZT 值得到大幅提高。通过计算[310],以 La 掺杂的 SrTiO₃ 为晶粒相,以 Nb 掺杂的 SrTiO₃ 作为晶界相组成的块体材料,通过调控晶界厚度及晶界势垒高度(调节 Nb 的掺杂量)可大幅提高材料的泽贝克系数。图 4.41(a) 为该报道中设计的块体材料和晶粒结构示意图。结合降低的热导率,ZT 值能够达到 1.2 左右,如图 4.41(b) 所示。该材料设计的依据是:晶界和晶粒的材料组成元素及取向相似,晶格高度匹配类似超晶格结构,所以通过电子限域效应可以有效增加态密度,从而提高泽贝克系数和电导率;而 Nb 掺杂的 SrTiO₃ 的费米能级发生变化,晶界产生势垒,故可以产生能量过滤效应来进一步提高泽贝克系数;同时,晶界的散射可以有效降低晶格热导率。近几年,实验上通过对界面的控制,引入石墨烯或碳纳米管等在热电输运性能的调控上取得了不错的成效。报道显示[311],在 SrTiO₃ 中引入石墨烯不仅可以降低晶格热导率,而且还可以削弱多晶材料中的晶界对电子传输的不利影响。

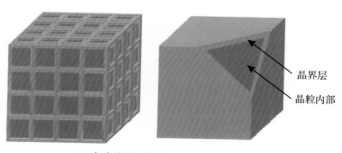

(a) 复合纳米块体及其组成晶粒结构示意图

晶界层

晶粒内部

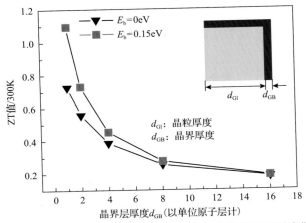

(b) 不同晶界能量势垒 E_b 计算得到的ZT值随测试晶界层厚度的变化[310]

图 4.41　复合纳米块体和其组成晶粒结构示意图及 ZT 值的变化

ZnO 也是目前热电性能较好的 N 型氧化物热电材料之一。ZnO 稳定相为六方相,属闪锌矿晶体结构。由于 Zn 具有较强的电负性,与 O 的电负性相差较小,因此 Zn-O 键相对其他金属氧化物呈现出更多的共价特性,载流子迁移率较高,单相 ZnO 的迁移率能够达到 $65cm^2/(V \cdot s)$[312,313]。ZnO 由于具有较多的缺陷,本征呈 N 型导电特性。该材料的禁带宽度较宽(3.5eV),电导率相对较低。通过掺杂能够大幅提高其电导率和功率因子。掺杂元素种类较多,包括 Al、Mg、Ti、Sb、Ni、Ga、Co、W 等,其中 Al 掺杂样品的性能最好,功率因子能够达到 $8 \times 10^4 \sim 15 \times 10^4 \mu W/(cm \cdot K^2)$[312,314,315]。但是,由于 ZnO 的晶体结构相对简单,组成元素的原子质量较轻,故其热导率很高,在 $300 \sim 1273K$ 时为 $40 \sim 5W/(m \cdot K)$,ZT 值难以得到大幅提高。同上述 $SrTiO_3$ 类似,如何降低热导率是该类材料性能提升的关键。$(ZnO)_m In_2O_3$(m 为整数)为层状晶体结构,由 $InO_{1.5}$、$(InZn)O_{2.5}$ 和 ZnO 层沿 c 轴周期排列堆叠而成。当 m 为单数时,空间群为 R3m;当 m 为双数时,空间群为 $P6_3/mmc$[316]。该材料同样具有较高的载流子迁移率[$m=5$ 时为 $20cm^2/(V \cdot s)$],因此电导率较高。同时由于其特殊的晶体结构,热导率比 ZnO 低,在 $300 \sim 1100K$ 时低于 $5W/(m \cdot K)$,且随 m 值的增大而降低。该材料可以通过掺杂和织构处理来改善其热电输运性能,从而提高 ZT 值[317-319]。Kazeoka 等[317]和 Masuda 等[320]报道 Y 掺杂可以改变 $(ZnO)_m In_2O_3$ 的电子结构,使其泽贝克系数增大,同时降低热导率,在 $960 \sim 1100K$ 时的 ZT 值为 0.14。而通过织构处理后[319],其电导率进一步提高,ZT 值在 1100K 时达到 0.33。

4.8.4　新型含氧化合物 BiCuSeO

除上述传统氧化物材料外,近几年来发现了不少新型含氧化合物,其中的典型代表为性能优异的层状氧硫族化合物 BiCuSeO。BiCuSeO 属于氧硫族元素化物 LnCuChO（Ln：+3 价元素 La、Nd、Bi；Ch：硫族元素 S、Se、Te），为四方相，空间群为 P4/nmm，是具有 ZrSiCuAs 结构的 1111 相化合物，与高温超导体铜酸盐的晶体结构类似。图 4.42（a）和图 4.42（b）为 BiCuSeO 沿不同晶体学方向的晶体结构示意图。该化合物由 $(Cu_2Se_2)^{2-}$ 层和 $(Bi_2O_2)^{2+}$ 层沿 c 轴交替排列而成，其中"导电层" $(Cu_2Se_2)^{2-}$ 层和"绝缘层" $(Bi_2O_2)^{2+}$ 层分别由轻微扭曲的 $CuSe_4$ 四面体和 Bi_4O 四面体组成，如图 4.42（c）和图 4.42（d）所示。从价键角度看，Cu-Se 键偏向共价键结合，Bi-O 键偏向离子键结合，层间以弱键结合。Cu-Se-Cu 和 Bi-O-Bi 分别存在大小两种键角。BiCuSeO 的层状结构特征中 Cu-Se 层与 Bi-O 层的交替排列可在非 c 轴方向观察到。如图 4.43（a）所示，沿[001]晶带轴方向的晶格图具有均匀衬度，该图和其快速傅里叶变换图显示均没有斑点分裂。而从图 4.43（b）及其快速傅里叶变换图可以看出在 c 轴方向存在两超晶格结构（Cu-Se 层和 Bi-O 层）。相比之下，图 4.43（b）和图 4.43（c）沿[100]和[110]晶带轴的晶格图清楚地显示出六周期层状结构特征(-Bi-O-Bi-Se-Cu-Se-)，从其快速傅里叶变换图中可以观察到各自不同的斑点分裂，如图 4.43（f）和图 4.43（h）所示。

　　根据理论计算和实验测试证实，BiCuSeO 是具有间接带隙的多带半导体材料，属于宽禁带半导体，禁带宽度约为 0.8eV。导带底主要由 Bi 的 6p 轨道构成，价带顶主要由 Cu 的 3d 轨道和 Se 的 4p 轨道杂化而成。需要注意的是，在费米能级附近 Cu 和 Se 对态密度的贡献几乎相等，并可协同调控材料的电输运性能。BiCuSeO 层

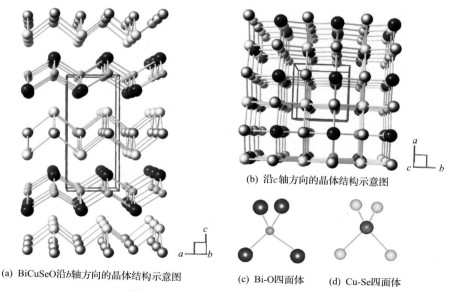

(a) BiCuSeO沿b轴方向的晶体结构示意图　　(b) 沿c轴方向的晶体结构示意图

(c) Bi-O四面体　　(d) Cu-Se四面体

图 4.42　BiCuSeO 的晶体结构图[321]

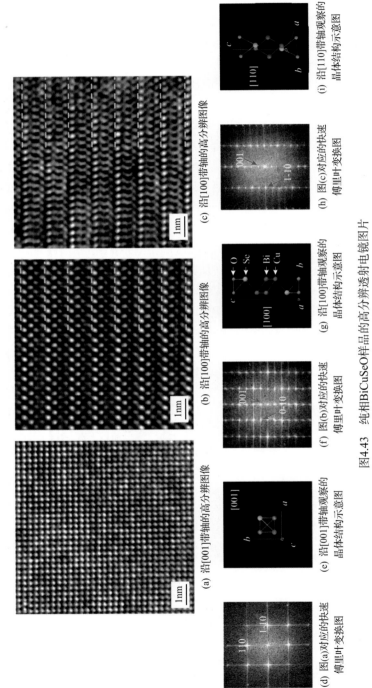

(a) 沿[001]带轴的高分辨图像

(b) 沿[100]带轴的高分辨图像

(c) 沿[100]带轴的高分辨图像

(d) 图(a)对应的快速傅里叶变换图

(e) 沿[001]带轴观察的晶体结构示意图

(f) 图(b)对应的快速傅里叶变换图

(g) 沿[100]带轴观察的晶体结构示意图

(h) 图(c)对应的快速傅里叶变换图

(i) 沿[110]带轴观察的晶体结构示意图

图4.43　纯相BiCuSeO样品的高分辨透射电镜图片

状晶体结构的特征类似于人工超晶格结构，本应具有强的各向异性。然而，态密度计算结果和电输运性能测试结果均表明，BiCuSeO 的电输运性能更接近"经典的 3D 材料"，与超晶格中的 2D 阶跃型态密度相比，具有近似抛物线形的色散关系。

2010 年，Zhao 等[322]报道了 $Bi_{1-x}Sr_xCuSeO$ 具有优异的热电性能，尤其是在 300～873K 时纯相样品的热导率均低于 1W/(m·K)，且随着掺杂量的提高而下降。当掺杂量 x 为 0.075 时在 873K 的热导率约为 0.65W/(m·K)，ZT 值达到 0.76，性能明显优于传统氧化物材料。此后，BiCuSeO 氧化物受到了越来越多的关注，在短短几年内其 ZT 值便提高到 1.0 以上，甚至达到 1.5，成为含氧化合物中性能最好的材料。在提高 BiCuSeO 热电性能方面的研究，目前主要集中在两个方面：一方面通过掺杂、调制掺杂、引入空位、调控能带结构和价键结构等方式优化载流子浓度和迁移率来改善样品的电输运性能；另一方面通过调控微观结构，包括引入点缺陷、降低晶粒尺寸等来降低其晶格热导率，提高材料的综合热电性能。其中，性能调控方式效果较好的是碱土金属掺杂、Pb 掺杂及在此基础上的双掺杂或微结构调控。碱土金属通常呈+2 价，而 BiCuSeO 中 Bi 通常为+3 价，非等价元素掺杂后在 Bi_2O_2 中将产生多余的载流子，进而转移到 Cu_2Se_2 层进行传导，从而有效提高了样品的电导率。另外，计算结果表明，+2 价离子掺杂到 Bi 的位置后，并不影响费米能级附近的能带结构，掺杂后仅对载流子浓度产生影响。实验测试结果显示，当 Ca、Sr、Ba 掺杂量分别达到 15% 时，样品的载流子浓度达到 $1.3 \times 10^{21} cm^{-3}$，如图 4.44(a) 所示。根据紧束缚模型，当一个+2 价碱金属离子掺杂到+3 价铋离子的位置时，将产生一个空位。当掺杂量提高到 15% 时，由于每个晶胞结构中有两个 Bi 原子，因此每个晶胞将产生三个空穴。根据晶胞的体积可以计算得到理论载流子浓度为 $1.1 \times 10^{21} cm^{-3}$，这与实验测试数据相近。不过，并不是所有碱金属掺杂都是有效的。实验显示，Mg 掺杂后样品的载流子浓度较其他几个样品的提高小得多，如图 4.44(a) 所示。这可能是由于 Mg 的原子半径较小，故其原子轨道重叠较小，从而影响了载流子的传输。另外，掺杂改性虽然能够提高样品的载流子浓度，但由于离化杂质散射的增强，载流子迁移率降低。未掺杂时样品的载流子迁移率约为 $22cm^2/(V·s)$，碱金属掺杂后的数值下降到 $1～5cm^2/(V·s)$，如图 4.44(b) 所示。因此，在其他输运性能影响较小的前提下提高材料的迁移率将进一步提高其热电性能。例如，Pei 等通过调制掺杂使同等掺杂水平的材料迁移率和功率因子得到明显提高[323]。实验将基体材料分成两相：含掺杂元素的部分和不含掺杂元素的部分，其中含掺杂元素的部分作为载流子的提供者，不含掺杂元素的部分作为载流子的迁移通道，以此来实现高载流子浓度和高迁移率的共存。图 4.45(a) 为未掺杂 BiCuSeO 样品、调制掺杂样品（50%BiCuSeO+50%$Bi_{0.75}Ba_{0.25}$CuSeO）、Ba 均匀掺杂样品（$Bi_{0.875}Ba_{0.125}$CuSeO）的能带结构、费米能级及载流子传输示意图。图 4.45(b) 为室温下载流子迁移率随载流子浓度的变化。通过对比可以看出，调制掺杂样品的迁移率在相同载流子浓度下得到了显著提高。最终样品的 ZT 值由均匀掺杂时的 1.1 提高到 1.4。此外，Ren 等[324]近期通过将 Te 掺杂到 Se 位，减少了化合物中离子键的比例，降低了载流子的有效质量，从而使材料的迁移率得到提高。结合因 Pb 掺杂而提高的载流子浓度及因纳米析出相、晶界、掺杂等多级微纳结构而降低的晶格热导率，BiCuSeO 的 ZT 值提高到 1.2。

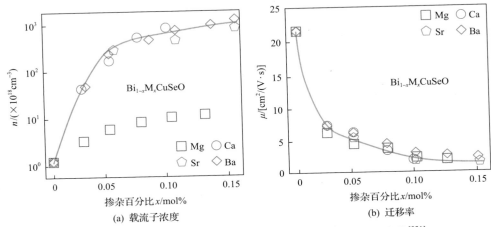

图 4.44　碱土金属掺杂 BiCuSeO 后电输运性能随掺杂量的变化[321]

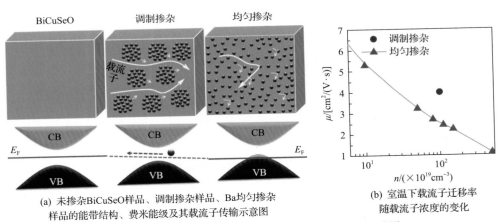

图 4.45　调制掺杂前后样品能带结构及电输运的变化[322]

本征 BiCuSeO 为 P 型导电特性，通过调控其 ZT 值可与合金材料相媲美，但 N 型 BiCuSeO 较难获得，相关报道较 P 型材料少很多，研究进展也较为缓慢。虽然报道显示，具有 N 型导电特性的二维层状晶体结构 Bi_2SeO_2 材料具有一定潜力，但目前 ZT 值最高仅能达到 0.5 左右，远低于 P 型 BiCuSeO 材料。如何得到与之相匹配的高性能 N 型材料是 BiCuSeO 未来应用的关键。另外，BiCuSeO 的热稳定性虽然较合金材料明显较好，但与传统氧化物热电材料相比仍具有差距，高温环境应用时需要保护措施。

参 考 文 献

[1] Zhou M, Gibbs Z M, Wang H, et al. Optimization of thermoelectric efficiency in SnTe: The case for the light band[J]. Physical Chemistry Chemical Physics, 2014, 16(38): 20741-20748.

[2] Zhang Q, Liao B, Lan Y, et al. High thermoelectric performance by resonant dopant indium in nanostructured SnTe[J]. Proceedings of the National Academy of Sciences of the United States of America, 2013, 110(33): 13261-13266.

[3] Tan G, Shi F, Doak J W, et al. Extraordinary role of Hg in enhancing the thermoelectric performance of p-type SnTe[J]. Energy & Environmental Science, 2015, 8(1): 267-277.

[4] Hussain T, Li X, Danish M H, et al. Realizing high thermoelectric performance in eco-friendly SnTe via synergistic resonance levels, band convergence and endotaxial nanostructuring with Cu_2Te[J]. Nano Energy, 2020, 73: 104832.

[5] Li W, Zheng L, Ge B, et al. Promoting SnTe as an eco-friendly solution for p-PbTe thermoelectric via band convergence and interstitial defects[J]. Advanced Materials, 2017, 29(17): 1605887.

[6] Tang J, Gao B, Lin S, et al. Manipulation of band structure and interstitial defects for improving thermoelectric SnTe[J]. Advanced Functional Materials, 2018, 28(34): 1803586.

[7] Tan G, Hao S, Hanus R C, et al. High Thermoelectric Performance in SnTe-AgSbTe2 Alloys from Lattice Softening, Giant Phonon-Vacancy Scattering, and Valence Band Convergence[J]. ACS Energy Letters, 2018, 3(3): 705-712.

[8] Xing Z B, Li J F. Lead-free $AgSn_4SbTe_6$ nanocomposites with enhanced thermoelectric properties by SiC nanodispersion[J]. Journal of Alloys and Compounds, 2016, 687: 246-251.

[9] Hu L, Zhang Y, Wu H, et al. Entropy engineering of SnTe: Multi-principal-element alloying leading to ultralow lattice thermal conductivity and state-of-the-art thermoelectric performance[J]. Advanced Energy Materials, 2018, 8(29): 1802116.

[10] Li P, Ding T, Li J, et al. Positive effect of Ge vacancies on facilitating band convergence and suppressing bipolar transport in GeTe-based alloys for high thermoelectric performance[J]. Advanced Functional Materials, 2020, 30(15): 1910059.

[11] Dong J, Sun F H, Tang H, et al. Medium-temperature thermoelectric GeTe: Vacancy suppression and band structure engineering leading to high performance[J]. Energy & Environmental Science, 2019, 12(4): 1396-1403.

[12] Bu Z, Li W, Li J, et al. Dilute Cu_2Te-alloying enables extraordinary performance of r-GeTe thermoelectrics[J]. Materials Today Physics, 2019, 9: 100096.

[13] Wu D, Zhao L D, Hao S, et al. Origin of the high performance in GeTe-Based Thermoelectric materials upon Bi_2Te_3 doping[J]. Journal of the American Chemical Society, 2014, 136(32): 11412-11419.

[14] Wu D, Xie L, Xu X, et al. High thermoelectric performance achieved in GeTe-Bi_2Te_3 pseudo-binary via van der waals gap-induced hierarchical ferroelectric domain structure[J]. Advanced Functional Materials, 2019, 29(18): 1806613.

[15] Hong M, Wang Y, Liu W, et al. Arrays of planar vacancies in superior thermoelectric $Ge_{1-x-y}Cd_xBi_yTe$ with band convergence[J]. Advanced Energy Materials, 2018, 8(30): 1801837.

[16] Gelbstein Y, Davidow J, Girard S N, et al. Controlling metallurgical phase separation reactions of the $Ge_{0.87}Pb_{0.13}Te$ alloy for high thermoelectric performance[J]. Advanced Energy Materials, 2013, 3(6): 815-820.

[17] Bu Z, Zhang X, Shan B, et al. Realizing a 14% single-leg thermoelectric efficiency in GeTe alloys[J]. Science

Advances, 2021, 7(19): eabf2738.

[18] Samanta M, Ghosh T, Arora R, et al. Realization of both n- and p-type GeTe thermoelectrics: Electronic structure modulation by AgBiSe$_2$ alloying[J]. Journal of the American Chemical Society, 2019, 141(49): 19505-19512.

[19] Zheng Y, Lu T, Polash M M H, et al. Paramagnon drag in high thermoelectric figure of merit Li-doped MnTe[J]. Science Advances, 2019, 5(9): 9461.

[20] Li Z, Dong J F, Sun F H, et al. Significant enhancement of the thermoelectric performance of higher manganese silicide by incorporating MnTe nanophase derived from Te nanowire[J]. Chemistry of Materials, 2017, 29(17): 7378-7389.

[21] Lu T Q, Nan P F, Song S L, et al. Enhanced thermoelectric performance through homogenously dispersed MnTe nanoparticles in p-type Bi$_{0.52}$Sb$_{1.48}$Te$_3$ nanocomposites[J]. Chinese Physics B, 2018, 27(4): 047207.

[22] Kim B, Kim I, Min B K, et al. Thermoelectric properties of non-stoichiometric MnTe compounds[J]. Electronic Materials Letters, 2013, 9(4): 477-480.

[23] Xu Y, Li W, Wang C, et al. Performance optimization and single parabolic band behavior of thermoelectric MnTe[J]. Journal of Materials Chemistry A, 2017, 5(36): 19143-19150.

[24] Lin S, Li W, Chen Z, et al. Tellurium as a high-performance elemental thermoelectric[J]. Nature Communications, 2016, 7(1): 1-6.

[25] Pei Y, Heinz N A, Snyder G J. Alloying to increase the band gap for improving thermoelectric properties of Ag$_2$Te[J]. Journal of Materials Chemistry, 2011, 21(45): 18256-18260.

[26] Zhu H, Luo J, Zhao H, et al. Enhanced thermoelectric properties of p-type Ag$_2$Te by Cu substitution[J]. Journal of Materials Chemistry A, 2015, 3(19): 10303-10308.

[27] Hu P, Wei T R, Qiu P, et al. Largely enhanced Seebeck coefficient and thermoelectric performance by the distortion of electronic density of states in Ge$_2$Sb$_2$Te$_5$[J]. ACS Applied Materials & Interfaces, 2019, 11(37): 34046-34052.

[28] Wei T R, Hu P, Chen H, et al. Quasi-two-dimensional GeSbTe compounds as promising thermoelectric materials with anisotropic transport properties[J]. Applied Physics Letters, 2019, 114(5): 053903.

[29] Hu P, Wei T R, Huang S J, et al. Anion-site-modulated thermoelectric properties in Ge$_2$Sb$_2$Te$_5$-based compounds[J]. Rare Metals, 2020, 39(10): 1127-1133.

[30] Du W, Gu Y, Wang K, et al. Effective mass enhancement and thermal conductivity reduction for improving the thermoelectric properties of pseudo-binary Ge$_2$Sb$_2$Te$_5$[J]. Annalen Der Physik, 2020, 532(11): 1900390.

[31] Zhang J, Liu R, Cheng N, et al. High-performance pseudocubic thermoelectric materials from non-cubic chalcopyrite compounds[J]. Advanced Materials, 2014, 26(23): 3848-3853.

[32] Luo Y, Yang J, Jiang Q, et al. Progressive regulation of electrical and thermal transport properties to high-performance CuInTe$_2$ thermoelectric materials[J]. Advanced Energy Materials, 2016, 6(12): 1600007.

[33] Parker D, Singh D J. High-temperature thermoelectric performance of heavily doped PbSe[J]. Physical Review B, 2010, 82(3): 035204.

[34] Wang H, Pei Y Z, LaLonde A D, et al. Heavily doped P-type PbSe with high thermoelectric performance: An alternative for PbTe[J]. Advanced Materials, 2011, 23(11): 1366-1370.

[35] Wang H, Gibbs Z M, Takagiwa Y, et al. Tuning bands of PbSe for better thermoelectric efficiency[J]. Energy & Environmental Science, 2014, 7(2): 804-811.

[36] Zhao L-D, Hao S, Lo S-H, et al. High thermoelectric performance via hierarchical compositionally alloyed nanostructures[J]. Journal of the American Chemical Society, 2013, 135(19): 7364-7370.

[37] Zhang Q, Wang H, Liu W S, et al. Enhancement of thermoelectric figure-of-merit by resonant states of aluminium

doping in lead selenide[J]. Energy & Environmental Science, 2012, 5(1): 5246-5251.

[38] Pan Z, Wang H. A descriptive model of thermoelectric transport in a resonant system of PbSe doped with Tl[J]. Journal of Materials Chemistry A, 2019, 7(20): 12859-12868.

[39] Tan X J, Shao H Z, Hu T Q, et al. Theoretical understanding on band engineering of Mn-doped lead chalcogenides PbX (X = Te, Se, S)[J]. Journal of Physics-Condensed Matter, 2015, 27(9): 095501.

[40] Slade T J, Bailey T P, Grovogui J A, et al. High thermoelectric performance in PbSe-NaSbSe$_2$ alloys from valence band convergence and low thermal conductivity[J]. Advanced Energy Materials, 2019, 9(30): 1901377.

[41] Lee Y, Lo S H, Chen C Q, et al. Contrasting role of antimony and bismuth dopants on the thermoelectric performance of lead selenide[J]. Nature Communications, 2014, 5(1): 1-11.

[42] Zhou C, Lee Y K, Cha J, et al. Defect engineering for high-performance n-type PbSe thermoelectrics[J]. Journal of the American Chemical Society, 2018, 140(29): 9282-9290.

[43] Luo Z Z, Hao S, Zhang X, et al. Soft phonon modes from off-center Ge atoms lead to ultralow thermal conductivity and superior thermoelectric performance in n-type PbSe-GeSe[J]. Energy & Environmental Science, 2018, 11(11): 3220-3230.

[44] Wu C F, Wei T R, Sun F H, et al. Nanoporous PbSe–SiO$_2$ thermoelectric composites[J]. Advanced Science, 2017, 4(11): 1700199.

[45] You L, Liu Y, Li X, et al. Boosting the thermoelectric performance of PbSe through dynamic doping and hierarchical phonon scattering[J]. Energy & Environmental Science, 2018, 11(7): 1848-1858.

[46] Zhou C, Yu Y, Lee Y K, et al. High-performance n-type PbSe-Cu$_2$Se thermoelectrics through conduction band engineering and phonon Softening[J]. Journal of the American Chemical Society, 2018, 140(45): 15535-15545.

[47] Wu C-F, Wang H, Yan Q, et al. Doping of thermoelectric PbSe with chemically inert secondary phase nanoparticles[J]. Journal of Materials Chemistry C, 2017, 5(41): 10881-10887.

[48] Zhao L D, Lo S H, Zhang Y, et al. Ultralow thermal conductivity and high thermoelectric figure of merit in SnSe crystals[J]. Nature, 2014, 508(7496): 373-377.

[49] Xiao Y, Chang C, Pei Y, et al. Origin of low thermal conductivity in SnSe[J]. Physical Review B, 2016, 94(12): 125203.

[50] Li C W, Hong J, May A F, et al. Orbitally driven giant phonon anharmonicity in SnSe[J]. Nature Physics, 2015, 11: 1063-1069.

[51] Skelton J M, Burton L A, Parker S C, et al. Anharmonicity in the high-temperature Cmcm phase of SnSe: Soft modes and three-phonon interactions[J]. Physical Review Letters, 2016, 117(7): 075502.

[52] Lu Q, Wu M, Wu D, et al. Unexpected large hole effective masses in SnSe revealed by angle-resolved photoemission spectroscopy[J]. Physical Review Letters, 2017, 119(11): 116401.

[53] Wang Z, Fan C C, Shen Z X, et al. Defects controlled hole doping and multivalley transport in SnSe single crystals[J]. Nature Communications, 2018, 9: 9.

[54] Chang C, Wu M, He D, et al. 3D charge and 2D phonon transports leading to high out-of-plane ZT in n-type SnSe crystals[J]. Science, 2018, 360(6390): 778-782.

[55] Duong A T, Nguyen V Q, Duvjir G, et al. Achieving ZT=2.2 with Bi-doped n-type SnSe single crystals[J]. Nature Communications, 2016, 7(1): 13713.

[56] Jin M, Chen Z W, Tan X J, et al. Charge transport in thermoelectric SnSe single crystals[J]. ACS Energy Letters, 2018, 3(3): 689-694.

[57] Zhou Y C, Li W, Wu M H, et al. Influence of defects on the thermoelectricity in SnSe: A comprehensive theoretical

study[J]. Physical Review B, 2018, 97(24): 8.

[58] Chang C, Wang D Y, He D S, et al. Realizing high-ranged out-of-plane ZTs in N-type SnSe crystals through promoting continuous phase transition[J]. Advanced Energy Materials, 2019, 9(28): 10.

[59] Shi X L, Wu A, Feng T L, et al. High thermoelectric performance in p-type polycrystalline Cd-doped SnSe achieved by a combination of cation vacancies and localized lattice engineering[J]. Advanced Energy Materials, 2019, 9(11): 15.

[60] Wei T R, Tan G, Zhang X, et al. Distinct impact of alkali-ion doping on electrical transport properties of thermoelectric p-type polycrystalline SnSe[J]. Journal of the American Chemical Society, 2016, 138(28): 8875-8882.

[61] Wei T R, Wu C F, Zhang X, et al. Thermoelectric transport properties of pristine and Na-doped $SnSe_{1-x}Te_x$ polycrystals[J]. Physical Chemistry Chemical Physics, 2015, 17(44): 30102-30109.

[62] Wang S, Hui S, Peng K, et al. Grain boundary scattering effects on mobilities in p-type polycrystalline SnSe[J]. Journal of Materials Chemistry C, 2017, 5(39): 10191-10200.

[63] Shi X L, Zheng K, Hong M, et al. Boosting the thermoelectric performance of p-type heavily Cu-doped polycrystalline SnSe via inducing intensive crystal imperfections and defect phonon scattering[J]. Chemical Science, 2018, 9(37): 7376-7389.

[64] Gong Y, Chang C, Wei W, et al. Extremely low thermal conductivity and enhanced thermoelectric performance of polycrystalline SnSe by Cu doping[J]. Scripta Materialia, 2018, 147: 74-78.

[65] Li S, Wang Y M, Chen C, et al. Heavy doping by bromine to improve the thermoelectric properties of n-type polycrystalline SnSe[J]. Advanced Science, 2018, 5(9): 1800598.

[66] Chandra S, Biswas K. Realization of high thermoelectric figure of merit in solution synthesized 2D SnSe nanoplates via Ge alloying[J]. Journal of the American Chemical Society, 2019, 141(15): 6141-6145.

[67] Zhao Q, Qin B C, Wang D Y, et al. Realizing high thermoelectric performance in polycrystalline SnSe via silver doping and germanium alloying[J]. ACS Applied Energy Materials, 2020, 3(3): 2049-2054.

[68] Qin B C, Zhang Y, Wang D Y, et al. Ultrahigh average ZT realized in p-type SnSe crystalline thermoelectrics through producing extrinsic vacancies[J]. Journal of the American Chemical Society, 2020, 142(12): 5901-5909.

[69] Shi X L, Zheng K, Liu W D, et al. Realizing high thermoelectric performance in n-type highly distorted Sb-doped SnSe microplates via tuning high electron concentration and inducing intensive crystal defects[J]. Advanced Energy Materials, 2018, 8(21): 1800775.

[70] Shi X L, Wu A Y, Liu W D, et al. Polycrystalline SnSe with extraordinary thermoelectric property via nanoporous design[J]. ACS Nano, 2018, 12(11): 11417-11425.

[71] Liu J, Wang P, Wang M Y, et al. Achieving high thermoelectric performance with Pb and Zn codoped polycrystalline SnSe via phase separation and nanostructuring strategies[J]. Nano Energy, 2018, 53: 683-689.

[72] Yang G S, Sang L N, Li M, et al. Enhancing the thermoelectric performance of polycrystalline SnSe by decoupling electrical and thermal transport through carbon fiber incorporation[J]. ACS Applied Materials & Interfaces, 2020, 12(11): 12910-12918.

[73] Asfandiyar, Cai B W, Zhuang H L, et al. Polycrystalline SnSe-Sn1-vS solid solutions: Vacancy engineering and nanostructuring leading to high thermoelectric performance[J]. Nano Energy, 2020, 69: 104393.

[74] Liu H, Shi X, Xu F, et al. Copper ion liquid-like thermoelectrics[J]. Nature Materials, 2012, 11(5): 422-425.

[75] Sun Y, Xi L, Yang J, et al. The "electron crystal" behavior in copper chalcogenides Cu_2X (X = Se, S)[J]. Journal Materials Chemistry A, 2017, 5(10): 5098-5105.

[76] Liu H, Yuan X, Lu P, et al. Ultrahigh thermoelectric performance by electron and phonon critical scattering in

Cu$_2$Se$_{1-x}$I$_x$[J]. Advanced Materials, 2013, 25(45): 6607-6612.

[77] Chen H, Yue Z, Ren D, et al. Thermal conductivity during phase transitions[J]. Advanced Materials, 2018: e1806518.

[78] Su X, Fu F, Yan Y, et al. Self-propagating high-temperature synthesis for compound thermoelectrics and new criterion for combustion processing[J]. Nature Communications, 2014, 5(1): 1-7.

[79] Zhao K, Blichfeld A B, Chen H, et al. Enhanced thermoelectric performance through tuning bonding energy in Cu$_2$Se$_{1-x}$S$_x$ Liquid-like Materials[J]. Chemistry of Materials, 2017, 29(15): 6367-6377.

[80] Nunna R, Qiu P, Yin M, et al. Ultrahigh thermoelectric performance in Cu$_2$Se-based hybrid materials with highly dispersed molecular CNTs[J]. Energy & Environmental Science, 2017, 10(9): 1928-1935.

[81] Olvera A A, Moroz N A, Sahoo P, et al. Partial indium solubility induces chemical stability and colossal thermoelectric figure of merit in Cu$_2$Se[J]. Energy & Environmental Science, 2017, 10(7): 1668-1676.

[82] Qiu P, Agne M T, Liu Y, et al. Suppression of atom motion and metal deposition in mixed ionic electronic conductors[J]. Nature Communication, 2018, 9(1): 2910.

[83] Qiu P, Mao T, Huang Z, et al. High-efficiency and stable thermoelectric module based on liquid-like materials[J]. Joule, 2019, 3(6): 1538-1548.

[84] Fan J, Schnelle W, Antonyshyn I, et al. Structural evolvement and thermoelectric properties of Cu$_{3-x}$Sn$_x$Se$_3$ compounds with diamond-like crystal structures[J]. Dalton Transactions, 2014, 43(44): 16788-16794.

[85] Shi X Y, Xi L L, Fan J, et al. Cu-Se bond network and thermoelectric compounds with complex diamondlike structure[J]. Chemistry of Materials, 2010, 22(22): 6029-6031.

[86] Xi L, Zhang Y B, Shi X Y, et al. Chemical bonding, conductive network, and thermoelectric performance of the ternary semiconductors Cu$_2$SnX$_3$ (X=Se, S) from first principles[J]. Physical Review B, 2012, 86(15): 15520.

[87] Shigemi A, Maeda T, Wada T. First-principles calculation of Cu$_2$SnS$_3$ and related compounds[J]. Physica Status Solidi B, 2015, 252(6): 1230-1234.

[88] Li Y, Liu G, Cao T, et al. Enhanced Thermoelectric Properties of Cu2SnSe3 by (Ag, In)-Co-Doping[J]. Advanced Functional Materials, 2016, 26(33): 6025-6032.

[89] Do D T, Mahanti S D. Theoretical study of defects Cu$_3$SbSe$_4$: Search for optimum dopants for enhancing thermoelectric properties[J]. Journal of Alloys and Compounds, 2015, 625: 346-354.

[90] Zhang Y, Xi L, Wang Y, et al. Electronic properties of energy harvesting Cu-chalcogenides: p-d hybridization and d-electron localization[J]. Computational Materials Science, 2015, 108: 239-249.

[91] Skoug E J, Cain J D, Majsztrik P, et al. Doping effects on the thermoelectric properties of Cu$_3$SbSe$_4$[J]. Science of Advanced Materials, 2011, 3(4): 602-606.

[92] Yang C, Huang F, Wu L, et al. New stannite-like p-type thermoelectric material Cu$_3$SbSe$_4$[J]. Journal of Physics D: Applied Physics, 2011, 44(29): 295404.

[93] Skoug E J, Cain J D, Morelli D T. High thermoelectric figure of merit in the Cu$_3$SbSe$_4$-Cu$_3$SbS$_4$ solid solution[J]. Applied Physics Letters, 2011, 98(26): 261911.

[94] Wei T R, Li F, Li J F. Enhanced thermoelectric performance of nonstoichiometric compounds Cu$_{3-x}$SbSe$_4$ by Cu deficiencies[J]. Journal of Electronic Materials, 2014, 43(6): 2229-2238.

[95] Wei T R, Wang H, Gibbs Z M, et al. Thermoelectric properties of Sn-doped p-type Cu$_3$SbSe$_4$: A compound with large effective mass and small band gap[J]. Journal of Materials Chemistry A, 2014, 2(33): 13527-13533.

[96] Zhang D, Yang J, Jiang Q, et al. Combination of carrier concentration regulation and high band degeneracy for enhanced thermoelectric performance of Cu$_3$SbSe$_4$[J]. ACS Applied Materials & Interfaces, 2017, 9(34):

28558-28565.

[97] Zhang D, Yang J, Bai H, et al. Significant average ZT enhancement in Cu_3SbSe_4-based thermoelectric material via softening p-d hybridization[J]. Journal of Materials Chemistry A, 2019, 7(29): 17648-17654.

[98] Li D, Li R, Qin X Y, et al. Co-precipitation synthesis of Sn and/or S doped nanostructured $Cu_3Sb_{1-x}Sn_xSe_{4-y}S_y$ with a high thermoelectric performance[J]. Cryst Eng Comm, 2013, 15(36): 7166-7170.

[99] Liu Y, García G, Ortega S, et al. Solution-based synthesis and processing of Sn- and Bi-doped Cu_3SbSe_4 nanocrystals, nanomaterials and ring-shaped thermoelectric generators[J]. Journal of Materials Chemistry A, 2017, 5(6): 2592-2602.

[100] Jiang B, Qiu P, Eikeland E, et al. Cu_8GeSe_6-based thermoelectric materials with an argyrodite structure[J]. Journal of Materials Chemistry C, 2017, 5(4): 943-952.

[101] Li W, Lin S, Ge B, et al. Low sound velocity contributing to the high thermoelectric performance of Ag_8SnSe_6[J]. Advanced Science, 2016, 3(11): 1600196.

[102] Lin S, Li W, Li S, et al. High thermoelectric performance of Ag_9GaSe_6 enabled by low cutoff frequency of acoustic phonons[J]. Joule, 2017, 1(4): 816-830.

[103] Zheng Y, Wang S, Liu W, et al. Thermoelectric transport properties of p-type silver-doped PbS with in situ Ag_2S nanoprecipitates[J]. Journal of Physics D-Applied Physics, 2014, 47(11): 115303.

[104] Hou Z, Wang D, Wang J, et al. Contrasting thermoelectric transport behaviors of p-type PbS caused by doping alkali metals(Li and Na)[J]. Research, 2020, 2020.

[105] Qin Y, Hong T, Qin B, et al. Contrasting Cu roles lead to high ranged thermoelectric performance of PbS[J]. Advanced Functional Materials, 2021, 31(34): 2102185.

[106] Wang H, Schechtel E, Pei Y, et al. High thermoelectric efficiency of n-type PbS[J]. Advanced Energy Materials, 2013, 3(4): 488-495.

[107] Zhao L D, He J, Wu C-I, et al. Thermoelectrics with earth abundant elements: High performance p-type PbS nanostructured with SrS and CaS[J]. Journal of the American Chemical Society, 2012, 134(18): 7902-7912.

[108] Zhao L D, He J, Hao S, et al. Raising the thermoelectric performance of p-type PbS with endotaxial nanostructuring and valence-band offset engineering using CdS and ZnS[J]. Journal of the American Chemical Society, 2012, 134(39): 16327-16336.

[109] Qin Y, Xiao Y, Wang D, et al. An approach of enhancing thermoelectric performance for p-type PbS: Decreasing electronic thermal conductivity[J]. Journal of Alloys and Compounds, 2020, 820: 153453.

[110] Zhao L D, Lo S H, He J, et al. High performance thermoelectrics from earth-abundant materials: Enhanced figure of merit in PbS by second phase nanostructures[J]. Journal of the American Chemical Society, 2011, 133(50): 20476-20487.

[111] Jiang B, Liu X, Wang Q, et al. Realizing high-efficiency power generation in low-cost PbS-based thermoelectric materials[J]. Energy & Environmental Science, 2020, 13(2): 579-591.

[112] Ibanez M, Luo Z, Genc A, et al. High-performance thermoelectric nanocomposites from nanocrystal building blocks[J]. Nature Communications, 2016, 7(1): 1-7.

[113] Li M, Liu Y, Zhang Y, et al. PbS-Pb-Cu_xS Composites for thermoelectric application[J]. ACS Applied Materials & Interfaces, 2021, 13(43): 51373-51382.

[114] Chattopadhyay T, Werner A, Vonschnering H G, et al. Temperature and pressure-induced phase-transition in IV-VI compounds[J]. Revue De Physique Appliquee, 1984, 19(9): 807-813.

[115] Albers W, Haas C, Vink H J, et al. Investigations on SnS[J]. Journal of Applied Physics, 1961, 32(10): 2220-2225.

[116] Tan Q, Li J F. Thernoelectric proper ties of Sn-S bulk materials prepared by mechnical alloying and spark plasma sintering[J]. Journal Electronic Materials, 2014, 43(6): 2435-2439.

[117] Tan Q, Zhao L D, Li J F, et al. Thermoelectrics with earth abundant elements: Low thermal conductivity and high thermopower in doped SnS[J]. Journal of Materials Chemistry A, 2014, 2(41): 17302-17306.

[118] Niu Y, Chen Y, Jiang J, et al. Enhanced thermoelectric performance in Li doped SnS via carrier concentration optimization[J]. IOP Conference Series: Materials Science and Engineering, 2020, 738: 012016.

[119] Wu H, Lu X, Wang G, et al. Sodium-doped tin sulfide single crystal: A nontoxic earth-abundant material with high thermoelectric performance[J]. Advanced Energy Materials, 2018, 8(20): 1800087.

[120] He W, Wang D, Wu H, et al. High thermoelectric performance in low-cost $SnS_{0.91}Se_{0.09}$ crystals[J]. Science, 2019, 365(6460): 1418-1424.

[121] Abdullaev G B, Aliyarova Z A, Zamanova E H, et al. Investigation of the electric properties of Cu_2S single crystals[J]. Physica Status Solidi B, 1968, 26(1): 65-68.

[122] Xu Q, Huang B, Zhao Y, et al. Crystal and electronic structures of Cu_xS solar cell absorbers[J]. Applied Physics Letters, 2012, 100(6): 061906.

[123] Ge Z H, Zhang B P, Chen Y X, et al. Synthesis and transport property of $Cu_{1.8}S$ as a promising thermoelectric compound[J]. Chemical Communications, 2011, 47(47): 12697-12699.

[124] Qin P, Ge Z H, Feng J. Enhanced thermoelectric properties of SiC nanoparticle dispersed $Cu_{1.8}S$ bulk materials[J]. Journal of Alloys and Compounds, 2017, 696: 782-787.

[125] Zou L, Zhang B P, Ge Z H, et al. Size effect of SiO_2 on enhancing thermoelectric properties of Cu1.8S[J]. Physica Status Solidi A-Applications and Materials Science, 2013, 210(12): 2550-2555.

[126] Qin P, Ge Z H, Chen Y X, et al. Achieving high thermoelectric performance of $Cu_{1.8}S$ composites with WSe_2 nanoparticles[J]. Nanotechnology, 2018, 29(34): 345402.

[127] Yao Y, Zhang B P, Pei J, et al. Improved thermoelectric transport properties of $Cu_{1.8}S$ with NH_4Cl—Derived mesoscale-pores and point-defects[J]. Ceramics International, 2016, 42(15): 17518-17523.

[128] Tang H, Sun F H, Dong J F, et al. Graphene network in copper sulfide leading to enhanced thermoelectric properties and thermal stability[J]. Nano Energy, 2018, 49: 267-273.

[129] He Y, Day T, Zhang T, et al. High thermoelectric performance in non-toxic earth-abundant copper sulfide[J]. Advanced Materials, 2014, 26(23): 3974-3978.

[130] Zhao L, Wang X, Fei F Y, et al. High thermoelectric and mechanical performance in highly dense $Cu_{2-x}S$ bulks prepared by a melt-solidification technique[J]. Journal of Materials Chemistry A, 2015, 3(18): 9432-9437.

[131] Qiu P, Zhu Y, Qin Y, et al. Electrical and thermal transports of binary copper sulfides Cu_xS with x from 1.8 to 1.96[J]. APL Materials, 2016, 4(10): 104805.

[132] Zheng L J, Zhang B P, Li H Z, et al. Cu_xS superionic compounds: Electronic structure and thermoelectric performance enhancement[J]. Journal of Alloys and Compounds, 2017, 722: 17-24.

[133] Meng Q L, Kong S, Huang Z, et al. Simultaneous enhancement in the power factor and thermoelectric performance of copper sulfide by In_2S_3 doping[J]. Journal of Materials Chemistry A, 2016, 4(32): 12624-12629.

[134] Yao Y, Zhang B P, Pei J, et al. Thermoelectric performance enhancement of Cu_2S by Se doping leading to a simultaneous power factor increase and thermal conductivity reduction[J]. Journal of Materials Chemistry C, 2017, 5(31): 7845-7852.

[135] Zhao K, Qiu P, Song Q, et al. Ultrahigh thermoelectric performance in $Cu_{2-y}Se_{0.5}S_{0.5}$ liquid-like materials[J]. Materials Today Physics, 2017, 1: 14-23.

[136] He Y, Lu P, Shi X, et al. Ultrahigh thermoelectric performance in mosaic crystals[J]. Advanced Materials, 2015, 27(24): 3639-3644.

[137] Rickert H, Wiemhofer H D. Measurements of chemical diffusion-coefficients of mixed conducting solids using point electrodes - investigations on Cu_2S[J]. Solid State Ionics, 1983, 11(3): 257-268.

[138] Dennler G, Chmielowski R, Jacob S, et al. Are binary copper sulfides/selenides really new and promising thermoelectric materials?[J]. Advanced Energy Materials, 2014, 4(9): 1301587.

[139] Tang H, Zhuang H L, Cai B, et al. Enhancing the thermoelectric performance of $Cu_{1.8}S$ by Sb/Sn co-doping and incorporating multiscale defects to scatter heat-carrying phonons[J]. Journal of Materials Chemistry C, 2019, 7(14): 4026-4031.

[140] Lai W, Wang Y, Morelli D T, et al. From bonding asymmetry to anharmonic rattling in $Cu_{12}Sb_4S_{13}$ tetrahedrites: When lone-pair electrons are not so lonely[J]. Advanced Functional Meterials, 2015, 25(24): 3648-3657.

[141] Kosaka Y, Suekuni K, Hashikuni K, et al. Effects of Ge and Sn substitution on the metal-semiconductor transition and thermoelectric properties of $Cu_{12}Sb_4S_{13}$ tetrahedrite[J]. Physical Chemistry Chemical Physics, 2017, 19(13): 8874-8879.

[142] Sun F H, Dong J, Dey S, et al. Enhanced thermoelectric performance of $Cu_{12}Sb_4S_{13-\delta}$ tetrahedrite via nickel doping[J]. Science China Materials, 2018, 61: 1-9.

[143] Hu H, Sun F H, Dong J, et al. Nanostructure engineering and performance enhancement in Fe_2O_3-dispersed $Cu_{12}Sb_4S_{13}$ thermoelectric composites with earth-abundant elements[J]. ACS Applied Materials & Interfaces, 2020, 12(15): 17864-17872.

[144] Sun F H, Dong J, Tang H, et al. Enhanced performance of thermoelectric nanocomposites based on $Cu_{12}Sb_4S_{13}$ tetrahedrite[J]. Nano Energy, 2019, 57: 835-841.

[145] Shi X, Zhou Z, Zhang W, et al. Solid solubility of Ir and Rh at the Co sites of skutterudites[J]. Journal of Applied Physics, 2007, 101(12): 123525.

[146] Liu W S, Zhang B P, Zhao L D, et al. Improvement of Thermoelectric Performance of $CoSb_{3-x}Te_x$ Skutterudite Compounds by Additional Substitution of IVB-Group Elements for Sb[J]. Chemistry of Materials, 2008, 20(24): 7526-7531.

[147] Tang Y, Qiu Y, Xi L, et al. Phase diagram of In-Co-Sb system and thermoelectric properties of In-containing skutterudites[J]. Energy & Environmental Science, 2014, 7(2): 812-819.

[148] Chen L D, Kawahara T, Tang X F, et al. Anomalous barium filling fraction and n-type thermoelectric performance of $BayCo_4Sb_{12}$[J]. Journal of Applied Physics, 2001, 90(4): 1864-1868.

[149] Nolas G S, Kaeser M, Littleton R T, et al. High figure of merit in partially filled ytterbium skutterudite materials[J]. Applied Physics Letters, 2000, 77(12): 1855-1857.

[150] Shi X, Zhang W, Chen L D, et al. Filling fraction limit for intrinsic voids in crystals: Doping in skutterudites[J]. Physical Review Letters, 2005, 95(18): 185503.

[151] Shi X, Kong H, Li C P, et al. Low thermal conductivity and high thermoelectric figure of merit in n-type $Ba_xYb_yCo_4Sb_{12}$ double-filled skutterudites[J]. Applied Physics Letters, 2008, 92(18): 182101.

[152] Shi X, Yang J, Salvador J R, et al. Multiple-filled skutterudites: High thermoelectric figure of merit through separately optimizing electrical and thermal transports[J]. Journal of the American Chemical Society, 2011, 133(20): 7837-7846.

[153] Sales B C, Mandrus D, Williams R K. Filled skutterudite antimonides: A new class of thermoelectric materials[J]. Science, 1996, 272(5266): 1325-1328.

[154] Rogl G, Grytsiv A, Rogl P, et al. Multifilled nanocrystalline p-type didymium–Skutterudites with ZT>1.2[J]. Intermetallics, 2010, 18(12): 2435-2444.

[155] Toprak M S, Stiewe C, Platzek D, et al. The impact of nanostructuring on the thermal conductivity of thermoelectric $CoSb_3$[J]. Advanced Functional Materials, 2004, 14(12): 1189-1196.

[156] Zhao X Y, Shi X, Chen L D, et al. Synthesis of $Yb_yCo_4Sb_{12}/Yb_2O_3$ composites and their thermoelectric properties[J]. Applied Physics Letters, 2006, 89(9): 092121.

[157] Peng J, Fu L, Liu Q, et al. A study of $Yb_{0.2}Co_4Sb_{12}$-$AgSbTe_2$ nanocomposites: Simultaneous enhancement of all three thermoelectric properties[J]. Journal of Materials Chemistry A, 2014, 2(1): 73-79.

[158] Li H, Tang X, Zhang Q, et al. High performance $In_xCe_yCo_4Sb_{12}$ thermoelectric materials with in situ forming nanostructured InSb phase[J]. Applied Physics Letters, 2009, 94(10): 102114.

[159] Condron C L, Kauzlarich S M, Gascoin F, et al. Thermoelectric properties and microstructure of Mg_3Sb_2[J]. Journal of Solid State Chemistry, 2006, 179(8): 2252-2257.

[160] Kajikawa T, Kimura N, Yokoyama T. Thermoelectric properties of intermetallic compounds: Mg_3Bi_2 and Mg_3Sb_2 for medium temperature range thermoelectric elements[C/OL], Proceedings ICT'03. 22nd International Conference on Thermoelectrics (IEEE Cat. No.03TH8726). La Grande Motte,IEEE, 2003: 305-308.

[161] Tamaki H, Sato H K, Kanno T. Isotropic conduction network and defect chemistry in $Mg_{3+\delta}Sb_2$-based layered Zintl compounds with high thermoelectric performance[J]. Advanced Materials, 2016, 28(46): 10182-10187.

[162] Ohno S, Imasato K, Anand S, et al. Phase boundary mapping to obtain n-type Mg_3Sb_2-based thermoelectrics[J]. Joule, 2018, 2(1): 141-154.

[163] Bhardwaj A, Rajput A, Shukla A K, et al. Mg_3Sb_2-based Zintl compound: A non-toxic, inexpensive and abundant thermoelectric material for power generation[J]. RSC Advances, 2013, 3(22): 8504-8516.

[164] Shuai J, Wang Y, Kim H S, et al. Thermoelectric properties of Na-doped Zintl compound: $Mg_{3-x}Na_xSb_2$[J]. Acta Materialia, 2015, 93: 187-193.

[165] Bhardwaj A, Chauhan N S, Goel S, et al. Tuning the carrier concentration using Zintl chemistry in Mg_3Sb_2, and its implications for thermoelectric figure-of-merit[J]. Physical Chemistry Chemical Physics, 2016, 18(8): 6191-6200.

[166] Ren Z, Shuai J, Mao J, et al. Significantly enhanced thermoelectric properties of p-type Mg_3Sb_2 via co-doping of Na and Zn[J]. Acta Materialia, 2018, 143: 265-271.

[167] Fu Y, Zhang X, Liu H, et al. Thermoelectric properties of Ag-doped compound: $Mg_{3-x}Ag_xSb_2$[J]. Journal of Materiomics, 2018, 4(1): 75-79.

[168] Kim S, Kim C, Hong Y K, et al. Thermoelectric properties of Mn-doped Mg-Sb single crystals[J]. Journal of Materials Chemistry A, 2014, 2(31): 12311-12316.

[169] Zhang J, Song L, Pedersen S H, et al. Discovery of high-performance low-cost n-type Mg_3Sb_2-based thermoelectric materials with multi-valley conduction bands[J]. Nature Communications, 2017, 8(1): 1-8.

[170] Zhang J, Song L, Mamakhel A, et al. High-performance low-cost n-type Se-doped Mg_3Sb_2-based Zintl compounds for thermoelectric application[J]. Chemistry of Materials, 2017, 29(12): 5371-5383.

[171] Zhang J, Song L, Borup K A, et al. New insight on tuning electrical transport properties via chalcogen doping in n-type Mg_3Sb_2-based thermoelectric materials[J]. Advanced Energy Materials, 2018, 8(16): 1702776.

[172] Gorai P, Toberer E S, Stevanovic V. Effective n-type doping of Mg_3Sb_2 with group-3 elements[J]. Journal of Applied Physics, 2019, 125(2): 025105.

[173] Imasato K, Wood M, Kuo J J, et al. Improved stability and high thermoelectric performance through cation site doping in n-type La-doped $Mg_3Sb_{1.5}Bi_{0.5}$[J]. Journal of Materials Chemistry A, 2018, 6(41): 19941-19946.

[174] Liang J, Yang H, Liu C, et al. Realizing a high ZT of 1.6 in N-type Mg_3Sb_2-based Zintl compounds through Mn and Se codoping[J]. ACS Applied Materials & Interfaces, 2020, 12(19): 21799-21807.

[175] Mao J, Wu Y, Song S, et al. Defect engineering for realizing high thermoelectric performance in n-type Mg_3Sb_2-based materials[J]. ACS Energy Letters, 2017, 2(10): 2245-2250.

[176] Imasato K, Kang S D, Ohno S, et al. Band engineering in Mg_3Sb_2 by alloying with Mg_3Bi_2 for enhanced thermoelectric performance[J]. Materials Horizons, 2018, 5(1): 59-64.

[177] Sun X, Li X, Yang J, et al. Achieving band convergence by tuning the bonding ionicity in n-type Mg_3Sb_2[J]. Journal of Computational Chemistry, 2019, 40(18): 1693-1700.

[178] Tan X, Liu G–Q, Hu H, et al. Band engineering and crystal field screening in thermoelectric Mg_3Sb_2[J]. Journal of Materials Chemistry A, 2019, 7(15): 8922-8928.

[179] Kuo J J, Kang S D, Imasato K, et al. Grain boundary dominated charge transport in Mg_3Sb_2-based compounds[J]. Energy & Environmental Science, 2018, 11(2): 429-434.

[180] Kuo J J, Wood M, Slade T J, et al. Systematic over-estimation of lattice thermal conductivity in materials with electrically-resistive grain boundaries[J]. Energy & Environmental Science, 2020, 13(4): 1250-1258.

[181] Kanno T, Tamaki H, Sato H K, et al. Enhancement of average thermoelectric figure of merit by increasing the grain-size of $Mg_{3.2}Sb_{1.5}Bi_{0.49}Te_{0.01}$[J]. Applied Physics Letters, 2018, 112(3): 033903.

[182] Wood M, Kuo J J, Imasato K, et al. Improvement of low-temperature ZT in a Mg_3Sb_2-Mg_3Bi_2 solid solution via Mg-vapor annealing[J]. Advanced Materials, 2019, 31(35): 1902337.

[183] Imasato K, Fu C, Pan Y, et al. Metallic n-type Mg_3Sb_2 single crystals demonstrate the absence of ionized impurity scattering and enhanced thermoelectric performance[J]. Advanced Materials, 2020, 32(16): 1908218.

[184] Bhardwaj A, Shukla A K, Dhakate S R, et al. Graphene boosts thermoelectric performance of a Zintl phase compound[J]. RSC Advances, 2015, 5(15): 11058-11070.

[185] Song S, Mao J, Shuai J, et al. Study on anisotropy of n-type Mg_3Sb_2-based thermoelectric materials[J]. Applied Physics Letters, 2018, 112(9): 092103.

[186] Caillat T, Fleurial J P, Borshchevsky A. Preparation and thermoelectric properties of semiconducting Zn_4Sb_3[J]. Journal of Physics and Chemistry of Solids, 1997, 58(7): 1119-1125.

[187] Chung D Y, Hogan T P, Rocci-Lane M, et al. A new thermoelectric material: $CsBi_4Te_6$[J]. Journal of the American Chemical Society, 2004, 126(20): 6414-6428.

[188] Chung D Y, Hogan T, Brazis P, et al. $CsBi_4Te_6$: A high-performance thermoelectric material for low-temperature applications[J]. Science, 2000, 287(5455): 1024-1027.

[189] Chen Z, Zhou M, Huang R J, et al. Thermoelectric properties of p-type Pb-doped $Bi_{85}Sb1_{5-x}Pb_x$ alloys at cryogenic temperatures[J]. Journal of Alloys and Compounds, 2012, 511(1): 85-89.

[190] Chen Z, Zhou M, Huang R, et al. Thermoelectric performance of -type$(Bi_{85}Sb_{15})_{1-x}$ Sn materials prepared by a pressureless sintering technique[J]. Journal of Electronic Materials, 2012, 41(6): 1725-1729.

[191] Kitagawa H, Noguchi H, Kiyabu T, et al. Thermoelectric properties of Bi-Sb semiconducting alloys prepared by quenching and annealing[J]. Journal of Physics and Chemistry of Solids, 2004, 65(7): 1223-1227.

[192] Liu H J, Song C M, Wu S T, et al. Processing method dependency of thermoelectric properties of $Bi_{85}Sb_{15}$ alloys in low temperature[J]. Cryogenics, 2007, 47(1): 56-60.

[193] Graf T, Felser C, Parkin S S P. Simple rules for the understanding of Heusler compounds[J]. Progress in Solid State Chemistry, 2011, 39(1): 1-50.

[194] Hirohata A, Kikuchi A, Tezuka N, et al. Heusler alloy/semiconductor hybrid structures[J]. Current Opinion in Solid

State and Materials Science, 2006, 10 (2): 93-107.

[195] Xia K, Hu C, Fu C, et al. Half-Heusler thermoelectric materials[J]. Applied Physics Letters, 2021, 118 (14): 140503.

[196] Hohl H, Ramirez A P, Goldmann C, et al. Efficient dopants for ZrNiSn-based thermoelectric materials[J]. Journal of Physics: Condensed Matter, 1999, 11 (7): 1697-1709.

[197] Liu Y, Xie H, Fu C, et al. Demonstration of a phonon-glass electron-crystal strategy in (Hf,Zr) NiSn half-Heusler thermoelectric materials by alloying[J]. Journal of Materials Chemistry A, 2015, 3 (45): 22716-22722.

[198] Shen Q, Chen L, Goto T, et al. Effects of partial substitution of Ni by Pd on the thermoelectric properties of ZrNiSn-based half-Heusler compounds[J]. Applied Physics Letters, 2001, 79 (25): 4165-4167.

[199] Sharp J W, Poon S J, Goldsmid H J. Boundary scattering and the thermoelectric figure of merit[J]. Physica Status Solidi A-Applied Research, 2001, 187 (2): 507-516.

[200] Kim S W, Kimura Y, Mishima Y. High temperature thermoelectric properties of TiNiSn-based half-Heusler compounds[J]. Intermetallics, 2007, 15 (3): 349-356.

[201] Sakurada S, Shutoh N. Effect of Ti substitution on the thermoelectric properties of (Zr,Hf) NiSn half-Heusler compounds[J]. Applied Physics Letters, 2005, 86 (8): 082105.

[202] Yu C, Zhu T J, Shi R Z, et al. High-performance half-Heusler thermoelectric materials $Hf_{1-x}Zr_xNiSn_{1-y}Sb_y$ prepared by levitation melting and spark plasma sintering[J]. Acta Materialia, 2009, 57 (9): 2757-2764.

[203] Uher C, Yang J, Hu S, et al. Transport properties of pure and doped MNiSn (M=Zr, Hf) [J]. Physical Review B, 1999, 59 (13): 8615-8621.

[204] Bhattacharya S, Pope A L, Littleton R T, et al. Effect of Sb doping on the thermoelectric properties of Ti-based half-Heusler compounds, $TiNiSn_{1-x}Sb_x$[J]. Applied Physics Letters, 2000, 77 (16): 2476-2478.

[205] Culp S R, Poon S J, Hickman N, et al. Effect of substitutions on the thermoelectric figure of merit of half-Heusler phases at 800℃[J]. Applied Physics Letters, 2006, 88 (4): 042106.

[206] Xie H, Wang H, Fu C, et al. The intrinsic disorder related alloy scattering in ZrNiSn half-Heusler thermoelectric materials[J]. Scientific Reports, 2014, 4 (1): 1-6.

[207] Chen L D, Huang X Y, Zhou M, et al. The high temperature thermoelectric performances of $Zr_{0.5}Hf_{0.5}Ni_{0.8}Pd_{0.2}Sn_{0.99}Sb_{0.01}$ alloy with nanophase inclusions[J]. Journal of Applied Physics, 2006, 99 (6): 064305.

[208] Poon S J, Wu D, Zhu S, et al. Half-Heusler phases and nanocomposites as emerging high-ZT thermoelectric materials[J]. Journal of Materials Research, 2011, 26 (22): 2795-2802.

[209] Makongo J P A, Misra D K, Zhou X, et al. Simultaneous large enhancements in thermopower and electrical conductivity of bulk nanostructured half-Heusler alloys[J]. Journal of the American Chemical Society, 2011, 133 (46): 18843-18852.

[210] Makongo J P A, Misra D K, Salvador J R, et al. Thermal and electronic charge transport in bulk nanostructured $Zr_{0.25}Hf_{0.75}NiSn$ composites with full-Heusler inclusions[J]. Journal Solid State Chemistry, 2011, 184 (11): 2948-2960.

[211] Chen L, Gao S, Zeng X, et al. Uncovering high thermoelectric figure of merit in (Hf,Zr) NiSn half-Heusler alloys[J]. Applied Physics Letters, 2015, 107 (4): 041902.

[212] Simonson J W, Wu D, Xie W J, et al. Introduction of resonant states and enhancement of thermoelectric properties in half-Heusler alloys[J]. Physical Review B, 2011, 83 (23): 235211.

[213] Chen L, Liu Y, He J, et al. High thermoelectric figure of merit by resonant dopant in half-Heusler alloys[J]. AIP Advances, 2017, 7 (6): 065208.

[214] Chauhan N S, Bathula S, Vishwakarma A, et al. Vanadium-doping-induced resonant energy levels for the enhancement of thermoelectric performance in Hf-free ZrNiSn half-Heusler alloys[J]. ACS Applied Energy Materials, 2018, 1(2): 757-764.

[215] Poon S J. Half Heusler compounds: Promising materials for mid-to-high temperature thermoelectric conversion[J]. Journal of Physics D-Applied Physics, 2019, 52(49): 493001.

[216] Schwall M, Balke B. Phase separation as a key to a thermoelectric high efficiency[J]. Physical Chemistry Chemical Physics, 2013, 15(6): 1868-1872.

[217] Chen L, Zeng X, Tritt T M, et al. Half-Heusler alloys for efficient thermoelectric power conversion[J]. Journal Electronic Materials, 2016, 45(11): 5554-5560.

[218] Guerth M, Rogl G, Romaka V V, et al. Thermoelectric high ZT half-Heusler alloys $Ti_{1-x-y}Zr_xHf_yNiSn$ $(0 \leqslant x \leqslant 1$; $0 \leqslant y \leqslant 1)$[J]. Acta Materialia, 2016, 104: 210-222.

[219] Rogl G, Sauerschnig P, Rykavets Z, et al. (V,Nb)-doped half Heusler alloys based on {Ti,Zr,Hf}NiSn with high ZT[J]. Acta Materialia, 2017, 131: 336-348.

[220] Ogut S, Rabe K M. band-gap and stability in the ternary intermetallic compounds NiSnM(M=TI,ZR,HF) - A first-principles study[J]. Physical Review B, 1995, 51(16): 10443-10453.

[221] Miyamoto K, Kimura A, Sakamoto K, et al. In-gap electronic states responsible for the excellent thermoelectric properties of Ni-based half-Heusler alloys[J]. Applied Physics Express, 2008, 1(8): 081901.

[222] Kozina X, Jaeger T, Ouardi S, et al. Electronic structure and symmetry of valence states of epitaxial NiTiSn and $NiZr_{0.5}Hf_{0.5}Sn$ thin films by hard X-ray photoelectron spectroscopy[J]. Applied Physics Letters, 2011, 99(22): 221908.

[223] Xie H H, Mi J L, Hu L P, et al. Interrelation between atomic switching disorder and thermoelectric properties of ZrNiSn half-Heusler compounds[J]. Crystengcomm, 2012, 14(13): 4467-4471.

[224] Fu C, Yao M, Chen X, et al. Revealing the intrinsic electronic structure of 3D half-Heusler thermoelectric materials by angle-resolved photoemission spectroscopy[J]. Advanced Science, 2020, 7(1): 1902409.

[225] Young D P, Khalifah P, Cava R J, et al. Thermoelectric properties of pure and doped FeMSb(M=V,Nb)[J]. Journal of Applied Physics, 2000, 87(1): 317-321.

[226] Zou M M, Li J F, Guo P J, et al. Synthesis and thermoelectric properties of fine-grained FeVSb system half-Heusler compound polycrystals with high phase purity[J]. Journal of Physics D: Applied Physics, 2010, 43(41): 415403.

[227] Zou M, Li J F, Kita T. Thermoelectric properties of fine-grained FeVSb half-Heusler alloys tuned to p-type by substituting vanadium with titanium[J]. Journal Solid State Chemistry, 2013, 198: 125-130.

[228] Fu C, Zhu T, Pei Y, et al. High band degeneracy contributes to high thermoelectric performance in p-type half-heusler compounds[J]. Advanced Energy Materials, 2014, 4(18): 1400600.

[229] Pei Y, LaLonde A D, Wang H, et al. Low effective mass leading to high thermoelectric performance[J]. Energy & Environmental Science, 2012, 5(7): 7963-7969.

[230] Fu C, Bai S, Liu Y, et al. Realizing high figure of merit in heavy-band p-type half-Heusler thermoelectric materials[J]. Nature Communications, 2015, 6: 8144.

[231] Yu J, Fu C, Liu Y, et al. Unique role of refractory Ta alloying in enhancing the figure of merit of NbFeSb thermoelectric materials[J]. Advanced Energy Materials, 2018, 8(1): 1701313.

[232] Fu C, Bai S, Liu Y, et al. Realizing high figure of merit in heavy-band p-type half-Heusler thermoelectric materials[J]. Nature Communications, 2015, 6(1): 1-7.

[233] Yu J, Xing Y, Hu C, et al. Half-Heusler thermoelectric module with high conversion efficiency and high power

density[J]. Advanced Energy Materials, 2020, 10(25): 2000888.

[234] Xing Y, Liu R, Liao J, et al. A device-to-material strategy guiding the "double-high" thermoelectric module[J]. Joule, 2020, 4(11): 2475-2483.

[235] Huang L, He R, Chen S, et al. A new n-type half-Heusler thermoelectric material NbCoSb[J]. Materials Research Bulletin, 2015, 70: 773-778.

[236] Zhang H, Wang Y, Huang L, et al. Synthesis and thermoelectric properties of n-type half-Heusler compound VCoSb with valence electron count of 19[J]. Journal of Alloys and Compounds, 2016, 654: 321-326.

[237] Zeier W G, Anand S, Huang L, et al. Using the 18-electron rule to understand the nominal 19-electron half-heusler NbCoSb with Nb vacancies[J]. Chemistry of Materials, 2017, 29(3): 1210-1217.

[238] Xia K, Liu Y, Anand S, et al. Enhanced thermoelectric performance in 18-electron $Nb_{0.8}CoSb$ half-Heusler compound with intrinsic Nb vacancies[J]. Advanced Functional Materials, 2018, 28(9): 1705845.

[239] Xia K, Nan P, Tan S, et al. Short-range order in defective half-Heusler thermoelectric crystals[J]. Energy & Environmental Science, 2019, 12(5): 1568-1574.

[240] Fang T, Xia K, Nan P, et al. A new defective 19-electron TiPtSb half-Heusler thermoelectric compound with heavy band and low lattice thermal conductivity[J]. Materials Today Physics, 2020, 13: 100200.

[241] Nishino Y, Kato M, Asano S, et al. Semiconductorlike behavior of electrical resistivity in Heusler-type Fe_2VAl Compound[J]. Physical Review Letters, 1997, 79(10): 1909-1912.

[242] Kato H, Kato M, Nishino Y. Effect of silicon substitution on thermoelectric properties of Heusler-type Fe_2VAl alloy[J]. Journal of the Japan Institute of Metals, 2001, 65(7): 652-656.

[243] Nishino Y, Deguchi S, Mizutani U. Thermal and transport properties of the Heusler-type $Fe_2VAl_{1-x}Ge_x$ ($0 \leqslant x \leqslant 0.20$) alloys: Effect of doping on lattice thermal conductivity, electrical resistivity, and Seebeck coefficient[J]. Physical Review B, 2006, 74(11): 115115.

[244] Mori T, Ide N, Nishino Y. Thermoelectric properties of p-type $Fe_2(V_{1-x-y}Ti_xTa_y)$ Al alloys[J]. Journal of the Japan Institute of Metals, 2008, 72(8): 593-598.

[245] Takeuchi T, Terazawa Y, Furuta Y, et al. Effect of heavy element substitution and off-stoichiometric composition on thermoelectric properties of Fe_2VAl-based Heusler phase[J]. Journal Electronic Materials, 2013, 42(7): 2084-2090.

[246] Mikami M, Matsumoto A, Kobayashi K. Synthesis and thermoelectric properties of microstructural Heusler Fe_2VAl alloy[J]. Journal Alloys and Compounds, 2008, 461(1): 423-426.

[247] Mikami M, Kinemuchi Y, Ozaki K, et al. Thermoelectric properties of tungsten-substituted Heusler Fe_2VAl alloy[J]. Journal Applied Physics, 2012, 111(9): 093710.

[248] Masuda S, Tsuchiya K, Qiang J, et al. Effect of high-pressure torsion on the microstructure and thermoelectric properties of Fe_2VAl-based compounds[J]. Journal Applied Physics, 2018, 124(3): 035106.

[249] Anand S, Gurunathan R, Soldi T, et al. Thermoelectric transport of semiconductor full-Heusler VFe_2Al[J]. Journal of Materials Chemistry C, 2020, 8(30): 10174-10184.

[250] Mcwilliams D, Lynch D W. Infrared reflectivities of magnesium silicide, germanide, and stannide[J]. Physical Review, 1963, 130(6): 2248-2252.

[251] Aymerich F, Mula G. Pseudopotential band structures of Mg_2Si, Mg_2Ge, Mg_2Sn, and of the Solid Solution Mg_2(Ge, Sn)[J]. Physica Status Solidi B-Basic Solid State Physics, 1970, 42(2): 697-704.

[252] Tani J, Kido H. Thermoelectric properties of Sb-doped Mg_2Si semiconductors[J]. Intermetallics, 2007, 15(9): 1202-1207.

[253] Akasaka M, Iida T, Nishio K, et al. Composition dependent thermoelectric properties of sintered

$Mg_2Si_{1-x}Ge_x$ (x=0~1) initiated from a melt-grown polycrystalline source[J]. Thin Solid Films, 2007, 515(22): 8237-8241.

[254] Zaitsev V K, Fedorov M I, Gurieva E A, et al. Highly effective $Mg_2Si_{1-x}Sn_x$ thermoelectrics[J]. Physical Review B, 2006, 74(4): 045207.

[255] Liu W S, Kim H S, Chen S, et al. N-type thermoelectric material $Mg_2Sn_{0.75}Ge_{0.25}$ for high power generation[J]. Proceedings of the National Academy of Sciences of the United States of America, 2015, 112(11): 3269-74.

[256] Tani J I, Kido H. Thermoelectric properties of Bi-doped Mg_2Si semiconductors[J]. Physica B: Condensed Matter, 2005, 364(1-4): 218-224.

[257] Luo W J, Yang M J, Shen Q, et al. Effect of Bi doping on the thermoelectric properties of $Mg_2Si_{0.5}Sn_{0.5}$ compound[J]. Advanced Materials Research, 2009, 66: 33-36.

[258] Liu W, Zhang Q, Yin K, et al. High figure of merit and thermoelectric properties of Bi-doped $Mg_2Si_{0.4}Sn_{0.6}$ solid solutions[J]. Journal of Solid State Chemistry, 2013, 203: 333-339.

[259] Gao P, Lu X, Berkun I, et al. Reduced lattice thermal conductivity in Bi-doped $Mg_2Si_{0.4}Sn_{0.6}$[J]. Applied Physics Letters, 2014, 105(20): 202104.

[260] Zhang Q, He J, Zhu T J, et al. High figures of merit and natural nanostructures in $Mg_2Si_{0.4}Sn_{0.6}$ based thermoelectric materials[J]. Applied Physics Letters, 2008, 93(10): 102109.

[261] Du Z L, Zhu T J, Chen Y, et al. Roles of interstitial Mg in improving thermoelectric properties of Sb-doped $Mg_2Si_{0.4}Sn_{0.6}$ solid solutions[J]. Journal of Materials Chemistry, 2012, 22(14): 6838-6844.

[262] Gao H L, Zhu T J, Liu X X, et al. Flux synthesis and thermoelectric properties of eco-friendly Sb doped $Mg_2Si_{0.5}Sn_{0.5}$ solid solutions for energy harvesting[J]. Journal of Materials Chemistry, 2011, 21(16): 5933-5937.

[263] Liu W, Tang X, Li H, et al. Enhanced thermoelectric properties of n-type $Mg_{2.16}(Si_{0.4}Sn_{0.6})_{1-y}$Sby due to nano-sized Sn-rich precipitates and an optimized electron concentration[J]. Journal of Materials Chemistry, 2012, 22(27): 13653.

[264] Gao P, Berkun I, Schmidt R D, et al. Transport and mechanical properties of high-ZT $Mg_{2.08}Si_{0.4-x}$ $Sn_{0.6}Sb_x$ thermoelectric materials[J]. Journal of Electronic Materials, 2013, 43(6): 1790-1803.

[265] Satyala N, Vashaee D. The effect of crystallite size on thermoelectric properties of bulk nanostructured magnesium silicide (Mg_2Si) compounds[J]. Applied Physics Letters, 2012, 100(7): 073107.

[266] Cederkrantz D, Farahi N, Borup K A, et al. Enhanced thermoelectric properties of Mg_2Si by addition of TiO_2 nanoparticles[J]. Journal of Applied Physics, 2012, 111(2): 023701.

[267] Yi T H, Chen S P, Li S, et al. Synthesis and characterization of Mg_2Si/Si nanocomposites prepared from MgH_2 and silicon, and their thermoelectric properties[J]. Journal of Materials Chemistry, 2012, 22(47): 24805-24813.

[268] Wang S, Mingo N. Improved thermoelectric properties of $Mg_2Si_xGe_ySn_{1-x-y}$ nanoparticle-in-alloy materials[J]. Applied Physics Letters, 2009, 94(20): 203109.

[269] Truong D Y N, Kleinke H, Gascoin F. Preparation of pure higher manganese silicides through wet ball milling and reactive sintering with enhanced thermoelectric properties[J]. Intermetallics, 2015, 66: 127-132.

[270] Luo W H, Li H, Fu F, et al. Improved thermoelectric properties of Al-doped higher manganese silicide prepared by a rapid solidification method[J]. Journal of Electronic Materials, 2011, 40(5): 1233-1237.

[271] Chen X, Weathers A, Salta D, et al. Effects of(Al,Ge) double doping on the thermoelectric properties of higher manganese silicides[J]. Journal of Applied Physics, 2013, 114(17): 173705.

[272] Bernard-Granger G, Soulier M, Ihou-Mouko H, et al. Microstructure investigations and thermoelectrical properties of a P-type polycrystalline higher manganese silicide material sintered from a gas-phase atomized powder[J].

Journal of Alloys and Compounds, 2015, 618: 403-412.

[273] Okamoto N L, Koyama T, Kishida K, et al. Crystal structure and thermoelectric properties of chimney–ladder compounds in the Ru_2Si_3-Mn_4Si_7 pseudobinary system[J]. Acta Materialia, 2009, 57(17): 5036-5045.

[274] Ponnambalam V, Morelli D T, Bhattacharya S, et al. The role of simultaneous substitution of Cr and Ru on the thermoelectric properties of defect manganese silicides $MnSi_\delta$ ($1.73 < \delta < 1.75$)[J]. Journal of Alloys and Compounds, 2013, 580: 598-603.

[275] Miyazaki Y, Hamada H, Nagai H, et al. Crystal structure and thermoelectric properties of lightly substituted higher manganese silicides[J]. Materials, 2018, 11(6): 926.

[276] Chen X, Girard S N, Meng F, et al. Approaching the minimum thermal conductivity in rhenium-substituted higher manganese silicides[J]. Advanced Energy Materials, 2014, 4(14): 1400452.

[277] Yamamoto A, Ghodke S, Miyazaki H, et al. Thermoelectric properties of supersaturated Re solid solution of higher manganese silicides[J]. Japanese Journal of Applied Physics, 2016, 55(2): 020301.

[278] Ghodke S, Yamamoto A, Hu H C, et al. Improved thermoelectric properties of Re-substituted higher manganese silicides by inducing phonon scattering and an energy-filtering effect at grain boundary interfaces[J]. ACS Applied Materials & Interfaces, 2019, 11(34): 31169-31175.

[279] Gao Z P, Xiong Z W, Li J, et al. Enhanced thermoelectric performance of higher manganese silicides by shock-induced high-density dislocations[J]. Journal of Materials Chemistry A, 2019, 7(7): 3384-3390.

[280] Luo W H, Li H, Yan Y G, et al. Rapid synthesis of high thermoelectric performance higher manganese silicide with in-situ formed nano-phase of MnSi[J]. Intermetallics, 2011, 19(3): 404-408.

[281] Chen X, Zhou J S, Goodenough J B, et al. Enhanced thermoelectric power factor of Re-substituted higher manganese silicides with small islands of MnSi secondary phase[J]. Journal of Materials Chemistry C, 2015, 3(40): 10500-10508.

[282] Muthiah S, Singh R C, Pathak B D, et al. Significant enhancement in thermoelectric performance of nanostructured higher manganese silicides synthesized employing a melt spinning technique[J]. Nanoscale, 2018, 10(4): 1970-1977.

[283] Ware R M, McNeill D J. Iron disilicide as a thermoelectric generator material[J]. Proceedings of the Institution of Electrical Engineers, 1964, 111(1): 178-182.

[284] Kim S W, Cho M K, Mishima Y, et al. High temperature thermoelectric properties of p-and n-type β-$FeSi_2$ with some dopants[J]. Intermetallics, 2003, 11(5): 399-405.

[285] Qu X R, Jia D C, Hu J M, et al. Growth mechanism and thermoelectric properties of β-$FeSi_2$ matrix with Si nanowires[J]. Materials Science and Engineering B, 2011, 176(16): 1291-1296.

[286] Sugihara S, Morikawa K. Improved thermoelectric performances of oxide-containing $FeSi_2$[J]. Materials Transactions, 2011, 52(8): 1526-1530.

[287] Mohebali M, Liu Y, Tayebi L, et al. Thermoelectric figure of merit of bulk $FeSi_2$-$Si_{0.8}Ge_{0.2}$ nanocomposite and a comparison with β-$FeSi_2$[J]. Renewable Energy, 2015, 74: 940-947.

[288] Terasaki I, Sasago Y, Uchinokura K. Large thermoelectric power in $NaCo_2O_4$ single crystals[J]. Physical Review B, 1997, 56(20): 12685-12687.

[289] Ando Y, Miyamoto N, Segawa K, et al. Specific-heat evidence for strong electron correlations in the thermoelectric material (Na,Ca) Co_2O_4[J]. Physical Review B, 1999, 60(15): 10580-10583.

[290] Wang Y Y, Rogado N S, Cava R J, et al. Spin entropy as the likely source of enhanced thermopower in $Na_xCo_2O_4$[J]. Nature, 2003, 423(6938): 425-428.

[291] Koshibae W, Tsutsui K, Maekawa S. Thermopower in cobalt oxides[J]. Physical Review B, 2000, 62(11): 6869-6872.

[292] Terasaki I, Iwakawa M, Nakano T, et al. Novel thermoelectric properties of complex transition-metal oxides[J]. Dalton Transactions, 2010, 39(4): 1005-1011.

[293] Zhang W, Liu P, Wang Y, et al. Textured Na_xCoO_2 ceramics sintered from hydrothermal platelet nanocrystals: Growth mechanism and transport properties[J]. Journal of Electronic Materials, 2018, 47(7): 4070-4077.

[294] Koumoto K, Terasaki I, Funahashi R. Complex oxide materials for potential thermoelectric applications[J]. Mrs Bulletin, 2006, 31(3): 206-210.

[295] Masset A C, Michel C, Maignan A, et al. Misfit-layered cobaltite with an anisotropic giant magnetoresistance: $Ca_3Co_4O_9$[J]. Physical Review B, 2000, 62(1): 166-175.

[296] Liu C J, Huang L C, Wang J S. Improvement of the thermoelectric characteristics of Fe-doped misfit-layered $Ca_3Co_{4-x}Fe_xO_{9+\delta}$($x$=0, 0.05, 0.1, 0.2)[J]. Applied Physics Letters, 2006, 89(20): 204102.

[297] Ahmed A J, Hossain M S A, Islam S M K N, et al. Significant improvement in electrical conductivity and figure of merit of nanoarchitectured porous $SrTiO_3$ by La doping optimization[J]. ACS Applied Materials & Interfaces, 2020, 12(25): 28057-28064.

[298] Li S W, Funahashi R, Matsubara I, et al. Synthesis and thermoelectric properties of the new oxide materials $Ca_{3-x}Bi_xCo_4O_9$+delta($0.0 < x < 0.75$)[J]. Chemistry of Materials, 2000, 12(8): 2424-2427.

[299] Tian R, Zhang T, Chu D, et al. Enhancement of high temperature thermoelectric performance in Bi, Fe co-doped layered oxide-based material $Ca_3Co_4O_{9+\delta}$[J]. Journal of alloys and compounds, 2014, 615: 311-315.

[300] Van Nong N, Pryds N, Linderoth S, et al. Enhancement of the thermoelectric performance of p-type layered oxide $Ca_3Co_4O_{9+\delta}$ through heavy doping and metallic nanoinclusions[J]. Advanced Materials, 2011, 23(21): 2484-2490.

[301] Saini S, Yaddanapudi H S, Tian K, et al. Terbium ion doping in $Ca_3Co_4O_9$: A step towards high-performance thermoelectric materials[J]. Scientific Reports, 2017, 7(1): 1-9.

[302] Masuda Y, Nagahama D, Itahara H, et al. Thermoelectric performance of Bi- and Na-substituted $Ca_3Co_4O_9$ improved through ceramic texturing[J]. Journal of Materials Chemistry, 2003, 13(5): 1094-1099.

[303] Kenfaui D, Lenoir B, Chateigner D, et al. Development of multilayer textured $Ca_3Co_4O_9$ materials for thermoelectric generators: Influence of the anisotropy on the transport properties[J]. Journal of the European Ceramic Society, 2012, 32(10): 2405-2414.

[304] Song M E, Lee H, Kang M G, et al. Anisotropic thermoelectric performance and sustainable thermal stability in textured $Ca_3Co_4O_9$/Ag nanocomposites[J]. ACS Applied Energy Materials, 2019, 2(6): 4292-4301.

[305] Noudem J G, Kenfaui D, Chateigner D, et al. Toward the enhancement of thermoelectric properties of lamellar $Ca_3Co_4O_9$ by edge-free spark plasma texturing[J]. Scripta Materialia, 2012, 66(5): 258-260.

[306] Frederikse H P R, Thurber W R, Hosler W R. Electronic transport in strontium titanate[J]. Physical Review, 1964, 134(2A): A442-A445.

[307] Okuda T, Nakanishi K, Miyasaka S, et al. Large thermoelectric response of metallic perovskites: $Sr_{1-x}La_xTiO_3$($0 \leqslant x \leqslant 0.1$)[J]. Physical Review B, 2001, 63(11): 113104.

[308] Ohta S, Nomura T, Ohta H, et al. High-temperature carrier transport and thermoelectric properties of heavily La- or Nb-doped $SrTiO_3$ single crystals[J]. Journal of Applied Physics, 2005, 97(3).

[309] Koumoto K, Wang Y, Zhang R, et al. Oxide thermoelectric materials: A nanostructuring approach. Annual Review of Materials Research, 2010, 40(1): 363-394.

[310] Zhang R Z, Wang C L, Li J C, et al. Simulation of thermoelectric performance of bulk $SrTiO_3$ with

two-dimensional electron gas grain boundaries[J]. Journal of the American Ceramic Society, 2010, 93(6): 1677-1681.

[311] Lin Y, Dylla M T, Kuo J J, et al. Graphene/strontium titanate: Approaching single crystal-like charge transport in polycrystalline oxide perovskite nanocomposites through grain boundary engineering[J]. Advanced Functional Materials, 2020, 30(12): 1910079.

[312] Ohtaki M, Tsubota T, Eguchi K, et al. High-temperature thermoelectric properties of $(Zn_{1-x}Al_x)O$[J]. Journal of Applied Physics, 1996, 79(3): 1816-1818.

[313] Tsubota T, Ohtaki M, Eguchi K, et al. Thermoelectric properties of Al-doped ZnO as a promising oxide material for high-temperature thermoelectric conversion[J]. Journal of Materials Chemistry, 1997, 7(1): 85-90.

[314] Kim K H, Shim S H, Shim K B, et al. Microstructural and thermoelectric characteristics of zinc oxide-based thermoelectric materials fabricated using a spark plasma sintering process[J]. Journal of the American Ceramic Society, 2005, 88(3): 628-632.

[315] Ohtaki M, Araki K, Yamamoto K. High thermoelectric performance of dually doped ZnO ceramics[J]. Journal of Electronic Materials, 2009, 38(7): 1234-1238.

[316] Ohta H, Seo W S, Koumoto K. Thermoelectric properties of homologous compounds in the $ZnO-In_2O_3$ system[J]. Journal of the American Ceramic Society, 1996, 79(8): 2193-2196.

[317] Kazeoka M, Hiramatsu H, Seo W S, et al. Improvement in thermoelectric properties of $(ZnO)_5In_2O_3$ through partial substitution of yttrium for indium[J]. Journal of Materials Research, 1998, 13(3): 523-526.

[318] Tani T, Isobe S, Seo W-S, et al. Thermoelectric properties of highly textured $(ZnO)InO$ ceramics[J]. Journal of Materials Chemistry, 2001, 11(9): 2324-2328.

[319] Isobe S, Tani T, Masuda Y, et al. Thermoelectric performance of yttrium-substituted $(ZnO)_5In_2O_3$ improved through ceramic texturing[J]. Japanese Journal of Applied Physics Part 1-Regular Papers Brief Communications & Review Papers, 2002, 41(2A): 731-732.

[320] Masuda Y, Ohta M, Seo W S, et al. Structure and thermoelectric transport properties of isoelectronically substituted $(ZnO)(5)In_2O_3$[J]. Journal of Solid State Chemistry, 2000, 150(1): 221-227.

[321] Zhao L D, He J, Berardan D, et al. BiCuSeO oxyselenides: New promising thermoelectric materials[J]. Energy & Environmental Science, 2014, 7(9): 2900-2924.

[322] Zhao L D, Berardan D, Pei Y L, et al. $Bi_{1-x}Sr_xCuSeO$ oxyselenides as promising thermoelectric materials[J]. Applied Physics Letters, 2010, 97(9): 092118.

[323] Pei Y L, Wu H, Wu D, et al. High thermoelectric performance realized in a BiCuSeO system by improving carrier mobility through 3D modulation doping[J]. Journal of the American Chemical Society, 2014, 136(39): 13902-13908.

[324] Ren G K, Wang S Y, Zhu Y C, et al. Enhancing thermoelectric performance in hierarchically structured BiCuSeO by increasing bond covalency and weakening carrier–phonon coupling[J]. Energy & Environmental Science, 2017, 10(7): 1590-1599.

第5章 制备技术

5.1 引　言

　　热电材料大多属于半导体材料，其物理性能调控涉及能带结构、电子结构和微结构调控等。近年来，热电材料物理的相关研究取得了显著进展，如纳米热电效应、能带收敛、局域谐振态等概念在提升热电材料性能的研究中发挥了重要的引导作用，极大地推动了热电材料的发展。同时，热电材料性能的提升也得益于制备技术的发展，对于同样的材料体系，通过不同制备工艺赋予热电材料特殊的微结构，可以实现热电性能的显著提升。20 世纪初，Dresselhaus 等揭示了材料低维化的纳米热电效应，促进了纳米热电材料的发展，随后纳米材料制备技术在热电材料中得到了广泛应用。长期以来，商用碲化铋基热电材料通常采用区熔法制备以得到化学成分纯度高、结晶取向择优调控的晶棒材料，其 ZT 值在 1.0 左右。近年来，采用粉末冶金法制备碲化铋等热电材料，特别是采用具有升温速度快、保温时间短等特点的放电等离子体烧结(spark plasma sintering，SPS)技术制备的热电材料块体具有晶粒细化的特点，从而有助于降低热导率，获得高性能的热电材料。粉末冶金法还适合制备复合热电材料，选择合适的纳米颗粒进行复合不仅可以提高热电性能，还可以提高材料的机械性能，进而改善热电材料的加工性能和器件服役的可靠性。以粉体为原料的粉末冶金工艺为热电材料制备提供了更大的自由度，人们可以采用许多物理或化学方法对粉体进行形貌调控和修饰，再通过 SPS 等快速制备方法保留其特殊微纳结构，以此实现对热电输运特性的调控。而使用熔融制备方法或其他化学法制备的单晶热电材料更适于本征热电性能的研究。

　　总之，近年来热电材料制备技术已取得快速发展，推动了热电材料的研发进程。本章结合热电材料的特点，介绍相关制备技术及热电材料的研究进展。

5.2　熔炼-晶体生长法

　　熔炼-晶体生长法是常用的材料制备方法，特别适合于制备单晶材料。单晶材料除应用外，还能为用于晶体结构与物性等方面的基础研究提供理想的样品。单晶样品能展示材料的本征特性，可将原子种类与排列特性直接展现于宏观尺度，从而满足许多有关材料原子排列特性的表征测试要求。例如，用布拉格衍射和氦原子散射等技术详细研究单晶材料的晶体结构要比多晶材料容易得多；只有在单晶中才有可能研究各种物理性质的方向依赖性，从而可靠地验证理论预测的结果；一些需要在宏观上取平均来表征微观特性的技术，如角分辨光发射光电子能谱或低能电子衍射，只有在对单晶表面进行测试时才具有实际意义。此外，由于单晶样品不存在晶界，所以对因原子排列而导致的本征晶格热导率较低的热电材料，应尽可能排除晶界对载流子传输的影响，从而得到较高的 ZT 值。

5.2.1　方法

　　熔炼-晶体生长法的本质是采用合适的设备与工艺对各种原子分布均匀的熔体的固-液相变过程进行调控，使其稳定有序地凝固为所需要的块体材料。人们使用这种方法已经有几百年的历史，其理论基础源于 18～19 世纪，包括热力学、动力学理论、过冷理论、过饱和理论等，并在 20 世纪前 40 年间得到了快速发展，许多沿用至今的晶体生长技术均诞生于这个时期，包括焰熔法、水热法、直拉法(乔赫拉尔斯基法)、泡生法、坩埚下降法(布里奇曼-斯托克巴杰法)、垂直梯度凝固法等。此后，为了得到更高纯度、缺陷更少的晶体，区熔法、悬浮区熔法应运而生，并为半导体工业的发展做出了巨大贡献。在这些方法中，制备热电材料单晶常用的方法有直拉法、坩埚下降法、垂直梯度凝固法与区熔法。本节简要介绍其基本原理及优缺点。

　　1. 直拉法

　　直拉法是一种快速生长单晶的方法，设备示意图如图 5.1 所示。具体操作过程是首先将熔体加热至略高于凝固点，同时将籽晶牢固地固定在旋转管下方并降低至熔体表面之下。籽晶周围的熔体温度随之下降，晶体开始生长并维持籽晶的晶体取向。为了维持晶体生长，通常缓慢地提拉籽晶并同时进行旋转，以保证熔体温度场的均匀性。在旋转过程中还伴随着搅拌，以使熔体成分更加均匀。由于旋转过程会加速熔体在坩埚中的溶解过程，因此还须将杂质浓度保持在最低水平，将包含熔体和晶体的坩埚以相同的速率和方向旋转。

　　在提拉过程中，可通过调整加热器的输出功率来控制晶体的直径。一般在最

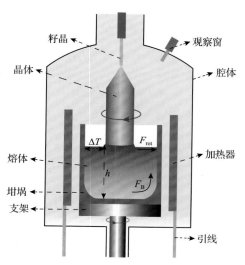

图 5.1　直拉法装置示意图

初的提拉过程中，凝固晶体的直径略有缩小，其目的是形成长的窄颈区从而有助于减少位错[1]。随后，再通过降低熔体温度以增大直径。当晶体达到所需直径时，保持此温度使晶体继续生长直至达到目标长度，最终再通过急剧增加提拉速率或增加熔体温度以使直径减小到零来终止其生长。

使用直拉法提拉单晶时晶体与坩埚壁无直接接触，有助于生长出无应力的单晶。能够控制直径以减少位错甚至消除位错也是直拉法的特征之一。直拉法的最大优点是能生产出最接近完美的单晶。此外，通过该法生产的单晶尺寸较大，因此在半导体工业有着广阔的应用前景。然而，它的缺点也很明显。它只适用于一致熔融或近一致熔融的材料（即平衡分布常数 $k \approx 1$，平衡时固体和熔体组分相同的材料）。直拉法通常需要一种与熔体相匹配的坩埚材料，如硅对应二氧化硅坩埚，然而二氧化硅在熔融的硅中会发生缓慢溶解，这就带来了一些需要解决的工艺问题。此外，采用直拉法的成本远高于其他方法，所以通常对单晶质量的要求较高时才会使用。

1956 年，Goldsmid 等[2]通过此方法制备了 Bi_2Te_3 晶体并测试了其热电性能。通过光学手段测得其能隙为 0.15eV。在平行于解理面的方向上测量，泽贝克系数为 $200\mu V/K$ 的单晶样品（P 型）在室温下的电导率为 500S/cm，在平行于解理面测得的室温热导率为 $1.75W/(m \cdot K)$，垂直于解理面为 $0.76W/(m \cdot K)$。

1988 年，Laudise 等[3]通过直拉法制备了不同 Te 含量的 Bi_2Te_3 晶体，并研究了各种掺杂元素对 Bi_2Te_3 单晶室温电学性能的影响。制备过程中籽晶的旋转速率为 30rpm，提拉速率为 12mm/h。籽晶的解理面为（001），单晶的生长方向为[001]。经过 4～7h 的生长，得到了约 200g 的单晶粒。采用直拉法可以生产高质量的 Bi_2Te_3 单晶，其成分和电输运性质如表 5.1 所示。以名义化学计量比制得的单晶的载流子浓度为 $10^{19}cm^{-3}$。由于 Te 的分配常数为 10^{-2}，所以液体中需要添加大量过量的 Te，并且提拉速度要尽可能地慢。通过对 Ti、Cr、Mn、Fe、Co、Ni、Ge 和 Sn 元素的掺杂进行研究得出 Mn 和 Sn 的分布常数约为 10^{-1}，所以可以对样品进行 Mn、Sn 重掺杂以调节载流子浓度，而另外几种元素的掺杂效率和对载流子浓度的改变则不如 Mn 和 Sn 显著。此外，由于 Mn 的高掺杂效率，可以制备 Mn 含量高达 0.3%的样品，因此将 Bi_2Te_3 作为含磁性离子的半导体的研究在理论上是可行的。

2. 坩埚下降法

坩埚下降法又称为布里奇曼-斯托克巴杰法（简称"布里奇曼法"），简单来说就是一种通过从一端到另一端使熔体逐步冷却凝固以生长晶体的方法。坩埚下降法的装置示意图如图 5.2 所示，该装置主要由四部分组成，即高温区、隔热层、

表 5.1 对不同元素掺杂和不同化学计量比的 Bi₂Te₃ 单晶的研究结果[3]

掺杂元素	液相组成		c_L /(ppm wt%)	c_S /(ppm wt%)	c_S /(atoms/cm³)	$k=c_S/c_L$	N_D-N_A (载流子类型)	电学测试	
	Te/Bi	Te /(mol%)						迁移率 /[cm²/(V·s)]	电阻率 /(Ω·cm)
None	1.485	59.77	—	—	—	—	-2.0×10^{19}(P)	213	1.30
None	1.5015	60.02	—	—	—	—	-2.1×10^{19}(P)	204	1.19
None	1.523	60.35	—	—	—	—	-1.8×10^{19}(P)	226	1.39
None	2.33	70.00	—	—	—	—	10×10^{19}(N)	141	0.45
Ti	1.5015	60.02	246	1.0	1.0×10^{17}	4.0×10^{-3}	-1.8×10^{19}(P)	236	1.36
Cr	1.5015	60.02	246	1.1	1.0×10^{17}	4.5×10^{-3}	-2.3×10^{19}(P)	204	1.17
Mn	1.5015	60.02	125	68	5.9×10^{18}	0.54	-1.4×10^{19}(P)	220	1.84
Mn	1.5015	60.02	246	142	1.2×10^{19}	0.58	-1.4×10^{19}(P)	236	1.69
Mn	1.5015	60.02	493	383	3.3×10^{19}	0.78	-1.4×10^{19}(P)	198	1.91
Mn	1.5015	60.02	4930	3100	2.7×10^{20}	0.63	-1.5×10^{19}(P)	171	2.10
Fe	1.5015	60.02	253	6.0	5.1×10^{17}	2.4×10^{-2}	-1.7×10^{19}(P)	230	1.36
Co	1.5015	60.02	246	0.63	5.1×10^{16}	2.6×10^{-3}	-1.7×10^{19}(P)	265	1.30
Ni	1.5015	60.02	246	0.80	6.4×10^{16}	3.2×10^{-3}	-2.0×10^{19}(P)	220	1.2
Ge	1.5015	60.02	254	<5,ND	$<3.0\times10^{17}$	$<2\times10^{-2}$	-2.0×10^{19}(P)	231	1.2
Sn	1.5015	60.02	244	42	1.6×10^{18}	0.17	-2.4×10^{19}(P)	168	1.33

注：c_L＝初始液相熔体浓度；c_S＝固相浓度；k＝平衡分布常数；N_D＝化学法测定的掺杂浓度；N_A＝电学法测定的掺杂浓度。

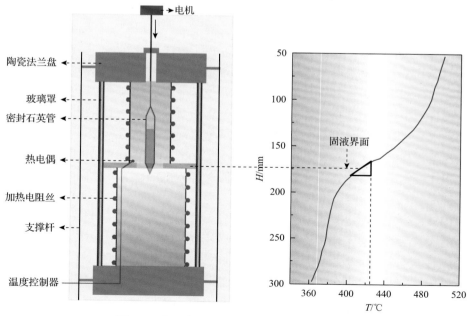

图 5.2 布里奇曼-斯托克巴杰法装置的示意图

低温区和坩埚。装置上部为高温区，负责加热使晶体维持熔化状态；中部为隔热层(斯托克巴杰改进时引入)，负责隔绝上下两部分，形成一个温度急剧变化的区间；下部为低温区，使晶体维持凝固状态；装置中心悬吊的坩埚通常为石英管、玻璃管或高熔点金属管(Pt、Ir 或 Mo)，盛装制备单晶的原料，其底端设计为锥形，以限制其成核为单个晶体。该方法的具体操作是首先将混合均匀的原料按配比装填于坩埚，并置于高温区使其完全熔化。随后以极慢的速率降低容器(通常为 1～30mm/h)使其逐渐离开高温区进入低温区，直至所有熔体都进入低温区并凝固。

坩埚下降法的原理和装置均简单易行，几乎不需要中间操作就可以获得尺寸控制良好的晶体。但是，在使用坩埚下降法的过程中需要注意一些问题。例如，在晶体生长的过程中，晶体会在特定的晶体学方向上生长过快，以大于锥角一半的角度生长的晶体会终止于锥壁。如果不加以修正，通常很难得到大块单晶，仅能长出多个大块晶体。因此，通常采用选晶法和籽晶法制备大块单晶。选晶法是指通过对坩埚中的开始生长段进行优化设计，在结晶初期只形成一个晶粒；或者在开始形成多个晶粒的条件下，利用不同晶粒在不同结晶方向上生长速率的差异设计特殊的坩埚尖端形状(通常称为引晶区)，使大部分晶粒的生长在引晶区被终止(淘汰)，而只有一个晶粒长大，形成晶锭。籽晶法是指在晶体生长前，于坩埚尖端预先放置一个小尺寸单晶体(籽晶)，其成分、晶体取向和晶界结构等与生长的晶体类似，从而实现单晶生长。由于晶体与坩埚壁直接接触，所以制备的晶体容易受容器污染。如果晶体在凝固时膨胀，其生长过程将受到坩埚的约束，引入位错和低角度晶界，还会产生较大的应力，甚至导致坩埚破裂。因此，用这种方法很难产生位错密度小于 $10^4 \mathrm{cm}^{-2}$ 的单晶。为了解决这个问题，可以将装置设计成其他形状，如水平放置坩埚，让晶体在坩埚中水平生长，熔体沿水平方向从热端向冷端逐渐生长，这种方法又叫作水平布里奇曼法。该方法可以充分考虑晶体在生长过程中热应力与机械应力释放的问题，主要体现在：①生长晶体时熔体在坩埚中水平铺开，熔体结晶时，晶体与坩埚壁之间因彼此的热膨胀不同而引起的挤压现象得到极大缓解；②炉内温度梯度可设计成 2～5K/cm，晶体生长和降温均可在程序控制下缓慢进行，非常有助于消除晶体内部的应力，从而降低晶体内的位错密度。

1956 年，Ainsworth[4]总结了坩埚下降法制备碲化铋晶体的具体工艺。采用铂金电阻式控制器对上下两个炉腔组进行独立控制，控制精度为±1K。上部和下部的熔炉通过一个铂金挡板分开，并使用淬硬的钢衬使每个熔炉的温度保持均匀分布。上下部之间的间隙为 25.4mm，温差范围通常在 373～398K。所用原料均采用区熔法提纯至非常高的纯度。准确称量原料并放入尖底的石英坩埚中，密封石英坩埚再抽真空至 $1.33 \times 10^{-3} \mathrm{Pa}$ 以下。石英坩埚下方由一根金属棒作为支撑。金属棒的顶端与石英坩埚下端实现点接触，金属棒底端采用水冷套冷却，以确保当炉料从热区降至冷区时热流沿坩埚方向竖直流动。金属棒的移动速率保持在 2.54～50.8mm/h。缓慢的移动速率可促进碲化铋单晶的生长，但石英坩埚顶端会出现 Te 偏析。当移动速率为 2.54mm/h 时，铸锭顶端处会析出 Te 单质，从而使碲化铋基体保持富 Bi 环境，引起点阵参数变化，此时 c 轴发生明显收缩，即(001)解理面间距明显减小。铸锭顶端富 Bi 的 Bi_2Te_3 表现出 N 型半导体特性，其泽贝克系数为 –50～–20μV/K。即使在初始原料中掺入过量的 Te，铸锭基体中依然无法检测到过量的 Te，而总能在铸锭的顶部发现大量析出的碲单质，从而表现出 N 型半导体特性。当移动速率提升至 12.7mm/h 以上时，在铸锭顶端几乎无法检测到析出的 Te 单质，所制得的 Bi_2Te_3 符合化学计量比，具有 P 型半导体特性，且表现出最优的热电功率。然而，加快移动速率得到的铸锭通常并不是单晶。因此，坩埚下降法并不是制备 Bi_2Te_3 晶体的好方法。当采用缓慢的移动速率时，碲总是在铸锭顶部偏析；而采用较快的移动速率时，生产的晶体尺寸较小。

3. 垂直梯度凝固法

如图 5.3(a)所示，垂直梯度凝固法的工作原理与坩埚下降法类似，其与坩埚下降法的最大区别在于生长晶体的方式并不是通过移动坩埚或炉体进行的，而是通过程序设计控制温度场移动来实现高温熔体从下至上逐渐结晶生长。垂直梯度晶体炉的实物图如图 5.3(b)所示。该方法的优点在于无机械传动结构，可有效避免机械振动对熔体结晶的影响，生长界面更加稳定，适合生长超低位错的单晶。与坩埚下降法类似，垂直梯度凝固法在晶体生长过程中无法观察和判断晶体生长的情况，晶体生长周期较长。目前商用领域，垂直梯度法主要用来生长砷化镓晶体，

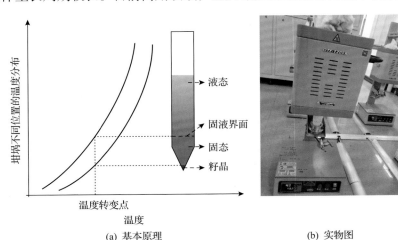

(a) 基本原理　　　　　　　　　　　(b) 实物图

图 5.3　垂直梯度凝固法基本原理及其晶体炉实物图

Freiberger 公司在 2002 年报道了世界上第一颗采用垂直梯度凝固法研制的 8 吋砷化镓单晶。在热电领域，垂直梯度凝固法主要用来生长 SnSe[5, 6]、SnS[7]、GeTe[8] 等晶体。

4. 区熔法

区熔法与其说是制备单晶的方法，不如说是一类提纯晶体的方法。它相当于小范围的布里奇曼法，即只有小部分熔化区域相当于高温区，已经凝固的部分相当于低温区。通过缓慢移动小段的熔化区域使其由一端到达另一端，可以使熔化起始端的杂质浓度降低而熔化结束端的杂质集中。通过重复将熔区由一端缓慢移动到另一端的过程可以使铸锭中间部分成分均匀纯净，而铸锭两端均存在显著的成分偏析。

最常见的区熔法是 Triboulet 开发的移动加热器法[9]，目前通过相对于加热器缓慢移动坩埚来实现(图 5.4)，该方法常用于 II-VI 族合金的生长。在熔炼的过程中，最关键的是要获得合适的温度曲线。在加热器移动所引起温度梯度的影响下，物质的迁移是通过对流和扩散穿过整个熔剂区实现的。对于合金生长，可以达到稳定状态，其中熔剂在上部生长界面处熔解为成分为 C_0 的固体，并在接近平衡的条件下在下部生长界面处沉积具有相同成分的材料。该方法的整个生长过程能维持在固相线以下的恒定温度发生，因此能体现出低温生长的所有优点。使用该方法还可生成籽晶。与其他常见的熔炼技术相比，该法还可生长更大直径的材料。

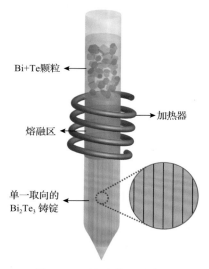

Bi+Te颗粒

加热器

熔融区

单一取向的 Bi_2Te_3 铸锭

图 5.4　区熔法装置示意图

区熔法也存在一些问题，如筛选成分和维度合适的籽晶材料，目前已有多种方法来解决此问题。此外，自然对流是区熔法生长晶体过程中物质交换的主要方式，从而导致在制备某些三元合金时出现成分不均匀的问题，此时可采用加速坩埚旋转技术来解决。

5.2.2　代表性应用

1. Bi_2Te_3 晶体的制备

Bi_2Te_3 基热电材料是最早研究的半导体热电材料，其晶体的制备工艺也是目前最为成熟的，区熔法已经广泛用于商用碲化铋的制备。具体工艺如图 5.5 所示。将高纯的 Bi、Sb、Te、Se 等原料粉末以特定比例称量放入碳涂覆的石英管中并真空封管，管内真空度小于 1.33×10^{-3} mPa。将封好的石英管放入摇摆炉中加热至 973K。加热过程中以一定频率摇摆来确保熔体成分均匀，之后随炉冷却至室温。将完全凝固的铸锭放入区熔炉中，炉内温度梯度为 25K/mm，生长速率为 0.6mm/h，生长出的晶体具有良好的择优取向度。N 型和 P 型碲化铋的载流子浓度通常在 $1.0 \times 10^{19} \sim 2.0 \times 10^{19}$ cm^{-3}。N 型和 P 型的 ZT 峰值在 $0.8 \sim 1.0$。需要注意的是和直拉法、坩埚下降法类似，区熔法生长的铸锭同样存在成分偏析的问题，所以铸锭底端和顶端的热电性能极差，无法进行后续加工使用。这部分成分偏析的废料占总铸锭的 $10\% \sim 20\%$。为节约成本，商业生产中通常将这部分废料重新收集并重新调配成所需化学计量比再次区熔。碲化铋层间由范德华力结合，采用区熔法制备的碲化铋晶体具有极高的取向度，易发生解理断裂，故力学性能较差。采用区熔法制备的碲化铋铸锭的屈服强度约为 17MPa，显微维氏硬度约为 0.6GPa；而采用粉末冶金法制备的碲化铋的屈服强度可达 58MPa，提高了近 3 倍，显微维氏硬度可提升至 1.0GPa。区熔法制备的碲化铋因力学性能较差而限制了碲化铋热电器件的小型化和微型化。

(a) 区熔设备实物图

(b) 刚出炉的碲化铋区熔铸锭

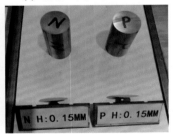

(c) 切割好的N型和P型铸锭

图 5.5 区熔法制备碲化铋工艺

2. SnSe 晶体的制备

2014 年，Zhao 等[10]发现 SnSe 晶体在高温下具有非常优异的热电性能。其特殊的层状结构有利于 b、c 轴方向载流子和声子的输运，当温度升高到 750K 附近时，其相结构的空间群将由 Pnma 向 Cmcm 转变，从而使 b、c 轴方向的晶格热导率急剧降低，而电导率仍能维持在较高水平，最终得到高达 2.6 的 ZT 值。He 等[7]采用坩埚下降法制备了 SnSe 晶体，起始物料为锡块和硒丸。具体操作流程为：①在石英管中混合适当比例的高纯度原料（Sn 和 Se），以合成名义组分为 SnSe 的铸锭；②将管内真空度抽至约 1.33×10^{-2}Pa，进行火焰密封，在 10h 内缓慢加热至 1223K，保温 6h 后，随炉冷却至室温；③将制得的铸锭粉碎成粉末并置于石英管中，抽真空并火焰密封。为防止晶体和石英之间的热膨胀差异而导致石英管破裂和 SnSe 晶体氧化，通常将此石英管放入另一个更大的石英管中，抽真空并火焰密封；④经坩埚下降法得到接近完全致密的 SnSe 晶体（直径 13mm，高 20mm）。制得的晶体显示出光亮的平坦表面，无裂纹或明显缺陷，无孔隙或其他宏观特征。

　　制得的 SnSe 晶体实物照片如图 5.6 所示。经过 XRD、选区电子衍射等手段分析其晶体学结构，验证了高温下其空间群由 Pnma 向 Cmcm 转变的过程。同时，从性能测试结果可以看出，随着 750K 附近相结构的变化，其各个方向的电导率都得到了显著提高，泽贝克系数急剧降低，但由于电导率的提升更为显著，所以功率因子得到了巨大提升。同时，其晶格热导率也急剧降低，从而使 ZT 值在 750K 附近得到了巨大提升，并在 973K 附近达到峰值。而 b、c 轴方向的各性能变化相对于 a 轴方向要明显得多，尤其是晶格热导率相对于总热导率的降低幅度为 a 轴方向的 3 倍以上。所以 ZT 峰值可由 b 轴方向得到，在 973K 时达 2.6。性能优异的 SnSe 单晶的制备工作很好地验证了 SnSe 作为高温热电材料的潜力，使 SnSe 各个方向的晶体结构表征及热电性能分析成为可能。

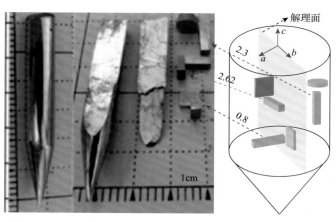

图 5.6　SnSe 单晶的实物照片及 a、b、c 三方向的样品图[10]

2016 年，Zhao 等[11]又采用坩埚下降法制备了 Na 元素掺杂的 SnSe 单晶，通过空穴掺杂的方法使费米能级的位置下移至能带深处，从而大幅提高了全温度区间的电导率，其中低温区间最为突出，功率因子也得到了大幅提升。2018 年，Chang 等[12]采用垂直梯度凝固法制备了 Br 元素（原料中添加 SnBr$_2$）掺杂的 N 型 SnSe 单晶。相比于坩埚下降法，其具体工艺流程为：①立式炉上部加热区温度比下部冷却区高 100K；②上部加热区首先在 20h 内缓慢从室温升至 1323K，并在该温度下保持 6h；③单晶生长前未先将铸锭粉碎重新封管，而是直接进行生长；④上部加热区在冷却过程中先以小于 1K/h 的速率冷却至 1073K，然后以 50K/h 的速率冷却至室温。

对制得的单晶进行表征及性能测试，其在面外方向（a 轴方向）能得到接近理论非晶极限的晶格热导率，原因是其本身的层状结构使声子在面外方向不易传输。然而，其在面外方向仍旧保持了较高的迁移率和电导率。DFT 理论计算表明，该现象源于 N 型掺杂产生的能带变化使其面外方向出现了电子云重叠，从而产生了电子通道。该 DFT 计算得益于优异单晶的制备，所以能够精确地通过变温同步辐射表征出晶体结构，并进一步为 DFT 计算提供准确的参数。进一步通过对单晶的 b、c 轴方向进行扫描隧道显微镜观察，可以看出其对比度低于 P 型 SnSe 单晶，表现出电子态密度扩展的趋势，进而证实了 DFT 计算的结果。该工作通过对单晶的制备及分析证实了 N 型 SnSe 中存在三维电子传输、二维声子传输的性质，为热电材料研究指出了新的方向。

3. SnS 单晶的制备

为解决高性能热电材料原料稀缺、成本高、环境不友好的问题，人们提出了用丰度高且无毒的 S 元素制备热电材料，其中 SnS 作为一种 IV-VI 族化合物而具有高热电性能的潜力，但由于禁带宽度大、载流子有效质量大，通常载流子浓度和迁移率都较低，故电导率和热电性能较差。2019 年，He 等[7]采用垂直梯度凝固法制备了 SnS 单晶，并在其中固溶了 Se 元素，通过能带调控的方法优化了电输运性能。具体的制备工艺如下：①初始装料进行内外两层石英管密封后，经过 10h 缓慢加热至 873K，保持 40h，6h 内再加热至 1223K，均匀保温 10h，随后随炉冷却至室温；②将得到的铸锭研碎成粉末，再封入内壁涂有碳的两层石英管中；③将封好的石英管放入具有温度梯度的立式炉中，以 10K/min 的速率加热至 1313K，保温 10h，随后以 1K/h 的速率降温至 1073K，最后随炉冷却至室温。最终得到直径约为 13mm，长度约为 30mm 的 SnS$_{1-x}$Se$_x$ 单晶。当 $x=0.12$ 时，该样品在全温度段的电导率相比 SnS 单晶出现了大幅提升，接近 SnSe 单晶。由于泽贝克系数未出现明显下降，功率因子也出现了大幅提升，甚至远高于 SnSe 单晶，从而得到了全温度段较高的平均 ZT 值。其大幅提高的电学性能源于禁带宽度的减小、载流子浓度的提升，同时能带结构发生收敛及尖锐化，这些因素均使载流子迁移率得以显著提升。制备的高品质单晶不仅具有高热电性能，还便于进行很多复杂的表征。首先，精确的变温同步辐射可以得到精确的晶体结构，以辅助 DFT 计算得到随温度变化时能带的变化结果；其次，角分辨光电子能谱(ARPES)分析能直观地观察到布里渊区中各位置的能带形状，进而验证采用 Se 合金化后禁带宽度的变化；另外，通过 X 射线精细结构分析可以有力地证明 Se 合金化后 Se 原子所处的位点，从而辅助 DFT 计算得到声子谱，以解释 Se 合金化后晶格热导率的变化。

5.3 粉末冶金法

粉末冶金法是一种从粉末出发并经过成形和烧结等工艺制取制品的工艺，适合于多种原料的复合。低温烧结可以制备细晶材料，有利于降低热导率，因此近年来粉末冶金法被广泛用于热电材料的制备。为了制备热电材料粉末，常用球磨法(包括机械合金化法)、固相合成、自蔓延烧结法、软化学合成法等工艺。烧结过程常采用放电等离子体烧结、热压烧结等工艺。多样的粉末冶金制备技术为优化热电材料内部微观结构，提升热电输运性能提供了良好的思路和技术，同时在热电材料的商用化制备和机械性能的增强上，粉末冶金法也具有得天独厚的优势[13]。

5.3.1 球磨法

球磨(ball milling，BM)是一种简单的制备方法，近年来作为最有效的粉末加工技术之一，在热电领域引起了越来越多的关注。BM 包括机械研磨(ball grindig，MG)和机械合金化(mechanical alloying，MA)两种。MG 通常采用低速、长时间的研磨方式，原料粉体仅发生简单的颗粒细化、粉末混匀等物理研磨过程。除研磨作用外，MA 过程还可以通过机械力化学作用由元素粉末直接合成化合物，通常 MA 是以干法球磨的形式进行的，一般采用高能球磨的方式，在高速旋转的球磨罐中，磨球具有很高的动能，它们之间的碰撞可将能量传递到粉末颗粒上，使单质粉末颗粒之间不断地发生破碎和冷焊，具体过程可以分为微锻、断裂、团聚、和反团聚四个过程。

MA 的工作原理如图 5.7 所示。在 MA 初期，发生微锻过程，延性颗粒(一般为金属颗粒)由于磨球之间的撞击和挤压产生压缩变形，颗粒在磨球的反复作用下被压成扁片状，但单个颗粒的质量变化不大。在 MA 中期，当单个颗粒的变形达到某种限度时将产生裂纹，裂纹扩展并最终使颗粒断裂。经过多次微锻和断裂过程，颗粒尺寸不断变小。在冷焊的作用下，颗粒通过范德华力自黏结产生聚合现象，片状粉末被焊合在一起形成层状复合组织，其硬度和脆性均增加，颗粒尺寸进一步细化，层间距减小。同时，大范围的冷焊和加工硬化带来了大量的晶体缺陷，如位错、空位和晶界，元素间的扩散效应被极大地增强。磨球与内壁、粉末间的碰撞可提升罐内温度，从而增强原子的扩散行为。

图 5.7　MA 工作原理图

　　实验室最常用的球磨机有三种类型。一是振动式球磨机，通过高频振动使筒体内的磨球具有较高的机械能，从而实现原料的破碎，这类球磨机的加速度可达 3～10 个重力加速度，振动频率能够达到 15～20Hz，磨球的运动快，具有很大的动能，但球磨罐装料较少，转速和振动方式固定，球磨过程中的调控参数较为单一；二是行星式球磨机，行星式球磨机通过高速旋转来保持球磨罐内磨球的高机械能，装料量最高可达几百克，转速、球磨时间、球磨气氛等均可进行调整，可针对不同的原料进行工艺优化；三是搅拌式球磨机，搅拌式球磨机利用搅拌器在筒体内部的旋转，再结合筒体内磨球和原料粉末进行多维的循环和自转运动，使磨球在筒体内的上下左右四个方向循环置换位置，由重力和螺旋回转产生的压力对物料产生冲击、摩擦和剪切作用。该球磨方式可以实时观察球磨中的原料粉末状态，同时还可以对反应温度进行设置，缺陷是密封性差。

　　利用 MA 可以生产细粒或纳米结构粉末、合成化合物和混合复合材料。多样化的作用使 MA 成为热电材料制备的重要方法。通过调整球磨的数量、球磨的速度和时间及大小球的比例，可以调节 MA 的强度。有时使用硬脂酸等有机剂来促进粉碎过程和防止过度冷焊，尤其是当研磨韧性粉末时，乙醇有助于收集精制粉末。

　　综上所述，由于机械化学力效应的高能量，MA 能够有效地获得细小甚至微纳米级的粉末。细化后的结构将极大地增强声子的散射。如果在烧结后仍能保持细晶特性，那么将有效散射声子，显著降低热导率。2006 年，Li 和 Liu[14]报道了采用 MA 结合 SPS 的方法制备了纳米 SiC 复合 Bi_2Te_3 材料，加入极少量的纳米 SiC 即可显著增强声子散射，降低热导率。实验得到 0.1wt% SiC-Bi_2Te_3 的 ZT 峰值为

0.66(440K)。2008 年，Poudel 等[15]报道了 MA 结合后续热压烧结(HP)制备 P 型纳米晶 BiSbTe 块材，获得了 ZT 峰值为 1.4 的优异性能。热电性能的显著提高得益于材料热导率的降低。MA 结合 HP 产生的纳米级颗粒可作为声子散射中心，所以样品的热导率大幅下降。另外，经过 MA 和 HP 工艺制备的热电材料的双极效应也受到抑制，这可能是由于纳米结构产生的界面散射了更多的少数载流子。通过 MA 和 HP 引入纳米结构的这种方法也同样适用于半哈斯勒体系、P 型和 N 型 SiGe。近年来，除了二维纳米晶界，零维点缺陷、一维位错也被广泛应用于降低材料的热导率。通过 MA 工艺可以构建一个由零维点缺陷、一维位错和零维纳米颗粒组成的多层次声子散射结构，这种结构可以有效地散射多频段声子，进一步降低热导率。除粉碎和引入原位纳米结构外，MA 对于制造均匀的纳米复合材料也是非常有效的。2013 年，Li 等[16]通过 MA 和 SPS 嵌入少量 SiC 纳米颗粒，提高了 BiSbTe 纳米复合材料的 ZT 值。由于 MA 是一种机械力化学过程，据此推测 BiSbTe 颗粒在 SiC 纳米颗粒表面形成，从而在 SiC 分散体和 BiSbTe 基体之间形成了良好的界面。除降低晶格热导率外，还可以同时提高这种复合材料的泽贝克系数和电导率。

　　MA 作为一种简单高效的制备方法，已应用于绝大部分的热电材料，如表 5.2 所示。2014 年，Tan 等[17]首次报道了一种储量丰富、环境友好的 SnS 热电材料，其 ZT 值为 0.6(Ag 掺杂)。Wei 等[18]采用 MA 和 SPS 方法制备了高质量的 Sn 掺杂 Cu_3SbSe_4 样品，发现其具有接近理想的掺杂效率和模型化的输运特性。MA 能够合成采用各种液体方法难以制备的材料，如可以成功合成 $La_{3-x}Te_4$ 和 FeSi 热电材料。传统的熔融合成需要较高的温度和一定的气氛，这不仅费时而且可能导致样品的不均匀，因为在高温下可能发生元素的气相损失或氧化。此外，在熔融过程中，一些材料体系中的共晶和包晶反应也难以避免。相比之下，MA 可以在较短时间内在室温下合成复合材料，从而极大地降低了成本，而且对环境友好。然而，MA 也有其自身的局限性，如对于某些材料很难去除其中的杂质相。Wei 等[19]报道了在合成 Cu_3SbSe_3 的过程中，即使退火后也会出现少量的 Cu_3SbSe_4。Zou 等[20,21]发现无论是 TiNiSn 还是 FeVSb 半哈斯勒合金都很难通过 MA 获得单相。

表 5.2　基于 BM 制备的热电材料

类型	材料	方法，ZT 值@温度
碲化铋	BiSbTe	区熔铸锭-BM+HP，1.4@373K
	BiSbTe@SiC	MA+SPS，1.33@373K
	BiSbTe	熔融法-BM+HP，1.3@380K
	N 型 $Bi_2(Te, Se)$	熔融法-BM+HP，0.72@373K
	BiTeSe	MA+SPS，0.82@473K

续表

类型	材料	方法，ZT 值@温度
碲化铅	PbTe@Tl	BM+HP，1.3@673K
	PbSe@Al	BM+HP，1.3@850K
	$Ag_{0.8}Pb_{18+x}SbTe_{20}$	MA+SPS，1.37@673K
	$Ag_{0.8}Pb_{18+x}SbTe_{20}$	MA+SPS+Annealing，1.5@700K
	$AgPb_mSbTe_{m+2}$	二次 MA+SPS，1.54@723K
	$AgSn_mSbTe_{m+2}$	MA+SPS，0.8@723K
	$Pb_{1-x}Sn_xSe$	MA+SPS，1.0@773K
方钴矿	$CoSb_{3-x}Te_x$	MA+SPS，0.93@820K
	$CoSb_3$	BM，none
	$CoSb_{3-x}Te_x$	MA+SPS，1.1@823K
硒化物和硫化物	Cu_3SbSe_3	MA+SPS，0.25@650K
	Cu_3SbSe_4	MA+SPS，0.7@673K
	$CuFeS_2$	MA+SPS，0.21@573K
	$Cu_{1.96}S$	MA+SPS，0.5@673K
	SnS	MA+SPS，0.16@823K
	SnS@Ag	MA+SPS，0.6@873K
半哈斯勒	(ZrHf)Co(SbSn)	区熔铸锭-BM+HP，0.8@973K
	FeVSb	MA+SPS，0.31@573K
	TiNiSn	MA+SPS，0.32@785K
	(HfZr)Ni(SnSb)	熔融法-BM+HP，1.0@873K
高锰硅	HMS	BM+SPS，0.39@770K
	$MnSi_{1.75-d}$	MA+HP，0.28@823K
	$MnSi_{1.73}$	BM+脉冲放电烧结，0.47@873K
其他	$La_{3-x}Te_4$	MA+HP，1.1@1275K
	BiCuSeO	固相法+BM+SPS
	BiCuChO	MA+SPS，none
	$Mg_2Sn_{0.75}Ge_{0.25}$	BM+HP，1.4@723K
	P 型 SiGe	BM+HP，0.95@1173K
	N 型 SiGe	BM+HP，1.3@1173K

MA 还可以用来提高材料的力学性能，特别是对 Bi_2Te_3 等具有层状结构的化合物，这有利于热电器件的实际制造和应用。Pan 等[22]比较了 Bi_2Te_3 基材料区熔铸锭和 MA 结合 SPS 所制备多晶块体的机械强度。相比于区熔铸锭，MA 结合 SPS 处理后块体的机械强度提高了 3 倍以上，硬度提高了 60%以上。MA 结合 SPS 大幅提高了 Bi_2Te_3 的力学强度，一方面是由于细晶强化，另一方面是多晶可以有效抑制其层间解理断裂。

5.3.2　熔融旋甩法

熔融旋甩(melt spinning，MS)法是一种快速冷却熔融液体的有效方法，其历史可以追溯到 20 世纪 50 年代末，由 Pond 获得这项技术的专利并与 Maddin 一起阐述了 MS 的基本概念。1990 年，Dey[23]首次采用 MS 法合成了 BiSb 合金，其在室温下的 ZT 峰值为 0.14，开启了 MS 制备工艺在热电材料制备中的初步应用。

MS 在热电领域的进一步发展是在 21 世纪初，Lee 等[24]首先报道了由 MS 法制备的非晶态 Si-Ge-Au 化合物的 ZT 值可达 2.0。不久，Kim 等[25]、Chen 等[26]、Zhao 等[27]利用 MS 技术制备了 BiSbTe 和 $FeSi_2$ 热电合金，并获得了优异的性能。2007 年，Tang 等[28]采用 MS 法制备了 ZT 值达 1.35 的 BiSbTe 热电合金，并发现该方法可引入独特的纳米结构。随后，在 Bi_2Te_3 基化合物、方钴矿、硅化物、$(GeTe)_x(AgSbTe_2)_{1-x}$(TAGS)、Zn_4Sb_3 和半哈斯勒合金等材料的制备中均取得了较高的 ZT 值，MS 制备的热电材料详情见表 5.3。

表 5.3　基于 MS 制备的热电材料

类型	材料	方法，ZT 值@温度
Bi_2Te_3 基合金	$Bi_xSb_{2-x}Te_3$(x 未指定)	ZM-MS-SPS，1.35@ 300K
	$Bi_{0.52}Sb_{1.48}Te_3$	ZM-MS-SPS，1.56@ 300K
	Bi(TeSe)	MS-SPS，1.05@420K
	$Bi_{0.5}Sb_{1.5}Te_3$	ZM-MS-PAS，1.22@340K
方钴矿	$Yb_{0.2}Co_4Sb_{12.3}$	MS-SPS，1.26@ 800K
	$CaFe_3CoSb_{12}$	MS-SPS，0.9@773K
硅化物	$Fe_{0.92}Mn_{0.08}Si_2$	悬浮熔炼-MS-HP，0.17@ 973K
	$MnSi_{1.75}$	感应熔炼-MS-SPS，0.65@ 850K
	$Mg_2Si_{0.3}Sn_{0.7}$	MS-PAS，1.3@750K
其他	$Hf_{0.6}Zr_{0.4}NiSn_{0.98}Sb_{0.02}$	悬浮熔炼-MS-SPS，0.9@ 900K
	$(Zn_{0.99}Cd_{0.01})_4Sb_3$	MS-SPS，1.30@700K
	TAGS-85	MS-HP，1.6@750K

MS 的工作原理如图 5.8(a)所示。将熔化的合金液体注入内部冷却并不断旋转的滚轮或者滚筒表面。这时熔体的热量迅速传递到滚轮上，使液体快速凝固甚至非晶化，连续产生薄带状的固相，如图 5.8(b)所示。MS 的冷却速率高达 $10^4 \sim 10^7$K/min，因此可以获得很多纳米结构，该制备工艺在细化晶粒尺寸和非晶相方面具有独特的优势。如图 5.8(c)～图 5.8(d)所示，薄带的微观结构在很大程度上取决于局部温度和冷却速度，这可以通过调整 MS 的工艺参数来控制[29]。通过提高滚轮转速可以提升熔体的冷却速度，降低薄带的厚度。此外，在增加喷射压力的条件下，冷却速度和薄带厚度都会随之上升。

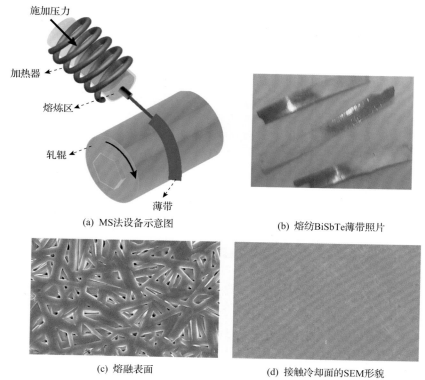

施加压力

加热器

熔炼区

轧辊

薄带

(a) MS法设备示意图

(b) 熔纺BiSbTe薄带照片

(c) 熔融表面

(d) 接触冷却面的SEM形貌

图 5.8 MS 法设备示意图、熔纺 BiSbTe 薄带照片及微观图[30]

MS 对热电性能的提升主要源于在材料内部引入了特殊的微纳米结构。例如，在 MS 与 SPS 结合制备的 P 型 $Bi_{0.52}Sb_{1.48}Te_3$ 块体材料中观察到独特的低维结构，包括典型的非晶态结构和具有共格界面的 5～15nm 纳米晶区，其中非晶态结构和纳米结构对声子具有强散射作用，可有效降低晶格热导率。共格界面可以为载流子迁移提供通道，提高材料的电输运性能[30]。另外，在 BiSbTe 化合物中还发现了层状结构和原位纳米级沉淀，这对提高块状样品的机械强度和热稳定性是十分有帮助的。

5.3.3　自蔓延高温合成法

自蔓延高温合成(self-propagating high-temperature synthesis, SHS)法是一种类似于燃烧的过程，其中原料化合物的合成通过点燃粉末样品的一小部分开始，如图 5.9 所示。在这个过程中，化学反应局限于燃烧区，并在化学活性介质上自发传播。当燃烧波通过样品时，可在净化材料的同时保持其化学计量比不变。SHS法高效、大量的制备工艺优点及合成时保持原料化学计量比不变的特性，使其在热电材料的合成中被广泛应用，包括 Cu_2Se、Bi_2Te_3、$SnTe$、Mg_2Si、方钴矿、半哈斯勒合金、$BiCuSeO$ 和其他氧化物。

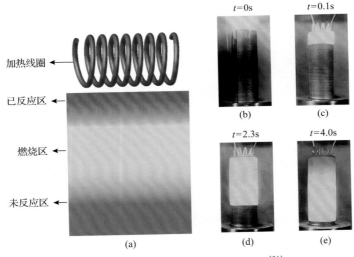

图 5.9　SHS 过程示意图和所示时间[31]

(a)~(e)的反应照片

在两个反应物之间的固体 SHS 过程中，燃烧反应以扩散模式进行，反应速率受第二组分通过产物层的扩散限制。由于颗粒接触区域的高扩散阻力，这种体系中的再结晶过程几乎被完全抑制。因此，很容易从纳米反应物中获得纳米级产物。这为 SHS 技术在保持合成过程中化学计量比不变的前提下，在反应物中引入原位纳米结构提供了一种可能性。例如，Su 等[32]通过 SHS 技术成功合成了 Cu_2Se 化合物，其中产物的成分得到了精确控制(从初始 Cu_2Se 成分得到了 $Cu_{2.004}Se$ 的化学产物)。此外，经过 SHS 烧结，可以在微米尺度的基体中普遍形成 5~10nm 的典型玉米粒状分布的纳米点，显著增强了声子散射，同时还保持了优良的电学性能。Li 等[33]通过 SHS 合成法制备了 Ag 和 In 共掺杂 Cu_2SnSe_3，在样品中观察到弥散分布的 SnSe 第二相，这些 SnSe 沉淀与基体之间形成了许多界面，从而有助于声子散射，降低材料的热导率。

SHS 纳米级材料的制备需要对燃烧反应物提前进行机械预处理，机械预处理可增加反应物的缺陷浓度和反应面积，提高反应物的反应活性。其次，机械预处理可以影响燃烧前沿传播的速率和条件(宏观动力学效应)，微晶的形状和大小，以及结构的孔隙率。然而，精确控制反应波的传播过程和结构的形成仍然还是一个很大的挑战。SHS 燃烧产物的研磨预处理，如均匀搅拌混合和球磨，是目前生产纳米颗粒的一种有效方法。

5.3.4　软化学合成法

软化学合成法(有时也称为湿化学法)近年来也频繁地用于热电原料粉末的合成制备。相比于高温途径的合成工艺(如熔融工艺)，湿法工艺对合成化合物纳米结构的微观形貌可进行有效调控，具有合成温度低、原料粉末晶粒尺寸细的优点。目前应用最广泛的软化学合成方法有水热(hydrothermal，HT)法、溶剂热(solvothermal，ST)法、溶胶-凝胶技术和微波辅助溶液合成工艺。

在过去的几十年中，HT 法作为一种有效控制合成原料纳米结构形状和尺寸的技术受到广泛关注。HT 法的基本原理是前驱体材料(通常是金属盐或金属氧化物)与化学计量中的特殊模板相结合，并溶解在水溶液中，然后在一个密封的高温高压反应釜加热到所需温度，随后冷却到室温得到粉末原料。HT 法的内部反应条件需严格控制，如添加剂浓度、pH 和压力。颗粒大小和形貌可通过参数的调控(包括反应温度和时间及超声/搅拌混合物的处理时间)进行调整。HT 法的主要优点在于掺杂外来离子的可控制性和优化纳米结构的晶粒取向，这对于优化载流子浓度、调节声子散射，提高热电性能具有重要意义[34]。

许多文献报道了以氯化铋($BiCl_3$)、碲或二氧化碲(TeO_2)为起始原料的 Bi_2Te_3 及其合金的 HT 合成方法。例如，Zhao 等[35]以 $BiCl_3$ 和 Te 的混合前驱体为原料，在 NaOH、$NaBH_4$ 和 EDTA 的混合溶液中，于 150℃条件下进行 HT 合成，最后得到了直径小于 100nm 的螺旋状 Bi_2Te_3 纳米管。研究发现，纳米管形态可以有效提高 Bi_2Te_3 基热电材料的 ZT 值。同理，可将原料从 $BiCl_3$ 改为 $PbCl_3$ 用于合成 PbTe 纳米颗粒[36]。应注意的是，HT 法合成 Bi_2Te_3 和 PbTe 的还原剂 N_2H_4、$NaBH_4$ 是有毒有害的物质，可能对环境造成危害。为了避免这个问题，Yokoyama 等[37]最近开发了一种应用抗坏血酸进行绿色水热合成的方法，其中使用抗坏血酸作为还原剂，同时也是封盖剂，具有优异的抗氧化性。采用该方法成功合成了 Bi_2Te_3 纳米颗粒。

ST 法与 HT 法的原理相似，但其溶剂或添加剂通常是有机化合物，其中既含有油溶性组分的疏水性基团，也含有水溶性组分的亲水性基团。在水溶液中，疏水基团可形成聚集体的核心，而亲水基团则与周围的液体接触从而对目标材料的生长环境产生影响，保证在最佳反应条件下实现对复合材料各种形态的可控制备。

虽然溶剂热法已被证明可以很好地控制形貌、粒度和分布，但问题是合成的粉末很难烧结，从而导致密度低、易氧化和第二相的出现。此外，在前驱体的反应过程中及盐溶剂的后洗涤过程中，有机物很容易吸附到纳米颗粒表面。ST法在热电材料制备领域，可以通过调整关键的动力学参数、了解和改善材料的生长机理和后处理工艺，在大范围内高效制备复合热电纳米颗粒。基于 HT 和 ST 制备的热电材料如表 5.4 所示。

表 5.4　基于 HT 和 ST 制备的热电材料

类型	材料	方法，ZT@温度
碲化物	$(Bi,Sb)_2Te_3$	HT,1.28@303K
	$Bi_{2-x}Sb_xTe_3$	HT,1.75@270K
	$Bi_{0.5}Sb_{1.5}Te_3$	HT,1.15@300K
	$Bi_2Te_{3-x}Se_x$	HT,1.23@480K
	$La\text{-}Bi_2Se_{0.3}Te_{2.7}$	ST ,0.11@450K
	Bi_2Te_3	ST,0.6@600K
	Te/Bi_2Te_3	ST, ~1@440K
	Sb_2Te_3	HT,0.58@420K
	$S\text{-}Ag_2Te$	ST,0.62@550K
	$AgPb_{10}BiTe_{12}$	ST, 0.46@570K
	$Sn_xSb_2Te_{3+x}$	ST, 0.58@423K
硫化物/硒化物	SnSe	HT,0.32@300K
	SnSe	ST,0.6@773K
	SnS	ST,0.25@773K
	Ag-PbS	ST,1.70@850K
	$Cu_{12}Sb_4S_{13}$	ST, 0.85@720K
方钴矿	$Co_{1-x-y}Ni_xFe_ySb_3$	HT, 0.67@600K
	$CoSb_3$	ST,0.11@650K

近年来，微波辅助水热法及 ST 法作为一种在溶液中大规模合成纳米结构热电原料的方法受到了广泛关注。微波加热方式相比于上述传统的水浴/油浴加热方式要好，在实现原料形貌和尺寸可控的前提下，还能保证原料的化学均匀性，在加工效率方面也有显著提高。例如，Li 等[38]开发了一种超快速微波水热法，在短时间内(20min)合成了纳米级 SnTe 颗粒，该颗粒经 SPS 烧结制成的块体材料的 ZT 值约为固相合成粗粉体材料的 2.3 倍。

虽然微波加热在辅助反应方面有明显的优势，但仍有一些问题亟需解决，

①目前微波加热制备热电材料的实验参数相对较少，化学合成理论与工程科学技术联系有所脱节；②反应中对压力和温度的精确测量还较为困难，这可能是由于反应中非热效应的影响；③复杂体系材料的可控合成一直是微波辅助溶液技术的难点，尤其是周期性异质结热电纳米结构的设计与开发。

溶胶-凝胶法是一种常用的湿法合成工艺，该方法是将原料分散在溶剂中，然后经过水解反应生成活性单体，活性单体再进行聚合成为溶胶，进而生成具有一定空间结构的凝胶，经过干燥和热处理制备出纳米粒子和所需材料。溶胶-凝胶法可以合成各种成分和形状的纳米结构热电材料，包括金属氧化物、方钴矿。可控制的化学反应参数涉及：前驱体的性质、表面活性剂的使用、水/前驱体/溶剂比例和洗涤/干燥条件等，其中表面活性剂主要被用作结构模板，以促进"靶向纳米材料"的生长。Li 等[39]采用溶胶-凝胶法制备了 $La_{0.9}Sr_{0.1}Co_{0.9}Ni_{0.1}O_{3-\delta}$ 纳米颗粒。形成的核-壳结构纳米颗粒通过烧结被部分保留在对应大块样品的内部结构中，形成数量众多的晶界，这使得其晶界的导电性要优于晶粒，在提高电导率的同时降低了热导率。在室温附近，ZT 值提高了 2 倍。

5.3.5　放电等离子体烧结

放电等离子体烧结(SPS)是制备纳米结构热电块体材料的常用方法之一。SPS的发展历程最早可以追溯到 20 世纪初，电流辅助烧结法的概念首次被提出。1966年，Inoue[40]发明了 SPS 技术并申请了专利。随后的 20 年，SPS 技术得到不断的改进，以日本为代表的制造公司制造出了较为完善的 SPS 烧结系统并投入应用。SPS 具有非常快的烧结速率，可在几分钟内完成一次烧结，从而抑制晶粒尺寸长大，保留前驱体粉末的纳米结构，烧结后的块体材料在维持良好电输运性能的同时具有低的热导率。SPS 技术目前已成为制备高性能、低热导率热电材料的常用烧结技术。

图 5.10(a)为一种 SPS 烧结系统(SPS-211LX, Fuji Electronic Industrial Co., Ltd., Japan)实物图。其原理示意图如图 5.10(b)所示，烧结前将原料粉末装入石墨模具中，用两个石墨压头压紧。为了促进界面间的良好电接触及方便脱模，通常在粉末原料和石墨压头之间放置一层石墨碳纸。把装配原料的石墨模具放入 SPS 烧结炉腔后，上下两端分别用压头施加轴向压力(10~100MPa)，在真空密闭条件下系统对烧结粉末通入低电压(5V 左右)和高电流(1~15kA)的直流脉冲电流，可调整的脉冲电流结合电压使原料粉末内部瞬间产生大量的焦耳热，达到很高的升温速率(最高可达 1000℃/min)。在很短时间内实现升温保温和降温的烧结过程，快速的烧结成型工艺有利于最大限度地保留 MA 前驱体粉末的微/纳米结构，可以有效降低材料的晶格热导率。

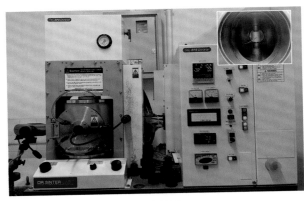
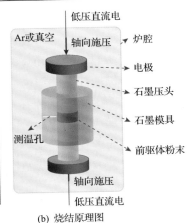

(a) 实物图　　　　　　　　　　(b) 烧结原理图

图 5.10　SPS-211LX 放电等离子体烧结炉

影响 SPS 技术的因素主要有烧结温度、烧结压力和气氛、电流及烧结速率四个方面，下面将对四个方面进行详细介绍。

烧结温度直接影响样品的致密化程度和晶粒的细化程度，是影响 SPS 的重要因素。当烧结温度较低时，合金粉末在热扩散过程中的扩散不充分，加热时间短，样品的致密性较差。而当烧结温度超过一定限度时，原料粉末会出现液相，在施加较大轴向压力的条件下，很容易被挤压出石墨模具。因此，热电材料的烧结温度一般比原料粉末受热收缩结束时的温度高 50~100K，以确保样品完全致密化，并避免过热。

热电材料的热导率对 SPS 的降温速率会产生一定影响，当降温速率过快时，热导率较低的样品可能会产生裂纹。在 $Cu_{12}Sb_4S_{13}$ 化合物的烧结中，只有控制冷却速度小于 15K/min，制备出的样品才不会出现裂纹。Cu_3SbSe_3 化合物的情况更加特殊，热导率 κ 小于 0.5W/(m·K)，用 SPS 技术很难烧结，需要采用热压法来获得纯相和高质量的样品[19]。这两种材料烧结困难的确切原因尚不清楚，可能是由于铜原子的低导热性和潜在反常行为(有序无序转变和/或离子运动)的作用。

在 SPS 过程中，模具会受到一个轴向的施加压力，以此来确保烧结样品的致密性。根据模具材质不同来确定施加的最大压力，石墨模具的最大压力为 100MPa，不锈钢或硬质合金材质的承受压力要更大些。加压的数值和方式也会影响样品的微观结构，为了保证样品的致密化，一般在烧结开始前会对粉末原料进行预压。而有时为了在烧结中产生择优取向结构，预压的压力会略小些，当达到保温温度时，施加的压力应为样品设定压力的最大值。热电材料的力学性能通常较差，烧结完成后应快速卸压，以避免过大的外应力压碎样品或产生裂纹。有些热电材料的热导率较低，SPS 后快速降温的过程会使样品内部产生较大的内应力，易使样品出现内裂纹。此时，可以通过分段缓慢降温的方式降温。

　　SPS 采用低电压(0~10V)、大电流(0~1000A)的方式实现快速烧结。热电材料通常是导电性能优良的半导体材料。因此，SPS 中通入直流电流时，流过样品的电流密度是十分可观的，此时会产生显著的佩尔捷效应。当电流足够大时，该效应会影响热电材料粉末与模具上下接触表面的温度。如图 5.11 所示，在 N 型半导体中，在电场的作用下，当电子从能级高的导体流向能级低的导体时，该电子在界面势垒处向下跃迁，宏观上表现为放热。当电子从能级低的导体流向能级高的导体时，则会吸收一定热量向上跃迁，表现为吸热。在 SPS 系统中，石墨碳纸的导电性相对高于热电粉末原料。因此，如图 5.11 所示，当通入直流电流时，在 N 型热电材料的烧结中，电子从阴极方向(下接触界面)流入粉末原料时发生吸热反应。而当电子从原料粉末流入石墨碳纸时，则发生放热反应，P 型热电材料的佩尔捷效应则与 N 型相反，从而导致烧结时原料上下接触面的温度差异，最终影响上下面的晶粒尺寸和电导率。研究发现，在 LAST 材料中，置换上下方向对烧成样品进行的二次烧结将有助于消除 SPS 中的佩尔捷效应。

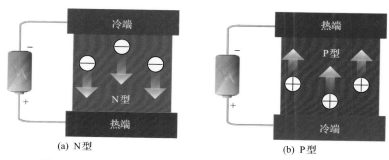

(a) N 型　　　　　　　　　　(b) P 型

图 5.11　N 型和 P 型热电材料 SPS 过程中佩尔捷效应示意图

　　此外，在外电场的作用下，部分热电材料内部会发生成分的迁移现象，其中典型的热电体系以 $Cu_{2-x}X$(X=S, Se, Te)为主，Cu 离子在以 X 搭建的晶格中常发生迁移现象。Meng 等[41]在烧结后在样品进行 ZEM 测试时观察到了明显的迁移现象，Zhuang 等[42]通过在 P 型 Bi_2Te_3 中掺杂 Cu 元素，在 SPS 中通入长时间的高电流，证实了 Cu 离子在 Bi_2Te_3 中存在微量的迁移现象。

5.3.6　热压烧结

　　热压烧结(HP)具有高热量和高压力同时作用的特点，适用于高温下压坯粉末的烧结和蠕变过程。热压烧结主要应用于常规烧结或无压烧结难以烧结的硬脆粉末。目前该技术已广泛应用于各种热电材料的烧结。与 SPS 相比，HP 的加热速率更低，保温时间较长(一般为半小时到几小时)，加工稳定性更好，可以获得致密、结构和成分均匀性更好的热电材料。

　　HP 有两种常见的加热方式：感应加热和对流加热(或间接电阻加热)。前者中，热量在受到高频电磁场作用的感应线圈中产生，加热模具被单轴压力固定在感应线圈内，这种加热方式的优点是加热速度快。但是，由于模具必须精确地放置在线圈的中心，并且加热过程十分依赖于耦合效应和模具良好均匀的导热系数，所以很难实现热量的均匀分布。

对流加热通常使用炉箱。在高压的固定下，模具被放置在一个装有加热元件的腔室中，加热元件由电流加热。在这种情况下，加热过程相对独立于模具的导电率和位置。只要有足够的能量，就可以实现均匀稳定的加热时间。但是，要实现从加热元件到腔室气氛、再到模具表面、最后到粉末的足够热传递，时间可能相当长。

5.4　薄膜制备技术

近年来，人们对薄膜热电材料的兴趣与日俱增。热电薄膜的研究主要集中在以下几种材料体系：①Bi_2Te_3 基 V - VI 族材料体系，包括 Bi_2Te_3、Sb_2Te_3、$(Bi_{1-x}Sb_x)_2Te_3$、$Bi_2(Te_{1-x}Se_x)_3$ 等；②Si、Ge 及其合金，包括 a-Si（Al）、a-Ge、SiGe 等；③B 和 C 族化合物，包括 B_4C、$B_{13}C_{12}$、BP 等；④3d 过渡金属硅化物，包括 $FeSi_2$、CoSi 等；⑤其他金属及其氧化物薄膜，包括 Zn-Sb、ZrO_2、ZnO_2、RuO_2 等。当前最受关注的热电薄膜材料主要包括超晶格薄膜和多晶薄膜。下面简述薄膜热电材料常用的制备技术。

5.4.1　气相沉积法

气相沉积法是最常用的半导体/微加工工艺。尽管设备的初始投资较大且工艺控制复杂，但其生产效率较高，适应性强，可以制作出大面积、高质量的薄膜，因此被广泛应用于包括热电材料在内的多种功能材料的研发或生产。气相沉积法主要包括物理气相沉积（PVD）和化学气相沉积（CVD），其中物理气相沉积易实现复杂成分薄膜的制备，非常适合于热电薄膜的制备；利用化学气相沉积制备热电薄膜的难度相对较大，一般只适合于组分较为简单或有机热电薄膜的制备。

1. 物理气相沉积

物理气相沉积（physical vapor deposition，PVD）是指在真空条件下，采用物理方法将材料源——固体或液体表面气化成气态原子、分子或部分电离成离子，并通过低压气体（或等离子体）迁移，在基体表面沉积具有某种特殊功能的薄膜的技术。PVD 不仅可以沉积金属膜、合金膜、还可以沉积化合物、陶瓷、半导体、聚合物膜等。PVD 早在 20 世纪初就已有些应用，到 30 年代迅速发展，成为一门极具广阔应用前景的新技术，并向着环保型、清洁型发展。目前在钟表行业，尤其是高档手表金属外观件的表面处理方面得到了越来越广泛的应用。

PVD 主要包括真空蒸镀、溅射镀膜、离子镀膜等。真空蒸镀是 PVD 中使用最早的技术，基本原理是在真空条件下，金属、金属合金或化合物蒸发，大量的原子、分子气化并离开液体镀料或固体镀料表面(升华)，气态的原子、分子在真空中经过很少的碰撞迁移到基体，然后沉积在基体表面形成薄膜。蒸发方法常用电阻加热、高频感应加热等。真空蒸发法具有设备简单、成膜纯度高、质量好、厚度可准确控制、成膜效率高等特点；但是，真空蒸镀不容易获得结晶结构的薄膜，薄膜在基板上的附着力也较小。溅射镀膜的基本原理是在充氩(Ar)气的真空条件下使氩气进行辉光放电，这时氩(Ar)原子被电离成氩离子(Ar$^+$)，Ar$^+$在电场力的作用下加速轰击镀料制作的阴极靶材，此时靶材被溅射而沉积到衬底表面。溅射镀膜法的优点是沉积原子的能量较高，薄膜组织更加致密，薄膜的附着能力更强；制备合金和化合物薄膜时，可以有效控制其成分；靶材可以是高熔点物质等。溅射镀膜根据辉光放电方式的不同，又可分为直流辉光放电的直流溅射、射频辉光放电的射频溅射、磁控辉光放电的磁控溅射等。离子镀膜的基本原理是在真空条件下，采用某种等离子体电离技术，使镀料靶材的原子部分电离成离子，同时产生许多高能量的中性原子，此时在被镀基体上加负偏压，在负偏压的作用下，离子沉积于基体表面形成薄膜。离子镀膜同时拥有溅射镀膜表面洁净和真空蒸镀沉积速度快的优点。

采用真空蒸镀法可以沉积不同形状的碲化铋基化合物。通过控制沉积速率可以控制蒸汽压的过饱和度——低过饱和度会导致薄膜呈薄片状生长，中等的过饱和度会生长为纳米线，而高的过饱和度则使薄膜生长成多层薄膜。此外，通过控制沉积速率，Deng 等[43]制备了有序的 Bi$_2$Te$_3$ 纳米线阵列，该薄膜的泽贝克系数很高，为-150μV/K，是普通薄膜的 2 倍。基于这种机制，Tan 等[44]通过热共蒸法成功制备了 Bi$_2$(Te,Se)$_3$ 三元纳米线阵列膜，室温下的泽贝克系数为-189μV/K，电导率为 4.9×10^4S/m。Chen 等[45]通过脉冲激光沉积法沉积了介孔结构化的 Bi$_x$Sb$_{2-x}$Te$_3$ 薄膜，他们发现高的腔体气压有助于形成多孔结构，而高温会促进定向柱状结构的生长；通过控制 Bi$_x$Sb$_{2-x}$Te$_3$ 薄膜的介孔结构，获得了约 33μW/(cm·K^2) 的功率因子。Xiao 等[46]使用电子束蒸发法制备了多层 Bi$_2$Te$_3$/Sb$_2$Te$_3$ 薄膜，该薄膜由 20 个交替的 Bi$_2$Te$_3$ 和 Sb$_2$Te$_3$ 层构成，每层厚度为 1.5nm。与蒸发法相比，溅射法制得的 TE 薄膜致密、均匀且微观结构可控。在溅射过程中，目标材料的颗粒被高能粒子轰击并沉积在衬底上。磁控溅射可以利用磁场来提高溅射速率，是制备热电薄膜最常用的溅射工艺。在磁控溅射工艺中，衬底温度、溅射功率和腔体气压均会影响薄膜的形貌。例如，Zhang 等[47]报道了利用磁控共溅射法成功制备了高度 (001) 取向的 Bi$_2$Te$_3$ 薄膜，形成了层状生长的柱状结构。这种纳米层结构具有良好的电输运性能[功率因子为 33.7μW/(cm·K^2)]，同时由于声子散射的增加还降低了热导率。随着衬底温度的升高，结晶和扩散增强，薄膜更加致密。类似地，随着溅射功率的降低，颗粒的沉积速率和动能降低，薄膜也变得更致密。腔体气压对薄膜质量的影响非常复杂：如果腔体气压低于一定值，那么沉积速率将降低，这是因为没有足够的粒子轰击目标材料；然而腔体气压超过该值后，由于背向散射的增加，沉积速率降低，最终使薄膜致密。通过综合考虑这些条件，可以精确控制相关参数，以获得具有理想形态的热电薄膜。Cao 等[48]通过控制衬底温度、腔体气压和溅射功率生长了具有 (015)、(110) 和 (001) 取向的分层 $Bi_{0.5}Sb_{1.5}Te_3$ 薄片，如图 5.12 所示。此外，由于 (110) 取向的薄片垂直于衬底平面，所以可以实现较高的制冷性能。当 $T_C = 400K$ 时，最大冷却通量达到约 $138W/cm^2$，温差达到 $6K$[48]。

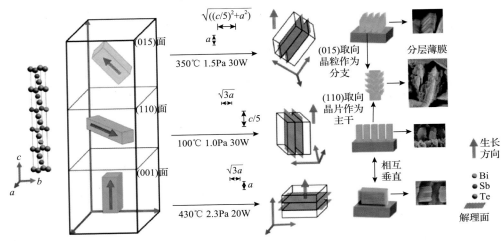

图 5.12　利用 PVD 的衬底温度和气压控制 $Bi_{0.5}Sb_{1.5}Te_3$ 薄膜生长方式的示意图

Shang 等[49]使用 PVD 在柔性衬底上制造了 Ag 修饰的柔性 P 型 $Bi_{0.5}Sb_{1.5}Te_3$ 薄膜。弯曲测试表明，复合膜具有出色的柔韧性和机械耐久性。在经过弯曲半径为 5mm 的 650 个循环弯曲后，其功率因子仅降低了 10%。除此之外，由 $Ag_{0.005}Bi_{0.5}Sb_{1.5}Te_3$ 薄膜制备的柔性热电发电装置（由四个热电臂组成）在室温下可提供约 31.2mV 的输出电压和约 $1.4mW/cm^2$ 的输出功率密度。

2. 化学气相沉积

1890 年，Mond、Langer 和 Quincke 开发了适用于大规模生产的 CVD 技术，用于羰基工艺精炼镍。早期多用于羰基、卤化物工艺提纯、纯化金属和有限种类的非金属制备。近年来，针对 CVD 的研究和开发工作更加集中于薄膜沉积，同时也被广泛用于材料加工技术中。CVD 技术通常用于固体薄膜的制备，也经常用于生产高纯度碳纳米管（CNT）的块体和粉末材料，以及通过渗透技术制备复合材料。到目前为止，元素周期表中的大多数元素都可以通过 CVD 技术沉积，甚至包括大量化合物[50]。CVD 工艺流程简单描述如下：将前驱气体在活化(光、热和等离子体)环境中引入反应室，并导向被加热的衬底；再通过诱导受控的化学反应将固体薄膜材料沉积在衬底表面上。CVD 广泛用于多晶、非晶和单晶薄膜和涂层的沉积。使用带有石英管的高温管式炉在 300～1200℃ 可以制造纳米纤维。反应时间可根据所需的纳米线长度在 15min～8h 变化。可以通过调节系列参数来调节 CVD 合成过程，如烃的浓度、催化剂、温度、压力、气体流速、沉积时间和反应器的几何形状等。近年来，通过热 CVD 或催化 CVD 生产碳纳米管(CNT)的技术引起了广泛关注。碳纳米管具有高电子迁移率、高电导率和热导率，并且能够在结构失效之前承受大量电流，这些特性和较高泽贝克系数使它们成为热电应用的最佳选择。

1993 年，Hicks 和 Dresselhaus[51,52]根据理论计算提出低维结构，特别是量子阱超晶格结构有可能显著提高某些热电材料的 ZT 值。金属有机化合物气相沉积(MOCVD)是一种制备超晶格结构的有效方法。2001 年，Venkatasubramanian 等[53]采用低温 MOCVD 成功制备了 P 型 Bi_2Te_3/Sb_2Te_3 超晶格薄膜，泽贝克系数约为 130μV/K；而 N 型 $Bi_2Te_3/Bi_2Te_{2.83}Se_{0.17}$ 超晶格薄膜的泽贝克系数约为–238μV/K。通过 MOCVD 获得的超晶格结构还可降低截面方向上的热导率，从而有助于提升 ZT 值。此外，Bulman 等[54]使用 MOCVD 制备了 P 型 Bi_2Te_3/Sb_2Te_3 超晶格薄膜，泽贝克系数约为 238μV/K；N 型超晶格掺杂的 $Bi_2Te_{3-x}Se_x$ 薄膜的泽贝克系数约为 –276μV/K。P 型和 N 型薄膜的电导率分别为 980.0S/cm 和 730.0S/cm。此外，Mahmood 等[55]对采用 MOCVD 沉积 ZnO 薄膜进行了研究，退火后的泽贝克系数约为–415μV/K。表 5.5 列举了通过 MOCVD 制备热电薄膜的泽贝克系数和 ZT 值。

表 5.5　MOCVD 制备热电薄膜相关参数[56]

薄膜	泽贝克系数/(μV/K)	热导率/[W/(m·K)]	ZT 值
P 型 Bi_2Te_3/Sb_2Te_3	130	0.25	2.4
N 型 $Bi_2Te_3/Bi_2Te_{2.83}Se_{0.17}$	−238	0.58	1.46
P 型 Bi_2Te_3/Sb_2Te_3	238	1.2	1.4
N 型 δ-doped $Bi_2Te_{3-x}Se_x$	−276	1.1	1.5
ZnO	−415		

5.4.2　化学溶液法

化学溶液法是近年来热电薄膜制备的研究热点，相比气相沉积法，化学溶液法具备设备/工艺简单、初始投资成本低、可在较大范围内控制膜厚等优点，同时兼容绝大多数热电薄膜器件的半导体制备工艺，因此被广泛用于无机、有机热电薄膜或其他低维热电材料的制备研究和生产中。常见的化学方法包括电纺丝法、电化学沉积法、旋涂法等。

1. 电纺丝法

电纺丝法是一种简单的生产纳米纤维的方法。1934 年，Formhals 获得了使用静电力生产聚合物长丝的专利，后来该过程得以发展并称为静电纺丝法[57-59]。这种方法能够通过 10～30kV 的高电场，由聚合物溶液或熔体生产连续的纳米纤维。迄今为止，已经通过电纺丝工艺成功制造了数百种聚合物。CNT/聚苯胺（PANI）复合材料、PANI/（聚苯乙烯和聚环氧乙烷）共混物、PANI、聚吡咯和聚碳酸酯纳米纤维等热电聚合物也已通过静电纺丝工艺成功制备。

在静电纺丝工艺中，带电的液态聚合物溶液被引入电场。高压直流电源用于产生 10～30kV 的电位差，通过连接到注射器的针头以所需电压控制液体聚合物溶液，并将其沉积在接地的集电极上。电源的阴极连接导线并插入包含聚合物溶液的注射器，阳极接地。通常将铝箔包裹的转鼓用作收集器。针头和收集器间的距离保持在 10～30cm。针头内径一般在 0.5～1.5mm。流体带电时，表面电荷和表面张力的作用方向相反；当液体在高压下克服表面张力时，喷射的聚合物溶液将形成连续的纳米纤维。喷射开始后，针尖处聚合物溶液的悬垂液滴形成一个圆锥形，通常称为泰勒锥。影响纳米纤维形成的关键参数包括：①溶液参数，如黏度、电导率，表面张力和蒸气压；②工艺参数，如集电器的形状、针头直径、溶液流速、尖端到集电器的距离及施加的电压；③环境参数，如静电纺丝室内的溶液温度、湿度和空气速度。通过改变这些参数，可以控制纤维的厚度和粗糙度[60]。

2. 电化学沉积法

电化学沉积经常用于制备薄膜，在过去数十年内已得到广泛使用。它是一种非真空的、易扩展且成本低的室温制膜技术。该方法可以使用形状和尺寸不同的衬底，此外与其他气相技术相比，该技术无需有毒的气态前驱体，因此成为更方便的工艺选择。该技术已广泛用于制造有机和无机薄膜，已有报道采用该方法成功制备了多种热电薄膜。

电化学沉积装置由一个反应容器（电解槽）、两个或三个电极组成。实验室中通常采用 25～50ml 的电解槽，通过使用外部电流源完成还原反应或氧化反应。在三电极电解槽中，参比电极用于控制或测量工作电极的电势，通过调节电流或电位来控制反应模式和沉积速率，但电流只在工作电极和对电极之间通过。当电池电阻率相对较高时，可以使用玻璃粉将各电极的隔室分开，以减少电化学反应间的干扰。工作电极是阴极，金、铂、碳、汞和某些半导体可用作工作电极。最常见的参比电极是饱和甘汞电极(SCE)或 Ag/AgCl 电极。铂丝或铂丝网可以用作对电极或阳极[61]。

以 Bi-Te 薄膜为例，电化学沉积示意图如图 5.13 所示。沉积在室温下进行，电解槽体积为 0.15L，并采用控制电位的三电极法(工作电极、对电极、参比电极)来沉积，为了得到离子态的溶液($[HTeO_2^+]$和$[Bi^{3+}]$)，必须将 pH 控制在一个很小的范围(-0.5~0.5)。沉积时将电位降到$[HTeO_2^+]$、$[Bi^{3+}]$离子和固态 Bi_2Te_3 的临界电位以下足够负来克服形核能，就可以得到结晶的沉积物；反之，如果提高覆盖有沉积物的工作电极的电位，也可将其可逆地溶解为离子态。沉积反应式为[62]

$$3HTeO_2^+ + 2Bi^{3+} + 18e^- + 9H^+ \rightarrow Bi_2Te_3(s) + 6H_2O \tag{5-1}$$

其平衡电位可以通过下式计算[63-65]：

$$E = E^0 + 0.0032844V \times (3\lg[HTeO_2^+] + 2\lg[Bi^{3+}] - 9pH) \tag{5-2}$$

式中，标准平衡电位 E^0 可以根据文献中单个$[HTeO_2^+]$和$[Bi^{3+}]$离子的还原反应平衡电位数据[63][式(4-3)和式(4-4)]加权求和计算，为 0.434V。

$$HTeO_2^+ + 3H^+ + 4e^- \rightarrow Te + 2H_2O, \quad E^0 = 0.551V \tag{5-3}$$

$$Bi^{3+} + 3e^- = Bi, \quad E^0 = 0.200V \tag{5-4}$$

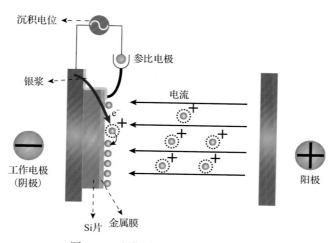

图 5.13　电化学沉积工艺过程示意图

在较低的过电位下(较小的负向电位)，沉积薄膜的晶粒堆砌得比较紧密，随着过电位的提高，晶粒团簇的体积和彼此间的空隙不断变大。在宏观上的表现是薄膜的颜色逐渐变深，由浅灰色变为黑色，而且变得容易被刮擦或涂抹掉。晶粒的形貌也发生了变化：当沉积电位为 $-50mV$ 时，晶粒为简单的薄片状；从 $-70mV$ 起，薄片晶粒出现分支，并按照一定角度交织在一起组成团簇；这在 $-90mV$ 时最为明显，同一薄片上生长的分支彼此近似平行并和大薄片形成特定角度(约为 75°)，而且均沿衬底法线方向竖直生长；当过电位继续提高，单个薄片变得更小，但在更多的维度上交错生长，从而形成了直径为数微米的大团簇体，因而每个薄片不再垂直于衬底，这就不难理解随着过电位的提高，薄膜的择优取向逐渐消失的现象。这种随着电位的变负逐渐出现的分形生长现象在该体系的电化学沉积中普遍存在。

3. 旋涂法

旋涂(spin coating)法是制备多晶薄膜最主要的方法之一，有机-无机杂化钙钛矿热电薄膜的旋涂制备工艺：①一步溶液处理方法，将混合的 CH_3NH_3I 和 PbI_2 的前驱体溶液涂覆在衬底上，为了控制结晶，在旋涂过程中将抗溶剂同时滴到衬底上；②两步溶液处理方法，在旋涂 PbI_2 溶液后，将衬底浸泡在 CH_3NH_3I 溶液中。后续的退火对膜的质量和性能具有重大影响。总体来说，溶液工艺在控制晶粒生长和薄膜形态方面具有更大的潜力，然而旋涂法在成膜过程中出现的缺陷会严重阻碍电荷传输，从而限制其热电性能。

5.4.3 印刷类方法

1. 喷墨打印

喷墨印刷法实现的方式是用功能性电子墨水，如半导体墨水和导电墨水代替彩色墨盒。如今，喷墨印刷已用于电子工业和研究领域来制造印刷电路板(PCB)、发光二极管(LED)、薄膜晶体管(TFT)、太阳能电池、热电器件等。喷墨印刷技术具有强大的应用潜力，多用于制造热电装置部分或整体结构。常规旋涂法需要一系列工艺流程，如蚀刻、清洁和切块，这不仅耗时，而且会产生大量废料。喷墨印刷则能将微量材料准确地沉积到衬底上，为制造热电器件提供了替代方法。

该技术需要活性电子材料作为原料，如溶液形式的金属、有机金属、纳米颗粒或生物聚合物。可溶性有机或聚合物材料是常用的候选材料。喷墨打印法也针对室温处理进行了调整，只需要少量油墨(墨盒容积在几百皮升)即可生产功能器件，从而大幅降低了成本。油墨可以直接、准确地沉积在各种类型的衬底上，因此可以使用此技术制造多层和平面多组分系统。该技术在 $20\sim50\mu m$ 范围内具有高分辨率，并且不需要任何掩模即可形成所需的器件。

油墨的物理性质在喷墨印刷技术中起着重要作用。约 20cP 的低黏度油墨较为合适，以便从喷嘴喷射后具有适当的体积和速率。油墨的表面张力决定了喷射后油墨球的形状，通常在 28～350mN/m 较为合适。熔融金属通常具有很高的表面张力，而聚合物通常具有非常低的表面张力。聚合物添加剂可用于改善染料与衬底的黏合力并改善油墨黏度。为防止喷嘴堵塞和干燥，建议添加 10%～20%的湿润剂(如乙二醇)。喷墨印刷中常用的导电聚合物是 PANI 和有机导电聚合物聚 3,4-乙撑二氧噻吩:聚苯乙烯磺酸盐(PEDOT:PSS)[66]。

印刷质量也受衬底表面和油墨相互作用的影响。衬底的化学改性是提高印刷质量的常用方法。控制衬底表面的亲水性可以防止液体和油墨的过度吸收。表面孔隙率和粗糙度也会影响油墨在衬底上的扩散。因此，先在衬底表面合成高分子薄膜，可以提高喷墨打印质量。通常喷墨打印工艺最适合于低温热电材料及其自然环境温度下的应用，如太阳能-热电混合电池和人体热发电。使用水基电喷射印刷可以获得更高的分辨率，从而实现高精度的快速印刷。喷射印刷可以产生针对纳米和微米尺度研究的小尺度液滴，如超细喷墨打印机所产生液滴的最小尺寸小于 1μm，从而实现了喷墨打印制造在纳米技术领域的应用。Kim 等[67]利用喷墨打印技术在玻璃纤维上制备了 Bi$_2$Te$_3$ 和 Sb$_2$Te$_3$ 柔性热电厚膜，真正实现了高性能无机热电材料的柔性化。该热电器件没有顶部和底部衬底，为自支撑结构。

2. 丝网印刷法

丝网印刷由丝网印版、刮板、油墨、印刷台和承印物等五大要素构成，是制备薄膜材料的重要方法。印刷时在丝网印版的一端倒入油墨，用刮板对丝网印版上的油墨部位施加一定压力，同时向丝网印版的另一端匀速移动，油墨在移动中被刮板从网孔中挤透到承印物上。采用感光制版方法可使部分网孔透过油墨，部分网孔不能透过油墨，从而实现带图文薄膜的制备。丝网印刷还可将导电银浆直接印制在基体材料上，制得各种器件的电极。

We 等[68]使用丝网印刷的无机热电厚膜和有机导电聚合物混合复合材料制备了柔性高性能热电模块。通过将 PEDOT:PSS 渗透到丝网印刷的热电厚膜的微孔中，实现了在不降低输出特性的情况下极大地提高模块的柔韧性。

5.4.4 超晶格热电薄膜制备方法

超晶格材料由两种或两种以上晶格匹配良好的材料以一定周期沿特定生长方向交替沉积构成，每层材料的厚度为几纳米到几十纳米，分别由不同带隙的半导体材料构成，在生长方向上形成载流子的势垒和势阱的周期性结构。这种特殊结构可能使其热电性能的大幅提升。

在超晶格的生长过程中由于化学反应、内扩散、热力学生长形态等因素通常会影响薄膜的生长质量。严格控制晶体生长取向、生长温度、沉积速率、真空度或环境气氛等是制备高质量超晶格薄膜的关键。首先，要求衬底材料表面几乎为原子级清洁，以减少杂质引入的界面缺陷；其次，衬底材料与超晶格材料之间的晶格失配度一般不超过 1%，以减少界面晶格错位导致的位错缺陷。如果衬底材料与外延层材料之间存在大的晶格失配度，通常在衬底材料与超晶格材料之间外延生长一层缓冲层，缓冲层与超晶格材料之间具有很小的晶格失配度，缓冲层的应变一般是完全弛豫的，即缓冲层最上层的晶格常数与基体材料相同。同时，应严格控制外延层的厚度，不能超过发生应变弛豫的临界厚度。

相比传统的多晶热电薄膜，超晶格/单晶型的热电薄膜通常可以实现超过同组分块体材料的热电性能，因此成为当前学术界的研究热点。例如，Venkatasubramanian 等[53]制备了 P 型 Bi_2Te_3/Sb_2Te_3 超晶格，并在 300K 时实现了高达约 2.4 的 ZT 值，这是由于薄膜中声子和电子的双重控制。Ohta 等[69]利用 $TiO_2/SrTiO_3$ 异质界面上存在的高密度二维电子气(2DEG) $SrTiO_3$，泽贝克系数高达 850μV/K。与块体热电材料相比，薄膜热电材料的体积小、重量轻，在类似微型冷却器、微型电源、微传感器等微型机械或配件的应用场景中具有竞争力。特别是基于柔性衬底的可弯曲薄膜，有望满足未来可穿戴设备发展的需求。而 ZnO 等透明薄膜热电材料则可用于玻璃幕墙或电子屏幕的废热回收利用。此外，相较于块体材料，薄膜结构拥有更多增强热电性能的方法。众所周知，薄膜和衬底之间的界面或多层材料之间的界面对晶粒生长会产生巨大影响，这一效应与热电性能之间的关联还有待进一步研究。此外，与块体热电材料不同，成本相对较低的薄膜制备工艺通常包含非平衡态过程，因此有可能通过引入一些特殊结构来提高其热电性能。

1. 超晶格结构制备

1993 年，Dresselhaus 等[70]首次提出可在热电材料制备中应用超晶格结构。超晶格是一种多层结构，两种不同材料交叠且每一层厚度均控制在纳米尺度。对于导电率存在显著差异的两种材料，其中一种可用作导电层，而另一种材料则可用作阻挡层(barrier layer)。为充分利用限域效应实现最优的热电性能，Hicks 等[71]对阻挡层提出了若干限定条件：首先，带隙和厚度必须足够大，以确保电荷仅在二维(2D)量子阱中迁移；此外，晶格导热系数应尽可能低，从避免拉低整体的 ZT 值。为了获得均一、稳定的膜结构，阻挡层与导电层的晶格参数和热膨胀系数均应匹配。制备超晶格的方法可以是溅射、热蒸镀、金属有机化学气相沉积(MOCVD)、分子束外延(MBE)等。尽管存在价格较高、效率较低等问题，MBE 仍是获得超晶格界面的最佳方法。

源于超晶格膜的独特结构和能带排列，可利用超晶格结构来显著提高 ZT 值。根据量子限域效应，纳米结构可改变态密度(DOS)，并且可由 DOS 分布推导出能谷的形状。导带谷底部的态密度随晶粒尺度的减小而增加，假设载流子浓度相等，则二维结构的费米能级 E_F 低于三维结构，这将带来更大的泽贝克系数。

如果进一步利用限域效应，可以改变能级并引入更多的活跃导带能谷，这就是所谓的能谷调控。以硅和锗构成的超晶格为例，在普通的多层结构中，限域效应不起作用，导带谷的形状如图 5.14(a) 所示。由于 X 谷较 L 谷的能量更低，所以电子趋向于聚集其中。如前所述，随着硅和锗的厚度逐渐减小，限域效应发生，这使得载流子能谷由波包转变为量子势阱，量子势阱的出现可以迅速增加费米能级附近的态密度，从而有效提升泽贝克系数。当有效质量不同时，X 谷和 L 谷的能带位置移动也不相同，同时两个能带的基态能量趋于一致。在这种情况下，电子可以同时占据 X 谷与 L 谷。总体态密度增加，从而减少 E_F 并增加泽贝克系数。

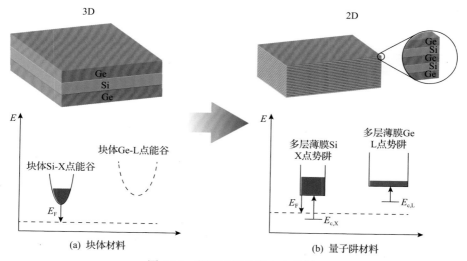

图 5.14　载流子能谷的态密度图

除此之外，调制掺杂也有助于增强超晶格的功率因子。如果施主掺杂(donor)被掺入阻挡层，那么电子将进入阱层，且移动时不受已电离施主杂质的干扰。这有助于改善载流子迁移率，由此也会提升 ZT 值。

就超晶格的热物性而言，其晶格热导率会显著降低，这一现象最初被归因于声子谱的变化增强了倒逆散射，如区域折叠和小声子间隙的形成。Chen 等[72]指出，相邻层声学特性间的差异导致的声子散射和非弹性界面散射同样也是降低晶格热导率的原因。

2. 二维电子气(2DEG)系统的形成

如何在不降低材料导电率的同时提高泽贝克系数是研究人员面临的一个重要挑战。最近，一种更精细的薄膜制备技术——异质结薄膜引起了人们的广泛关注。异质结界面有很多有趣的物理现象，其中 2DEG 通常被认为是材料拥有优异热电性能的主要原因。2DEG 意味着电子只能在二维平面上运动，在垂直于平面方向的输运受限。2DEG 的概念由 Fowler 等在 1966 年举办的第八届国际半导体会议上首先提出。2DEG 通常存在于超晶格结构或异质结薄膜的界面，当量子阱的厚度低于德布罗意波长时就会发生。德布罗意波长 λ_D 的计算公式如下：

$$\lambda_D = \frac{h}{\sqrt{3m^* \cdot k_B \cdot T}} \tag{5-5}$$

式中，h、k_B、T、m^* 分别为普朗克常数、玻尔兹曼常数、绝对温度和有效质量。通过最小化量子阱尺寸与 λ_D 的比值可以显著提高功率因子。

由于 2DEG 被强烈局限在二维空间中，所以费米能级附近的态密度增大，载流子有效质量及泽贝克系数也相应增大。下面介绍一些通过 2DEG 来改善热电性能的出色工作。

2004 年，有研究发现 LaAlO₃ 和 SrTiO₃ 两种绝缘材料的界面存在高迁移率的 2DEG，这一现象引起了广泛关注，此后产生了不少相关研究。通常，2DEG 来自极化不连续性和调制掺杂。例如，带对齐通常发生在半导体异质结构。假设 A 和 B 是 N 型半导体，A 的带隙比 B 更大，平衡状态下二者应具有相同的费米能级，因此部分电子将被限制在一个很小的空间中，这些电子就是所谓的 2DEG。Ohta 等[69] 在 LaAlO₃ 衬底上制备了 SrTiO₃/SrTi₀.₈Nb₀.₂O₃/SrTiO₃ 多层超晶格。当 SrTi₀.₈Nb₀.₂O₃ 厚度小于 1.56nm（约四个单位晶胞）时，泽贝克系数大幅增加至 480μV/K，为相应块体材料的 4.4 倍，据此估算薄膜的 ZT 值约为 2.4。通过 TiO₂/SrTiO₃ 与 TiO₂/LaAlO₃ 的对比，进一步确认了 2DEG 在界面上的作用。根据衬底与薄膜间界面载流子浓度的深度分布情况分析，在 TiO₂/SrTiO₃ 而非 TiO₂/LaAlO₃ 的异质界面上形成了 2DEG，所以 TiO₂/SrTiO₃ 的泽贝克系数高于 TiO₂/LaAlO₃，这表明界面 2DEG 是提高泽贝克系数的主要原因。Chen 等[73]制备了亚微米尺度 SrTi₀.₈Nb₀.₂O₃ 薄膜，通过调节应变诱导产生晶格极化和界面极化，从而产生 2DEG，在 49nm 厚度薄膜的 ZT 值约为 1.6。

3. 取向调节

取向调节对于提高热电性能的效果显著。众所周知，电导率与载流子迁移率成正比，而后者则受晶界散射、晶格散射和电离杂质散射的影响。载流子迁移率的计算如下：

$$\mu = \frac{Lq}{\sqrt{2\pi m^* kT}} e^{-\Phi_b/kT} \tag{5-6}$$

式中，L 为晶粒尺寸；q 为载流子电荷；m^* 为载流子有效质量；Φ_b 为晶粒与边界势垒。可以看出，μ 与 Φ_b 呈负相关，而 Φ_b 与晶界倾角相关。错配角（misorientation angle)越大，势垒高度越高。因此，优选取向有利于减少晶界散射，并且提高载流子迁移率。特别是对于各向异性大的材料，将拥有最佳特性的晶体取向平行于面内方向，可以确保其极佳的面内性能。例如，具有不同化学键和晶格参数的 Bi_2Te_3 沿 a-b 平面和 c 轴这两个方向的电导率差异巨大，目前已经有许多不同的尝试来生长具有取向性的 Bi_2Te_3 薄膜。

改变腔体气压是一种常见的控制薄膜晶体取向的方法。Chen 等[74]在硅衬底上制备了掺锑的 GeTe 薄膜，随着 Ar 压力的减小，更多晶粒沿 (200) 平面分布。当腔体气压从 1430Pa 降至 333Pa 时，载流子迁移率增加至 $7.0cm^2/(V \cdot s)$，电导率也升高至 1400S/cm。而由于载流子浓度变化不大，泽贝克系数保持稳定。Shen 等[75]发现在腔体气压超过 3000Pa 时可得到 (015) 择优取向的 Sb_2Te_3 薄膜，其最大功率因子达 $6.0\mu W/(cm \cdot K^2)$，比普通薄膜增加了 75%。

衬底也可用于调节晶粒生长，进而影响薄膜的生长。为了获得具有二维分层结构的高质量 $Bi_{0.5}Sb_{1.5}Te_3$(BST)薄膜，Kim 等[76]选择石墨烯作为衬底以促进范德华外延生长。因为良好的结晶度和较低的缺陷密度，外延 BST 膜表现出卓越的热电性质，功率因子在室温下高达约 $46.7\mu W/(cm \cdot K^2)$。

此外，还有一些新颖的方法来制备具有择优取向的薄膜。Heo 等[77]采用旋涂法合成了高质量的 SnSe 薄膜，其功率因子可与 SnSe 单晶媲美。制备中的净化过程产生了 $Sn_2Se_6^{4-}$ 前驱体，这些前驱体分解形成了 $SnSe_2$ 相。其后的热处理则促使 $SnSe_2$ 转变为 SnSe 相，这也是薄膜产生取向的原因。Takashiri 等[78]将永磁体放置在衬底后来优化溅射过程。通过这种改进，最初被限制在目标附近的带电粒子现在能够轰击衬底表面，从而有助于表面原子扩散。实验中观察到适当的磁场强度有利于获得沿 c 轴的取向生长，从而将载流子迁移率提高到 $79.6cm^2/(V \cdot s)$，与没有磁场情况下沉积的薄膜相比，功率因子提高了 65%。

4. 应变调节

应变是影响热电薄膜性能的重要因素。下面以空穴掺杂的 $La_2NiO_{4+\delta}$ 薄膜为例说明：适当的拉伸应变结合 0.05～0.10 的过氧量可以将 ZT 值提升至 1 左右。引入应变的方式通常包括选择与薄膜晶格参数不匹配的衬底或增加外部压应力。然而，通过这两种方式均很难控制应力的幅度和取向。为了解决这个问题，Kuasagaya 等[79]提出了一种利用柔性聚酰亚胺衬底的方法。如果想引入压缩应变，薄膜应沉积在弯曲衬底的凸起表面上，沉积完成后将衬底恢复平整，这样就能产生压缩应变。相反地，拉伸应变可以通过在凹陷的衬底上进行沉积来实现。对于超晶格薄膜，调整各层之间的比例也是一种调整薄膜应变的可行方法。例如，为了在 Bi_2Te_3/Sb_2Te_3 超晶格薄膜中引入面内压缩应变，需要大幅提升晶格参数较小的 Sb_2Te_3 层的比例[80]。

　　应变对电性能的影响主要来源于能带结构的变化。通过第一性原理计算，Zou 等[81]发现当存在应变时，能带结构改变，从而使 SiTiO₃ 薄膜中导带底的三重简并被打破，故无应力状态下泽贝克系数的各向同性变成了各向异性。在压缩应变下，面内方向的功率因子提高，而在拉伸应变下可以提升面外方向的功率因子。Zhang 等[82]从晶体场分裂能 $\Delta = E(\Gamma(p_{x,y})) - E(\Gamma(p_z))$ 的角度研究了应变对热电输运性质的影响。当 $\Delta \approx 0$ 时，晶体场分裂能最小，可有效提高轨道的简并度，实现能带收敛。基于该原理，可以采用形成固溶体或施加轴向应力的方式来降低晶体场的分裂能，促进能带收敛并优化热电功率因子。

　　通常来说，薄膜的热导率随着减小压缩应变量和增加拉伸应变量而降低，这已在 Bi₂Te₃ 纳米膜中得到证明：当引入 6% 的拉伸应变后，热导率从 0.69W/(m·K) 降低到了 0.34W/(m·K)。此外，由于 Bi₂Te₃ 层间的范德华力很弱，故应变导致的热导率减小效应也适用于更厚的材料。通过研究声子谱的变化可深入理解应变对薄膜热电性能的影响：在拉伸应变下，可以看到声子谱峰的红移和扩宽。峰位红移表示声子由于拉伸应变而软化，而峰位扩宽反映了由声子间倒逆散射导致的非谐性增强。因此，在拉伸应变下，声子的群速度和弛豫时间都会减小，这就是热导率降低的原因。

　　多晶热电薄膜的制备工艺相对比较简单、成本较低，目前已在薄膜器件和微型 3D 结构器件中获得应用。热电薄膜材料的制备方法也多种多样，如热蒸发、溅射、闪蒸发、脉冲激光沉积、化学气相沉积、金属有机化学气相沉积、电化学沉积等方法均可应用于热电薄膜的制备。

参 考 文 献

[1] Holden A N. Growing single crystals from solution[J]. Discussions of the Faraday Society, 1949, 5: 312-314.

[2] Goldsmid J H. The thermal conductivity of bismuth telluride[J]. Proceedings of the Physical Society, 2002, 69(2): 203.

[3] Laudise R A, Sunder W A, Barns R L, et al. Czochralski growth of doped single-crystals of Bi₂Te₃[J]. Journal of Crystal Growth, 1989, 94(1): 53-61.

[4] Ainsworth L. Single crystal bismuth telluride[J]. Proceedings of the Physical Society of London Section B, 1956, 69(6): 606-612.

[5] Anh Tuan D, Van Quang N, Duvjir G, et al. Achieving ZT=2.2 with Bi-doped n-type SnSe single crystals[J]. Nature Communications, 2016, 7(1): 1-6.

[6] Chang C, Wu M, He D, et al. 3D charge and 2D phonon transports leading to high out-of-plane ZT in n-type SnSe crystals[J]. Science, 2018, 360(6390): 778-782.

[7] He W, Wang D, Wu H, et al. High thermoelectric performance in low-cost SnS₀.₉₁Se₀.₀₉ crystals[J]. Science, 2019, 365(6460): 1418-1424.

[8] Zhang R, Pei J, Shan Z, et al. Intrinsic vacancy suppression and band convergence to enhance thermoelectric performance of (Ge, Bi, Sb)Te crystals[J]. Chemical Engineering Journal, 2022, 429: 132275.

[9] Triboulet R. The traveling heater method(THM) for $Hg_{1-x}Cd_xTe$ and related materials[J]. Progress in Crystal Growth and Characterization of Materials, 1994, 28(1-2): 85-144.

[10] Zhao L D, Lo S H, Zhang Y, et al. Ultralow thermal conductivity and high thermoelectric figure of merit in SnSe crystals[J]. Nature, 2014, 508(7496): 373-377.

[11] Zhao L D, Zhang X, Wu H, et al. Enhanced thermoelectric properties in the counter-doped SnTe system with strained endotaxial SrTe[J]. Journal of the American Chemical Society, 2016, 138(7): 2366-2373.

[12] Chang C, Wu M, He D, et al. 3D charge and 2D phonon transports leading to high out-of-plane ZT in n-type SnSe crystals[J]. Science, 2018, 360(6390): 778-783.

[13] Li J, Pan Y, Wu C, et al. Processing of advanced thermoelectric materials[J]. Science China-Technological Sciences, 2017, 60(9): 1347-1364.

[14] Li J F, Liu J. Effect of nano-SiC dispersion on thermoelectric properties of Bi_2Te_3 polycrystals[J]. Physica Status Solidi A-Applications and Materials Science, 2006, 203(15): 3768-3773.

[15] Poudel B, Hao Q, Ma Y, et al. High-thermoelectric performance of nanostructured bismuth antimony telluride bulk alloys[J]. Science, 2008, 320(5876): 634-638.

[16] Li J, Tan Q, Li J F, et al. BiSbTe-based nanocomposites with high ZT: The effect of SiC nanodispersion on thermoelectric properties[J]. Advanced Functional Materials, 2013, 23(35): 4317-4323.

[17] Tan Q, Zhao L D, Li J F, et al. Thermoelectrics with earth abundant elements: Low thermal conductivity and high thermopower in doped SnS[J]. Journal of Materials Chemistry A, 2014, 2(41): 17302-17306.

[18] Wei T R, Wang H, Gibbs Z M, et al. Thermoelectric properties of Sn-doped p-type Cu_3SbSe_4: a compound with large effective mass and small band gap[J]. Journal of Materials Chemistry A, 2014, 2(33): 13527-13533.

[19] Wei T R, Wu C F, Sun W, et al. Is Cu_3SbSe_3 a promising thermoelectric material?[J]. RSC Advances, 2015, 5(53): 42848-42854.

[20] Zou M, Li J F, Du B, et al. Fabrication and thermoelectric properties of fine-grained TiNiSn compounds[J]. Journal of Solid State Chemistry, 2009, 182(11): 3138-3142.

[21] Zou M, Li J F, Guo P, et al. Synthesis and thermoelectric properties of fine-grained FeVSb system half-Heusler compound polycrystals with high phase purity[J]. Journal of Physics D-Applied Physics, 2010, 43(41): 415403.

[22] Pan Y, Wei T R, Cao Q, et al. Mechanically enhanced p-and n-type Bi_2Te_3-based thermoelectric materials reprocessed from commercial ingots by ball milling and spark plasma sintering[J]. Materials Science and Engineering: B, 2015, 197: 75-81.

[23] Dey T K. Electrical conductivity, thermoelectric power and figure of merit of doped Bi-Sb tapes produced by melt spinning technique[J]. Pramana, 1990, 34(3): 243-248.

[24] Lee S M, Okamoto Y, Kawahara T, et al. The fabrication and thermoelectric properties of amorphous Si-Ge-Au bulk samples//Thermoelectric Materials 2001-Research and Applications. Nolas G S, Johnson D C, Mandrus D G. Eds. 2001, 691: 215-220.

[25] Kim T S, Kim I S, Kim T K, et al. Thermoelectric properties of p-type 25%Bi_2Te_3+75%Sb_2Te_3 alloys manufactured by rapid solidification and hot pressing[J]. Materials Science and Engineering B-Solid State Materials for Advanced Technology, 2002, 90(1-2): 42-46.

[26] Chen H Y, Zhao X B, Lu Y F, et al. Microstructures and thermoelectric properties of $Fe_{0.92}Mn_{0.08}Six$ alloys prepared by rapid solidification and hot pressing[J]. Journal of Applied Physics, 2003, 94(10): 6621-6626.

[27] Zhao X B, Chen H Y, Muller E, et al. Microstructure development of Fe_2Si_5 thermoelectric alloys during rapid solidification, hot pressing and annealing[J]. Journal of Alloys and Compounds, 2004, 365(1-2): 206-210.

[28] Tang X, Xie W, Li H, et al. Preparation and thermoelectric transport properties of high-performance p-type Bi_2Te_3 with layered nanostructure[J]. Applied Physics Letters, 2007, 90 (1): 012102.

[29] Xie W, He J, Kang H J, et al. Identifying the specific nanostructures responsible for the high thermoelectric performance of (Bi,Sb) $_2Te_3$ nanocomposites[J]. Nano Letters, 2010, 10 (9): 3283-3289.

[30] Xie W, Tang X, Yan Y, et al. High thermoelectric performance BiSbTe alloy with unique low-dimensional structure[J]. Journal of Applied Physics, 2009, 105 (11): 113713.

[31] Sikalidis C. Advances in ceramics-synthesis and characterization, processing and specific applications[J]. Advances in Ceramics-Synthesis and Characterization, Processing and Specific Applications, 2011, 10.5772/985 (Chapter 19).

[32] Su X, Fu F, Yan Y, et al. Self-propagating high-temperature synthesis for compound thermoelectrics and new criterion for combustion processing[J]. Nature Communications, 2014, 5 (1): 1-7.

[33] Li Y, Liu G, Cao T, et al. Enhanced thermoelectric properties of Cu_2SnSe_3 by (Ag,In)-co-doping[J]. Advanced Functional Materials, 2016, 26 (33): 6025-6032.

[34] Ju H, Kim J. Chemically exfoliated SnSe nanosheets and their SnSe/Poly (3,4-ethylenedioxythiophene): Poly (styrenesulfonate) composite films for polymer based thermoelectric applications[J]. ACS Nano, 2016, 10 (6): 5730-5739.

[35] Zhao X B, Ji X H, Zhang Y H, et al. Bismuth telluride nanotubes and the effects on the thermoelectric properties of nanotube-containing nanocomposites[J]. Applied Physics Letters, 2005, 86 (6): 062111.

[36] Ji X, Zhang B, Tritt T M, et al. Solution-chemical syntheses of nano-structured Bi_2Te_3 and PbTe thermoelectric materials[J]. Journal of Electronic Materials, 2007, 36 (7): 721-726.

[37] Yokoyama S, Sato K, Muramatsu M, et al. Green synthesis and formation mechanism of nanostructured Bi_2Te_3 using ascorbic acid in aqueous solution[J]. Advanced Powder Technology, 2015, 26 (3): 789-796.

[38] Li Z, Chen Y, Li J F, et al. Systhesizing SnTe nanocrystals leading to thermoelectric performance enhancement via an ultra-fast microwave hydrothermal method[J]. Nano Energy, 2016, 28: 78-86.

[39] Li F, Li J F. Enhanced thermoelectric performance of separately Ni-doped and Ni/Sr-codoped $LaCoO_3$ nanocomposites[J]. Journal of the American Ceramic Society, 2012, 95 (11): 3562-3568.

[40] Inoue K. Electric discharge sintering[P]. Japan, US3241956, 1963-10-29.

[41] Meng Q L, Kong S, Huang Z, et al. Simultaneous enhancement in the power factor and thermoelectric performance of copper sulfide by In_2S_3 doping[J]. Journal of Materials Chemistry A, 2016, 4 (32): 12624-12629.

[42] Zhuang H L, Pan Y, Sun F H, et al. Thermoelectric Cu-doped (Bi,Sb) $_2Te_3$: Performance enhancement and stability against high electric current pulse[J]. Nano Energy, 2019, 60: 857-865.

[43] Deng Y, Xiang Y, Song Y. Template-free synthesis and transport properties of Bi_2Te_3 ordered nanowire arrays via a physical vapor process[J]. Crystal Growth & Design, 2009, 9 (7): 3079-3082.

[44] Tan M, Deng Y, Wang Y. Ordered structure and high thermoelectric properties of Bi_2 (Te,Se) $_3$ nanowire array[J]. Nano Energy, 2014, 3: 144-151.

[45] Chen T H, Lin P Y, Chang H C, et al. Enhanced thermoelectricity of three-dimensionally mesostructured $Bi_xSb_{2-x}Te_3$ nanoassemblies: From micro-scaled open gaps to isolated sealed mesopores[J]. Nanoscale, 2017, 9 (9): 3283-3292.

[46] Xiao Z, Kisslinger K, Dimasi E, et al. The fabrication of nanoscale Bi_2Te_3/Sb_2Te_3 multilayer thin film-based thermoelectric power chips[J]. Microelectronic Engineering, 2018, 197: 8-14.

[47] Zhang Z, Wang Y, Deng Y, et al. The effect of (00l) crystal plane orientation on the thermoelectric properties of Bi_2Te_3 thin film[J]. Solid State Communications, 2011, 151 (21): 1520-1523.

[48] Cao L, Deng Y, Gao H, et al. Towards high refrigeration capability: The controllable structure of hierarchical

$Bi_{0.5}Sb_{1.5}Te_3$ flakes on a metal electrode[J]. Physical Chemistry Chemical Physics, 2015, 17(10): 6809-6818.

[49] Shang H, Li T, Luo D, et al. High-performance Ag-modified $Bi_{0.5}Sb_{1.5}Te_3$ films for the flexible thermoelectric generator[J]. ACS Applied Materials & Interfaces, 2020, 12(6): 7358-7365.

[50] Park J H, Sudarshan T S. Chemical Vapor Deposition[M]. Almere: ASM International, 2001.

[51] Hicks L D, Dresselhaus M S. Thermoelectric figure of merit of a one-dimensional conductor[J]. Physical Review B, 1993, 47(24): 16631-16634.

[52] Hicks L D, Dresselhaus M S. Effect of quantum-well structures on the thermoelectric figure of merit[J]. Physical Review B, 1993, 47(19): 12727-12731.

[53] Venkatasubramanian R, Siivola E, Colpitts T, et al. Thin-film thermoelectric devices with high room-temperature figures of merit[J]. Nature, 2001, 413(6856): 597-602.

[54] Bulman G, Barletta P, Lewis J, et al. Superlattice-based thin-film thermoelectric modules with high cooling fluxes[J]. Nature Communications, 2016, 7(1): 10302.

[55] Mahmood K, Ali A, Arshad M I, et al. Investigation of the optimal annealing temperature for the enhanced thermoelectric properties of MOCVD-grown ZnO films[J]. Journal of Experimental and Theoretical Physics, 2017, 124(4): 580-583.

[56] Yu Y, Zhu W, Kong X, et al. Recent development and application of thin-film thermoelectric cooler[J]. Frontiers of Chemical Science and Engineering, 2020, 14(4): 492-503.

[57] Tsai Y C, Chiu C C, Tsai M C, et al. Dispersion of carbon nanotubes in low pH aqueous solutions by means of alumina-coated silica nanoparticles[J]. Carbon, 2007, 45(14): 2823-2827.

[58] Liu L, Grunlan J C. Clay assisted dispersion of carbon nanotubes in conductive epoxy nanocomposites[J]. Advanced Functional Materials, 2007, 17(14): 2343-2348.

[59] Moriarty G P, Wheeler J N, Yu C, et al. Increasing the thermoelectric power factor of polymer composites using a semiconducting stabilizer for carbon nanotubes[J]. Carbon, 2012, 50(3): 885-895.

[60] Huang Z M, Zhang Y Z, Kotaki M, et al. A review on polymer nanofibers by electrospinning and their applications in nanocomposites[J]. Composites Science and Technology, 2003, 63(15): 2223-2253.

[61] Chen S. Practical Electrochemical Cells[M]//Handbook of Electrochemistry. Elsevier, 2007: 33-56.

[62] Martín-González M S, Prieto A L, Gronsky R, et al. Insights into the electrodeposition of Bi_2Te_3[J]. Journal of The Electrochemical Society, 2002, 149(11): C546.

[63] Liu D W, Li J F. Electrocrystallization process during deposition of Bi-Te films[J]. Journal of the Electrochemical Society, 2008, 155(7): D493.

[64] Devereux O F. Topics in Metallurgical Thermodynamics[M]. New York: Wiley, 1983.

[65] 程兰征, 章燕豪. 物理化学[M]. 上海: 上海科学技术出版社, 1997.

[66] Eom S H, Senthilarasu S, Uthirakumar P, et al. Polymer solar cells based on inkjet-printed PEDOT:PSS layer[J]. Organic Electronics, 2009, 10(3): 536-542.

[67] Kim S J, We J H, Cho B J. A wearable thermoelectric generator fabricated on a glass fabric[J]. Energy & Environmental Science, 2014, 7(6): 1959-1965.

[68] We J H, Kim S J, Cho B J. Hybrid composite of screen-printed inorganic thermoelectric film and organic conducting polymer for flexible thermoelectric power generator[J]. Energy, 2014, 73: 506-512.

[69] Ohta H, Kim S, Mune Y, et al. Giant thermoelectric Seebeck coefficient of a two-dimensional electron gas in $SrTiO_3$[J]. Nature Materials, 2007, 6(2): 129-134.

[70] Hicks L D, Dresselhaus M S. Effect of quantum-well structures on the thermoelectric figure of merit[J]. Physical

Review B, 1993, 47(19): 12727-12731.

[71] Hicks L D, Dresselhaus M S. Use of quantum-well superlattices to obtain a high figure of merit from nonconventional thermoelectric materials[J]. MRS Proceedings, 1993, 63(23): 3230-3232.

[72] Chen G. Thermal conductivity and ballistic-phonon transport in the cross-plane direction of superlattices[J]. Physical Review B, 1998, 57(23): 14958-14973.

[73] Chen J, Chen H, Hao F, et al. Ultrahigh thermoelectric performance in $SrNb_{0.2}Ti_{0.8}O_3$ oxide films at a submicrometer-scale thickness[J]. ACS Energy Letters, 2017, 2(4): 915-921.

[74] Chen I N, Chong C W, Wong D P, et al. Improving the thermoelectric performance of metastable rock-salt GeTe-rich Ge-Sb-Te thin films through tuning of grain orientation and vacancies[J]. Physica Status Solidi(A), 2016, 213(12): 3122-3129.

[75] Shen S, Zhu W, Deng Y, et al. Enhancing thermoelectric properties of Sb_2Te_3 flexible thin film through microstructure control and crystal preferential orientation engineering[J]. Applied Surface Science, 2017, 414: 197-204.

[76] Kim E S, Hwang J Y, Lee K H, et al. Graphene substrate for van der waals epitaxy of layer-structured bismuth antimony telluride thermoelectric film[J]. Advanced Materials, 2017, 29(8): 1604899.

[77] Heo S H, Jo S, Kim H S, et al. Composition change-driven texturing and doping in solution-processed SnSe thermoelectric thin films[J]. Nature Communications, 2019, 10(1): 864.

[78] Takashiri M, Hagiwara K, Hamada J. Highly oriented nanocrystalline bismuth telluride thin films obtained by radio-frequency magnetron sputtering with a magnetic field applied to the substrate via an affixed permanent magnet[J]. Vacuum, 2018, 157: 216-222.

[79] Kusagaya K, Hagino H, Tanaka S, et al. Structural and thermoelectric properties of nanocrystalline bismuth telluride thin films under compressive and tensile strain[J]. Journal of Electronic Materials, 2015, 44(6): 1632-1636.

[80] Hinsche N F, Yavorsky B Y, Mertig I, et al. Influence of strain on anisotropic thermoelectric transport in Bi_2Te_3 and Sb_2Te_3[J]. Physical Review B, 2011, 84(16): 165214.

[81] Zou D, Liu Y, Xie S, et al. Effect of strain on thermoelectric properties of $SrTiO_3$: First-principles calculations[J]. Chemical Physics Letters, 2013, 586: 159-163.

[82] Zhang J, Song L, Madsen G K H, et al. Designing high-performance layered thermoelectric materials through orbital engineering[J]. Nature Communications, 2016, 7(1): 10892.

第6章　性能增强复合制备技术

6.1　引　言

通过微观结构调控可以进一步提高材料的热电性能，特别是纳米复合结构热电材料受到了人们的极大关注。在热电材料基体中引入纳米尺寸的外来相，如掺入纳米颗粒或产生纳米尺寸的孔洞等，可以实现热电性能提升。理论计算表明，加入自由分散的纳米颗粒在材料内部主要作为声子散射中心，从而显著降低声子热导率。当纳米颗粒的尺寸足够小时，这些纳米颗粒与基体之间的界面对声子的散射作用显著，结果导致热导率大幅降低的同时其电输运性能变化不大。如果第二相与基体界面的适配度高，当前者比后者的带隙更大时，界面处还会发生能量过滤效应，从而提升功率因子，实现提高电学性能和降低热导率的解耦效果，显著提高材料的热电性能。本章将主要阐述原位复合、混合复合及梯度复合等热电材料性能增强制备技术。

6.2　原　位　复　合

原位复合是指通过适当控制制备工艺在材料基体内部原位生成纳米相，与基体一起构成复合材料。主要利用热力学不稳定的过饱和固溶体在一定条件下发生沉淀反应所形成的纳米尺度析出相[1-4]。原位复合在材料基体的晶界或晶内原位生成了大量的纳米尺度第二相，从而在基体材料内部产生许多界面。由于析出相与基体存在成分差异，且析出相的尺寸一般为纳米尺度，所以析出相的形成将增强声子散射，但析出相因与基体的界面结合比较完整，相对而言载流子在界面遇到的散射较弱。因此，由析出相组成的原位复合纳米结构有利于对热电输运特性的协同调控，从而起到提高热电性能的作用。

6.2.1　熔融+缓慢冷却原位纳米复合制备技术

2004年，Hsu等[1]报道了采用高温熔融和缓慢冷却的方法制备高性能$AgPb_mSbTe_{m+2}$(简称 LAST 合金)热电材料，研究发现材料内部存在大量的纳米析出相，从而显著增强了声子散射，导致热导率大幅降低，实验得到的室温最低热导率仅约 $1.0W/(m \cdot K)$。极低的热导率起到大幅提高 ZT 值的作用，在 850K 时的 ZT 值达到了 1.7，基于实验结果外推其 ZT 峰值在 900K 时可达 2.1。利用这种高温熔融结合缓慢冷却的方法还可以制备其他类似的热电材料,如在 PbTe 热电材料中复合 HgTe、CdTe、SrTe、MgTe 等。通过缓慢冷却引入纳米析出相,可在增强声子散射的同时调节载流子浓度,从而提高 PbTe 材料的 ZT 值[5-10]。又如,在 K 掺杂 $PbTe_{0.7}S_{0.3}$ 基体中未完全形成固溶体,而出现具有不同结构特征的富 PbTe 区和富 PbS 区异质纳米结构,从而显著增强了声子散射[11]。后来,科研人员[12-15]研究 Na 掺杂 PbTe-SrTe 热电材料时发现,在基体中同时出现了纳米尺度析出物、介观尺度析出物和原子尺度固溶缺陷,这些不同尺度的微观结构缺陷实现了全波长范围内的声子散射,显著降低了晶格热导率并提高了热电性能,实验得到的 ZT 峰值可达到 2.2(915K)。

6.2.2　放电等离子烧结+退火原位纳米复合制备技术

2008 年,Zhou 等[3]报道采用机械合金化结合放电等离子烧结+退火方法制备 LAST 体系热电材料。通过高分辨电镜观察发现,退火处理后材料内部形成了由原位纳米析出相组成的复合结构。进一步研究发现二次烧结也具有促进原位纳米析出的作用(图 6.1)[16]。纳米析出物直径为 5~10nm,成分与基体不同,Ag 与 Sb 成分明显偏高,随着退火时间的延长,析出相的数量增加,散射作用大幅增强,热

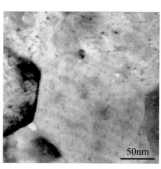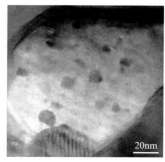

(a) 低倍率透射电镜照片

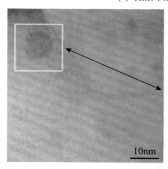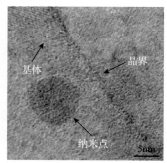

(b) 高分辨透射电镜照片

图 6.1　放电等离烧结+退火制备纳米 AgPbSbTe 的纳米点显微结构图[16]

导率大幅降低。由于析出相与基体的共格界面对载流子传输的影响较小，同时退火处理还减少了晶粒内部缺陷，所以电阻率不升反降。实验得到 $Ag_{0.8}Pb_{18+x}SbTe_{20}$ 材料在退火 30 天(653K)后的 ZT 峰值达到 1.5(700K)，这比未退火处理材料的 ZT 值提高了 50%[3]。

2015 年，Bathula 等[17]利用机械合金化(90h 高能球磨)结合放电等离子烧结制备了原位纳米的 P 型 $Ge_{20}Si_{80}$ 热电材料，其颗粒直径平均仅为 12nm，900℃的热导率仅为 2.04W/(m·K)，而电学性能基本不变，ZT 峰值达到 1.2 左右，这是 P 型 Ge-Si 合金已报道的最高值。

6.2.3　熔融旋甩+放电等离子烧结原位纳米复合制备技术

2009 年，Li 等[18]采用熔融旋甩结合放电等离子烧结技术制备出原位析出 InSb 纳米结构的 N 型填充 $In_xCe_yCo_4Sb_{12}$ 材料，晶格热导率低至 0.56W/(m·K)，ZT 峰值达到 1.45。随后，Luo 等[19]采用同样的制备方法原位生长出富含 MnSi 纳米相的高锰硅材料，这些纳米相的尺寸为 50～100nm，纳米相可以强烈地散射声子、降低晶格热导率。与此同时，基于能量过滤效应，材料的泽贝克系数出现了额外的增加，从而使其电学性能大幅提高，实验得到的 ZT 峰值达到 0.62(800K)，这是目前未掺杂 MnSi 热电材料报道的最高 ZT 值。

6.3　混　合　复　合

除原位复合提高材料的热电性能外，在热电材料中直接添加纳米复合物，即混合复合，也能够有效地提高材料的热电性能。混合复合大多采用球磨法在基体中引入纳米复合物，再通过烧结得到致密块材，工艺简单且含量可控[20, 21]。关于热电材料纳米复合的研究可追溯到 20 世纪 90 年代末。直到 2004 年前后，以经典热电材料 PbTe、方钴矿等为基体，以纳米尺度复合物为分散相的纳米复合热电材料的研究逐渐凸显[22]，此后还出现了 Bi_2Te_3、SiGe 合金等经典热电材料及其他新型热电材料的纳米复合研究。本节将纳米复合物按维度分为零维、一维和二维，分别描述不同维度的混合复合制备技术。

6.3.1　零维添加物复合制备技术

零维添加物通常指纳米颗粒，一般认为将纳米颗粒分散到基体材料中将对声子产生强烈散射，从而降低热导率。如果纳米颗粒与基体材料之间产生良好的界面，那么电阻率并不会显著增大，在降低热导率的同时还能保持优良的电输运性质。2011 年，Sumithra 等[23]将 Bi 纳米颗粒分散在 Bi_2Te_3 基体中，Bi 纳米颗粒的引入有两方面作用：一是降低了晶格热导率，二是产生了能量过滤效应，阻碍了低能载流子的传输，从而提升了功率因子，最终最优成分的 Bi/Bi$_2$Te$_3$ 纳米复合物的 ZT 值相比 Bi$_2$Te$_3$ 提高了一倍。2013 年，Li 等[24]将 SiC 纳米颗粒分散在 P 型 BiSbTe 基体中[图 6.2(a)]，SiC 纳米颗粒的引入改变了 BiSbTe 材料的缺陷态，使载流子浓度显著提高，进而提高了电导率。此外，由于 SiC 与 BiSbTe 基体的晶格常数接近，所以二者之间形成了共格界面，从而产生了能量过滤效应，提高了泽贝克系数，继而显著提升了功率因子，ZT 峰值达到了 1.33。由于 SiC 具有较高的硬度，这也使该复合材料的力学性能得以显著增强，从而有利于实际应用。在 Bi$_2$Te$_3$ 基热电材料中引入纳米颗粒复合已成为提升该材料性能的一个重要手段[25-28]，SiC 纳米颗粒复合效果在多种热电体系得到进一步印证。

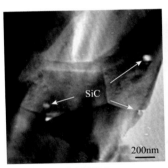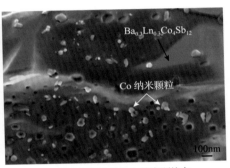

(a) SiC 纳米颗粒在 BiSbTe　　　　　(b) 具有超顺磁性的 Co 纳米颗粒在
基体的分布[24]　　　　　　　　　　　CoSb$_3$ 基材料的分布[36]

图 6.2　零维纳米添加物复合热电材料的相关研究

早在 2008 年，Faleev 等[29]基于金属-半导体接触界面的能带弯曲理论，研究了 Pb 纳米颗粒对 N 型 PbTe 热电性能的影响。当 Pb 纳米颗粒复合量较低时，这些纳米颗粒可以有效地散射声子，降低晶格热导率；当 Pb 纳米颗粒复合量较高时，这些纳米颗粒还可以选择性地散射低能电子，优化功率因子，从而提升 ZT 值。该研究还探究了在相同复合量下，不同尺度的 Pb 纳米颗粒对泽贝克系数的影响，结果表明纳米复合物的尺寸越小，对材料泽贝克系数的提高越显著。2009 年，Xiong 等[30]通过溶胶-凝胶法成功地将 TiO$_2$ 纳米颗粒引入 Ba$_{0.22}$Co$_4$Sb$_{12}$ 材料中，结果表明即使 TiO$_2$ 有较高的热导率[5.75W/(m·K)]，但当其尺寸减小到一定程度时（<30nm），依然能够降低 CoSb$_3$ 基热电材料的晶格热导率，从而提高泽贝克系数，其 ZT 峰值在 850K 达到 1.1。2017 年，Wu 等[31]研究了纳米颗粒对 PbSe 热电材料的复合效应，结果发现在具有化学惰性的纳米颗粒周围将产生应力场，从而改变 PbSe 基体中的离子缺陷分布，起到了与化学掺杂类似的"机械掺杂"作用。其他纳米颗粒复合增强热电材料性能的报道还有很多[32-35]，在此不再列举。

最近几年，磁性纳米颗粒复合的研究受到了人们广泛关注。2017 年，Zhao 等[36]

将具有超顺磁性的 Co 纳米颗粒分散在 $Ba_{0.3}In_{0.3}Co_4Sb_{12}$ 热电材料中［图 6.2(b)］，获得了约为 1.8 的高 ZT 值，相比基体材料提高了 32%。研究认为，热电性能的提升可归结为以下几方面：首先，Co 纳米颗粒复合增强了声子散射，降低了晶格热导率；其次，根据金属-半导体接触理论，Co 与基体之间存在电荷转移，Co 纳米颗粒复合提高了载流子浓度和电导率；另外，随着温度的升高，Co 纳米颗粒逐渐呈现超顺磁性，载流子也从只受单一散射逐渐转变为多重散射，从而使泽贝克系数提高，Co 纳米颗粒复合实现了对热-电-磁性能的协同调控。热-电-磁协同调控热电材料性能的概念也在其他纳米颗粒复合材料中得到验证，如 Fe、Ni 复合 $CoSb_3$ 基材料[36]、Fe_3O_4 复合 $BiSbTe$[37]、Ni 复合 $BiTeSe$[38] 及 Fe_2O_3 复合 $Cu_{12}Sb_4S_{13}$[39] 等材料。

6.3.2　一维添加物复合制备技术

一维添加物通常指纳米线和纳米管，在热电材料研究中，碳纳米管是一类最常用的一维添加物。2017 年，Ahmad 等[40]制备了单壁碳纳米管与 Bi_2Te_3 的复合热电材料，通过超声破碎、磁力搅拌及温和的球磨实现了碳纳米管的均匀分散［图 6.3(a)］，柔性的单壁碳纳米管形成了网络结构，将 Bi_2Te_3 颗粒结合并为电输运提供通道，极大地提高了电导率。而碳纳米管与 Bi_2Te_3 基体之间的界面也可作为能量势垒，并通过能量过滤效应增强了泽贝克系数。同时，碳纳米管的引入强烈地散射声子，使晶格热导率显著降低，最终复合 0.5vol%碳纳米管样品的 ZT 值相比未复合样品提高了近 7 倍。同年，Kumar 等[41]采用水热法制备了多壁碳纳米管复合的 Bi_2Te_3 材料［图 6.3(b)］。研究表明，多壁碳纳米管也可作为能量过滤器对载流子进行选择性散射，对声子也有强烈的散射作用，相比未复合样品，ZT 值提高了 45%。除碳纳米管外，2005 年，Zhao 等[42]采用水热法制备了 Bi_2Te_3 纳米管，并将其分散在 N 型 Bi_2Te_3 材料中。结果表明，Bi_2Te_3 纳米管复合使材料的晶格热导率降至复合前的 1/4，同时还提高了材料的电导率，实验得到的 ZT 峰值达到 1，高于未复合样品(不到 0.8)。2014 年，Zhang 等[43]报道将银纳米线引入 Bi_2Te_3 中构建一维/三维纳米复合材料［图 6.3(c)］。银纳米线的引入有效抑制了晶粒长大并形成了新的界面，在增强声子散射的同时保持了良好的电输运性能。银纳米复合 Bi_2Te_3 材料呈现了低的热导率和高的功率因子，其 ZT 峰值比未复合样品提高了 343%。2010 年，Yao 等[44]以单壁碳纳米管为模板，以苯胺为反应物，利用原位聚合反应生成了碳纳米管/有序聚苯胺杂化纳米复合材料，其电导率和泽贝克系数均获得提高，最大功率因子提升了 2 倍。该研究表明复合一维碳纳米管构建高有序的链状结构，对提高导电聚合物材料的热电性能也同样有效。2017 年，Nunna 等[45]采用相近的研究思路，通过机械合金化结合放电等离子烧结在多壁碳纳米管的表面实现了 Cu₂Se 材料的原位生长[图 6.3(d)]，并成功制备了一系列 Cu₂Se/碳纳米管复合材料，其 ZT 峰值达到了 2.4。

(a) 单壁碳纳米管在Bi₂Te₃细粉中的均匀分布[40]　　(b) 多壁碳纳米管复合Bi₂Te₃的扫描电镜图[41]

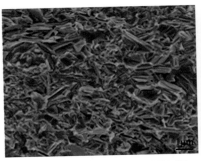
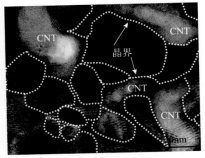

(c) 银纳米线复合Bi₂Te₃的扫描电镜图[43]　　(d) 碳纳米管与Cu₂Se的界面高分辨透射电镜图[45]

图 6.3　一维纳米添加物复合热电材料的相关研究

6.3.3　二维添加物复合制备技术

在热电材料研究中，二维添加物通常指纳米片。2015 年，Bhardwaj 等[46]首次将石墨烯纳米片与 Mg₃Sb₂ 基 Zintl 相材料复合，由于石墨烯具有极高的载流子迁移率，将其与 Zintl 相材料复合以后，材料的迁移率也得到了大幅提高，进而使电导率和功率因子提高。此外，石墨烯纳米片的引入降低了材料的热导率，进而极大地提升了其热电性能。研究得到 Mg₃Sb₁.₈Bi₀.₂/石墨烯纳米片复合材料的 ZT 峰值(773K)达到了 1.35，比未复合的 Mg₃Sb₂ 基体材料提高了 2 倍多(ZT=0.6)。2016年，Li 等[47]报道将石墨烯纳米片与 BiSbTe 材料复合后[图 6.4(a)]，材料的载流子浓度大幅提升，较小的复合量便可有效提高电导率。与此同时，石墨烯纳米片和相界均对声子传输产生散射，从而使复合材料的热导率与 BiSbTe 基体相比降低了 20%~30%。当石墨烯纳米片的复合量为 0.4vol%时，样品的 ZT 峰值达到了 1.54(440K)。同年，Tang 等[48]采用机械合金化结合放电等离子烧结制备了 Cu₂S/

石墨烯复合材料［图 6.4(b)］，二维石墨烯在基体材料中形成了三维异质界面网络结构，从而有效抑制了 Cu^+ 的迁移，提高了材料的稳定性；石墨烯的高迁移率及其与基体之间界面产生的能量过滤效应使复合材料的电导率和泽贝克系数同时提高，优化了其电输运性能；二维石墨烯的引入不仅增强了声子散射还有效抑制了晶粒长大，所以复合材料的热导率降低。实验得到该复合材料的 ZT 峰值为 1.56(873K)。除二维石墨烯外，MoS_2 纳米片也常用于热电材料的二维纳米复合。2016 年，Tang 等[49]采用一种水热夹层/剥离的方法制备了 MoS_2 纳米片，然后利用微波辅助湿化学法结合热压烧结制备了 Bi_2Te_3/MoS_2 纳米复合材料［图 6.4(c)］。研究发现，MoS_2 纳米片的加入使材料的电导率显著提高，而泽贝克系数的变化不大，该复合材料的功率因子比 Bi_2Te_3 基体提高了约 30%。2018 年，Yadav 等[50]报道了 MoS_2 纳米片与 $CoSb_3$ 的复合材料［图 6.4(d)］，与石墨烯纳米片复合材料相比，MoS_2 纳米片在界面处对声子产生了更强烈的散射，同时界面处也产生了更高的界面势垒，从而过滤了更多的低能载流子，得到更低的热导率和更高的泽贝克系数。除石墨烯和 MoS_2 纳米片外，还有很多其他的二维添加物也可以增强热电材料的性能[51-53]。

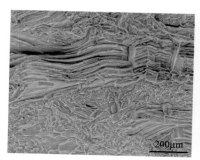

(a) 石墨烯纳米片复合BiSbTe的扫描电镜图[47]

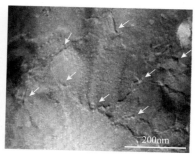

(b) 石墨烯复合Cu₂S的透射电镜图[48]

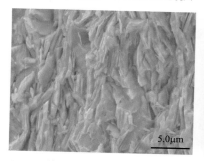

(c) MoS₂纳米片复合Bi₂Te₃的扫描电镜图[49]

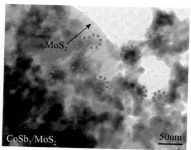

(d) MoS₂纳米片复合CoSb₃的透射电镜图[50]

图 6.4　二维纳米添加物复合热电材料的相关研究

6.4　梯　度　复　合

　　对于单一均质材料来说，热电材料的 ZT 值对温度和载流子浓度非常敏感。对于给定的载流子浓度，只有在某一窄温区内才具有高 ZT 值。当温度偏离其 ZT 峰值所对应的区间时，ZT 值迅速下降。目前发现的这些材料仍只能在窄温区得到高 ZT 值。对于实际应用来说，希望材料在很宽的温度范围内均具有较高的 ZT 值。1997 年，Shiota 等[54]率先将"功能梯度材料"的概念引入热电材料当中。最初的设计思想是在很宽的温度范围内调控载流子浓度，以实现在不同温度均获得最优载流子浓度和 ZT 值，从而实现宽温区内较高的平均 ZT 值。因此，制备功能梯度热电材料是目前实现热电材料高 ZT 值、解决窄温区问题的最现实、最有力的途径。随着近年来的发展，梯度热电材料根据材料组成的特点，又可分为连续式、分段式和混合式三类。图 6.5 为连续式、分段式和混合式热电材料结构示意图。

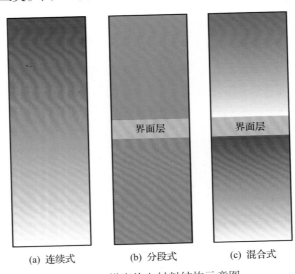

(a) 连续式　　　　(b) 分段式　　　　(c) 混合式

图 6.5　梯度热电材料结构示意图

6.4.1　连续式梯度复合制备技术

　　连续式梯度材料是利用热电材料中组分、掺杂浓度、显微结构的变化以实现对热电性能的调控。具体可分为：①由不同组分的混合晶体组成的组分梯度材料——组分梯度；②在同一物质中由不同杂质或杂质浓度形成的梯度材料——浓度梯度；③由不同的显微结构形成的梯度材料——结构梯度。连续式梯度热电材料尽管不存在热应力、界面焊接及接触电阻等问题，但无法结合多种热电材料的优势，对于热电转化效率的提升有限，通常与分段式梯度材料配合使用。

1. 组分梯度

组分梯度主要是将组分不同的同种化合物热电材料沿温度梯度分布直接烧结在一起。Pan 等[25]报道将 Cu/I 共掺杂的 N 型 Bi_2Te_3 基热电材料与商用材料叠加烧结制成梯度热电材料，其理论热电转化效率有望达到 9.2%。

2. 浓度梯度

浓度梯度是最早提出的梯度热电材料，主要是通过调控掺杂含量来实现对温度梯度方向的载流子浓度调控。图 6.6 给出了 5 种不同载流子浓度的 PbTe 基热电材料的 ZT 值和温度之间的关系[54]。每一种载流子浓度的 PbTe 基热电材料都在不同的温度具有 ZT 峰值。如果沿温度梯度方向将 5 种 PbTe 基热电材料叠加并烧结在一起，那么在宽温区内能够获得比单一均质材料好得多的热电性能。

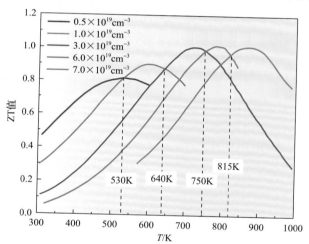

图 6.6　不同载流子浓度下 PbTe 基热电材料 ZT 值和温度的关系

此外，还可以利用化学合成或粉末冶金制备不同掺杂浓度的前驱体粉末，再通过热压烧结或放电等离子烧结来制备浓度梯度热电材料。此外，还可以沿晶体生长方向构建浓度梯度来制备梯度热电材料，如采用布里奇曼法或籽晶提拉法可以制备具有掺杂浓度梯度的单晶块体。假设熔体充分混合(通过扩散或搅拌)，对于采用布里奇曼法生长的晶体，沿晶体生长方向，其掺杂浓度分布可以用公式(6-1)来表示：

$$C = kC_0(1-g)^{k-1} \tag{6-1}$$

式中，C 为固液界面处的掺杂浓度；C_0 为熔体中的初始掺杂浓度；k 为平衡分布系数；g 为凝固所占的比例。沿晶体生长方向其掺杂浓度与 k 值的关系如图 6.7 所示[55]。

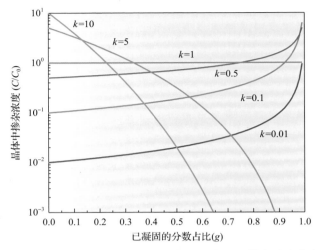

图 6.7　布里奇曼法生长的晶体沿晶体生长方向的掺杂浓度分布[55]

　　从图 6.7 可以看出，当 $k=1$ 时，整个单晶棒材沿晶体生长方向，掺杂浓度呈均一分布。随着 k 越偏离 1，单晶棒材沿晶体生长方向的掺杂浓度分布越不均匀。另一个影响掺杂浓度分布的因素是单晶棒材的长径比 R。棒材直径记为 D，长度记为 L，则 $R=D/L$。对于相同长度的单晶棒材，R 值越大，浓度梯度越大。

3. 结构梯度

　　热电材料的 ZT 值与泽贝克系数、电导率和热导率有关。这些参数均与材料载流子浓度有关。热导率主要由电子热导率（κ_e）和晶格热导率（κ_{lat}）组成。中低频声子受到晶界的散射，高频声子通常受到晶格点缺陷的散射。基于这一思想，可以沿温度梯度方向调控材料内部的基本结构，包括晶粒尺寸、织构度、纳米结构等。Shiota 等[54]和 Yoneda 等[56]分析了晶粒尺寸 L 与 κ_{lat} 之间的关系。随着 L 的减小，κ_{lat} 逐渐减小。当 L 减小到 1.0μm 和 0.5μm 时，κ_{lat} 相比于单晶样品减小了 5% 和 10%。Yoshino[57]研究了 SiGe 和 PbTe 在不同晶粒情况下 κ_{lat} 与温度的关系。结果表明，在 SiGe 合金中，当 $L\leqslant10$μm 时，κ_{lat} 开始变小。在 PbTe 中，当 $L\leqslant1.0$μm 时，κ_{lat} 开始变小。这种差别主要是由不同体系的声速不同而导致的。基于晶粒尺寸与热导率的关系，可以在烧结过程中设计独特的锥状模具来控制温度并使其呈梯度分布，进而实现晶粒尺寸的梯度分布[58]。根据 Hall-Petch 关系，晶粒细化可以提高其硬度和强度。细晶粒部分良好的力学性能使其耐热冲击性能更为良好，粗晶粒部分更高的热导率使其可以迅速传导热量。因此，结构梯度材料可以在遇到热冲击时迅速传导热量, 降低热应力, 从而有效提升热电器件的使用寿命[59]。此外, Vining 等[60]研究发现, 随着晶粒尺寸的减小, 电导率可能会恶化, 晶界与电导率之间的依赖关系主要受晶粒内部和晶界之间迁移率比的影响, 即对于细晶颗粒而言, 晶界电阻对热电输运性质的影响更为明显。细晶或粗晶材料通常会提升/降低整个温度范围内材料的热电性能。因此, 目前期望利用结构梯度热电材料来提升宽温度范围内的热电性能尚处于设想阶段, 通常仅用提升材料/器件的耐热冲击性能。

6.4.2 分段式梯度复合制备技术

分段式梯度通常由多种不同的均质热电材料焊接而成, 各段均质材料在各自使用温区下具有较高的 ZT 值。该种分段式梯度材料通常需要根据各段均质材料的特性进行几何尺寸设计。分段式梯度材料中的各段材料可以是相同基体, 也可以是不同基体。对于相同基体的分段式梯度材料而言, 与组分梯度材料的区别主要是存在有界面层材料。分段式梯度材料由多种材料焊接而成, 需要考虑不同均质材料之间的热应力、界面焊接问题及接触电阻等问题。

分段式梯度热电材料首先要根据实际使用温度进行材料内部组成与结构的梯度分布设计。梯度化设计的目的就是为了在大温差范围内, 沿温度梯度方向选用具有不同最佳工作温度的热电材料, 使之各自工作于 ZT 峰值的温度附近, 以便充分发挥各单一材料的作用, 保证整体材料在各个温度点上都有较佳的载流子浓度, 从而有效拓宽热电材料的使用温度, 同时有助于获得更高的转换效率。为了缓和热应力, 还必须明确最佳的材料组合、内部组成分布、制造条件及微观组织等。另外, 还需考虑材料的界面问题、接触电阻等参数的影响。将两种载流子浓度的 PbTe 采用液相扩散焊技术进行焊接, 形成分段式梯度 PbTe, 相比两种单一的 PbTe 具有更高的输出功率[61]。Qin 等[62]将 $Mn_{0.02}In_{0.15}Sb_{1.83}Te_3$ 和 $Mn_{0.0075}Bi_{0.5}Sb_{1.4925}Te_3$ 采用一步烧结的方式制备出分段式梯度热电材料, 在 370K 温差下的理论转化效率可达 12.7%。Zhang 等[63]设计的 P 型-Bi_2Te_3/$CoSb_3$ 双段梯度热电材料在冷端温度为 300K 和热端温度为 800K 时的理论转化效率可达 11.6%。N-Bi_2Te_3/$CoSb_3$ 双段梯度热电材料组成的热电器件的理论转化效率可达 12.8%, 实测效率可达 12%。

对于分段式梯度复合材料而言通常存在以下问题: ①将两种截然不同的材料结合在一起后, 由于化学成分的差异, 在焊合处会产生元素间的相互扩散, 造成热电材料的污染, 从而有可能恶化热电材料的性能; ②由于各部分材料的物理性能通常难以完全相互匹配(如 Bi_2Te_3 材料的热膨胀系数为 β-$FeSi_2$ 的 2 倍), 在结合层处的热应力易导致界面破坏; ③不同热电材料因性质各异, 常难以选择合适的焊接剂将两种材料焊合在一起[64]。为了将两种热电材料焊接在一起, 同时降低热电材料之间的元素扩散，通常在各段材料之间额外加一层界面层。

1. 界面层的选择

对于分段式梯度材料来说，只有解决了因结合界面引起的电导率下降等问题，才能保证梯度材料的稳定性和耐久性。因此，界面层材料的选择很重要。界面层材料与热电材料之间不能有太厚的扩散层，厚的扩散层会迅速恶化材料的热电性能。通过对碲化铋材料的研究表明，当 Ni 作为 N 型和 P 型碲化铋材料的界面层时，在 473K 时保温 1h 发现 1μm 厚的 Ni 层中含有 Bi、Te、Se 等物质。采用 Al 作为这两种材料结合界面的界面层时，1h 后发现 1μm 厚的 Al 层中无 Bi、Te、Se 等物质，表明 Al 阻止了 Bi、Te、Se 等物质的扩散。其可能原因是碲化铋与 Al 层的结合界面间生成了 Al_2Se_3 或 Al_2Te_3，Al 基化合物的形成能远大于 Ni 基化合物的形成能，从而抑制了 Bi、Te、Se 在 Al 中的扩散[65]。Hu 等[66] 和 Chen 等[67] 研究发现 Co-Fe 合金、Co 等适合作为 PbTe 的界面层材料。合适的界面层可以提高分段式梯度热电材料的稳定性。除了筛选界面层材料与基体之间的扩散厚度，其热膨胀系数及界面接触电阻、界面抗拉强度也是影响梯度材料性能和稳定性的关键因素。

2. 热膨胀系数

为了缓和各段热电材料之间的热应力，需要选择与各段热电材料热膨胀系数相近的合金作为界面层。热电材料的热扩散系数通常约为 $10^{-5}K$。在相同的热膨胀系数下，界面层的厚度越厚，热应力越小，分段式梯度材料的稳定性越好。但是，越厚的界面层会影响各段热电材料建立足够的温差。实际界面层厚度通常在 1μm 左右。

3. 接触电阻

热电材料通常具有较好的导电性。因此，界面层与热电材料之间的接触电阻应尽可能小，以减小分段式梯度材料的内阻。目前尚没有完善的理论可快速筛选出接触电阻小的界面层材料。目前人们基于金属与半导体接触理论，通过筛选功函数的方式使界面层与热电材料形成欧姆接触，从而有望获得小的接触电阻。接触电阻通常可采用扫描四探针法测量 ΔU-I 曲线得到。如图 6.8(a) 所示，在梯度材料的两端接入一个恒流源，一个电势探针固定在温度梯度方向，另一个电势探针沿温度梯度方向逐点扫描，可绘制出电压与探针位移的变化关系。为了获得足够大的电压信号，恒流源的电流应大一些，同时为了抑制帕尔贴效应，电流又不能过大。通常测试过程中的恒流源电流为 0.1A。如图 6.8(b) 所示，红色的电压降部分即表示材料的接触电阻。通常接触电阻应远小于 $100μΩ·cm^2$。理想情况下，接

触电阻甚至应小于 $1\mu\Omega\cdot cm^2$。Li 等[68]发现 Al-Si 合金与 GeTe 之间的接触电阻仅为 $20.7\mu\Omega\cdot cm^2$，故适宜作为 GeTe 的界面层材料。

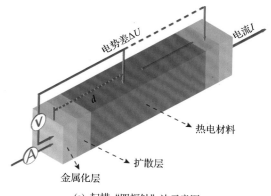

(a) 扫描 "四探针" 法示意图

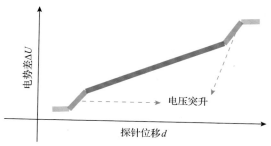

(b) 电压与探针位移的关系(其中电压降表示接触电阻)

图 6.8　接触电阻测试方法

4. 焊接方式选择

各段材料之间可以通过钎焊或液相扩散焊的方式焊接，也可以采用放电等离子烧结一步烧结成分段式热电材料。近年来，由于 SPS 一步烧结的方式具有简便快捷的特点而被更多地采用[69]。为了保证分段式热电材料焊接过后有足够的结合强度，需要做抗拉强度测试。抗拉强度过低(<10MPa)会显著降低分段式梯度材料的使用寿命。通常抗拉强度应在 20MPa 以上。Chen 等[67]发现当 PbTe 材料中的界面材料为 Co 时，可以采用 Ag-24.5at% Ge 作为钎焊焊料。Co 与 PbTe 之间的扩散层厚度可以忽略，同时 Co 与焊料之间会发生反应形成 Co-Ge 相和 β-Co_5Ge_3。

6.4.3　混合式梯度复合制备技术

混合式梯度材料结合了连续式和分段式的优点，可以获得更高的转化效率。但是，其制备工艺比较复杂，目前主要处于理论设想阶段，文献报道较少。Shiota

等[54]曾设想如果 Bi$_2$Te$_3$、PbTe、SiGe、LaTe$_{1.4}$ 等合金的每部分均为杂质梯度分布材料，并进一步将各个部分焊接起来，则可制成在温度为 300～1400K 的 ZT 值始终近似于 1 的混合式梯度热电材料。经过计算，其热电理论转化效率可达 23.3%，是其中任一单一均质材料的 2 倍。混合式梯度材料虽然有望获得极高的转化效率，但是制备工艺复杂，目前的研究还不多。

对于在宽温区内工作的梯度材料，衡量局部温区下热电转换效率的 ZT 值已不再适合于衡量大温差下的材料性能。Koshigoe 等[70]在研究 Bi$_2$Te$_3$/PbTe 梯度材料时，采用热电参数的平均值或名义值评估梯度结构的整体热电性能，忽略了材料各热电参数与温度之间关系的相互独立性和非线性特征。另外，根据均质材料的 ZT(T) 函数关系，对各段均质材料的实际工作温度范围内的 ZT(T) 分段积分求和，以评估整体的 ZT 值。但是，Schilz 等认为，对于不同的梯度材料体系，采用上述分段积分方法得到的积分总和即使相同，材料的实际热电转换效率也可能有差异[71]。这是由于各段材料的泽贝克系数和电导率不同会导致其输出电压和内阻不同，所以对应的最佳电流自然也不同；各段材料联结(串联)以后，实际工作时通过每段材料的电流必然是一致的。因此，基于该推论，在设计梯度材料时，可采用有限元法计算最大热电输出功率及各单段材料长度。这一方法的适应性较广，但使用并不方便。在研究由不同载流子浓度的 PbTe 合金组成的梯度材料时，只是简单地将两单段材料功率因子-温度曲线上的交点作为该梯度材料的最佳界面温度，从而决定两单段材料的长度[71]。随着计算机技术的发展，采用有限元法来设计梯度材料的尺寸并计算梯度材料的理论转化效率将成为主流。在有限元模拟的基础上进一步通过四探针法和稳态热流法测试分段式梯度材料的输出功率和冷端热流，进而计算出转化效率。

6.5　总　　结

纳米复合是进行热电参数优化的创新性手段之一。早在 20 世纪 90 年代初，Hicks 和 Dresselhaus 就通过理论计算预测，当材料的尺寸达到纳米级时，电子与声子的输运会呈现明显的尺度与维度效应，材料的热电性能将得到大幅提升。常见的纳米结构包括纳米析出物、纳米晶粒等。这些纳米结构可以有效地散射声子，降低晶格热导率。近年来，纳米复合提升热电性能是热电材料领域的一个重要研究方向。纳米复合制备技术也取得了重要突破，原位纳米复合、混合复合和梯度复合等多种制备方法被应用于纳米复合热电材料，材料的热导率显著降低，热电性能得到大幅提高。

参 考 文 献

[1] Hsu K F, Loo S, Guo F, et al. Cubic AgPb$_m$SbTe$_{2+m}$: Bulk thermoelectric materials with high figure of merit[J]. Science, 2004, 303(5659): 818-821.

[2] Androulakis J, Lin C H, Kong H J, et al. Spinodal decomposition and nucleation and growth as a means to bulk nanostructured thermoelectrics: Enhanced performance in Pb$_{1-x}$Sn$_x$Te-PbS[J]. Journal of the American Chemical Society, 2007, 129(31): 9780-9788.

[3] Zhou M, Li J F, Kita T. Nanostructured AgPb$_m$SbTe$_{m+2}$ system bulk materials with enhanced thermoelectric performance[J]. Journal of the American Chemical Society, 2008, 130(13): 4527-4532.

[4] Li J F, Liu W S, Zhao L D, et al. High-performance nanostructured thermoelectric materials[J]. NPG Asia Materials, 2010, 2(4): 152-158.

[5] Poudeu P F P, D'Angelo J, Kong H, et al. Nanostructures versus solid solutions: Low lattice thermal conductivity and enhanced thermoelectric figure of merit in Pb$_{9.6}$Sb$_{0.2}$Te$_{10-x}$Se$_x$ bulk materials[J]. Journal of the American Chemical Society, 2006, 128(44): 14347-14355.

[6] Pei Y, Shi X, LaLonde A, et al. Convergence of electronic bands for high performance bulk thermoelectrics[J]. Nature, 2011, 473(7345): 66-69.

[7] Girard S N, He J, Zhou X, et al. High performance Na-doped PbTe-PbS thermoelectric materials: Electronic density of states modification and shape-controlled nanostructures[J]. Journal of the American Chemical Society, 2011, 133(41): 16588-16597.

[8] Ahn K, Biswas K, He J, et al. Enhanced thermoelectric properties of p-type nanostructured PbTe-MTe(M = Cd, Hg) materials[J]. Energy & Environmental Science, 2013, 6(5): 1529-1537.

[9] Biswas K, He J, Wang G, et al. High thermoelectric figure of merit in nanostructured p-type PbTe-MTe(M = Ca, Ba)[J]. Energy & Environmental Science, 2011, 4(11): 4675-4684.

[10] Poudeu P F R, D'Angelo J, Downey A D, et al. High thermoelectric figure of merit and nanostructuring in bulk p-type Na$_{1-x}$PbmSb$_y$Te$_{m+2}$[J]. Angewandte Chemie-International Edition, 2006, 45(23): 3835-3839.

[11] Wu H J, Zhao L D, Zheng F S, et al. Broad temperature plateau for thermoelectric figure of merit ZT>2 in phase-separated PbTe$_{0.7}$S$_{0.3}$[J]. Nature Communications, 2014, 5(1): 1-9.

[12] Biswas K, He J, Blum I D, et al. High-performance bulk thermoelectrics with all-scale hierarchical architectures[J]. Nature, 2012, 489(7416): 414-418.

[13] Zhao L D, Wu H J, Hao S Q, et al. All-scale hierarchical thermoelectrics: MgTe in PbTe facilitates valence band convergence and suppresses bipolar thermal transport for high performance[J]. Energy & Environmental Science, 2013, 6(11): 3346-3355.

[14] Zhao L D, Hao S, Lo S H, et al. High thermoelectric performance via hierarchical compositionally alloyed nanostructures[J]. Journal of the American Chemical Society, 2013, 135(19): 7364-7370.

[15] Korkosz R J, Chasapis T C, Lo S h, et al. High ZT in p-type(PbTe)$_{1-2x}$(PbSe)$_x$(PbS)$_x$ thermoelectric materials[J]. Journal of the American Chemical Society, 2014, 136(8): 3225-3237.

[16] Li Z Y, Li J F. Fine-grained and nanostructured AgPb$_m$SbTe$_{m+2}$ alloys with high thermoelectric figure of merit at medium temperature[J]. Advanced Energy Materials, 2014, 4(2): 1300937.

[17] Bathula S, Jayasimhadri M, Gahtori B, et al. The role of nanoscale defect features in enhancing the thermoelectric performance of p-type nanostructured SiGe alloys[J]. Nanoscale, 2015, 7(29): 12474-12483.

[18] Li H, Tang X, Zhang Q, et al. High performance $In_xCe_yCo_4Sb_{12}$ thermoelectric materials with in situ forming nanostructured InSb phase[J]. Applied Physics Letters, 2009, 94(10): 102114.

[19] Luo W, Li H, Yan Y, et al. Rapid synthesis of high thermoelectric performance higher manganese silicide with in-situ formed nano-phase of MnSi[J]. Intermetallics, 2011, 19(3): 404-408.

[20] Liu J, Li J F. Bi_2Te_3 and Bi_2Te_3/nano-SiC prepared by mechanical alloying and spark plasma sintering[J]. Key Engineering Materials, 2004, 280-283: 397-400.

[21] Zhao L D, Zhang B P, Li J F, et al. Thermoelectric and mechanical properties of nano-SiC-dispersed Bi_2Te_3 fabricated by mechanical alloying and spark plasma sintering[J]. Journal of Alloys and Compounds, 2008, 455(1-2): 259-264.

[22] Chen L D, Xiong Z, Bai S Q. Recent progress of thermoelectric nano-composites[J]. Journal of Inorganic Materials, 2010, 25(6): 561-568.

[23] Sumithra S, Takas N J, Misra D K, et al. Enhancement in thermoelectric figure of merit in nanostructured Bi_2Te_3 with semimetal nanoinclusions[J]. Advanced Energy Materials, 2011, 1(6): 1141-1147.

[24] Li J, Tan Q, Li J F, et al. BiSbTe-based nanocomposites with high ZT: The effect of SiC nanodispersion on thermoelectric properties[J]. Advanced Functional Materials, 2013, 23(35): 4317-4323.

[25] Pan Y, Aydemir U, Sun F H, et al. Self-tuning n-type $Bi_2(Te,Se)_3$/SiC thermoelectric nanocomposites to realize high performances up to 300℃[J]. Advanced Science, 2017, 4(11): 1700259.

[26] Madavali B, Kim H S, Lee K H, et al. Enhanced Seebeck coefficient by energy filtering in Bi-Sb-Te based composites with dispersed Y_2O_3 nanoparticles[J]. Intermetallics, 2017, 82: 68-75.

[27] Kim K T, Min T S, Kim S D, et al. Strain-mediated point defects in thermoelectric p-type bismuth telluride polycrystalline[J]. Nano Energy, 2019, 55: 486-493.

[28] Pakdel A, Guo Q, Nicolosi V, et al. Enhanced thermoelectric performance of Bi-Sb-Te/Sb_2O_3 nanocomposites by energy filtering effect[J]. Journal of Materials Chemistry A, 2018, 6(43): 21341-21349.

[29] Faleev S V, Leonard F. Theory of enhancement of thermoelectric properties of materials with nanoinclusions[J]. Physical Review B, 2008, 77(21): 214304.

[30] Xiong Z, Chen X, Zhao X, et al. Effects of nano-TiO_2 dispersion on the thermoelectric properties offilled-skutterudite $Ba_{0.22}Co_4Sb_{12}$[J]. Solid State Sciences, 2009, 11(9): 1612-1616.

[31] Wu C F, Wang H, Yan Q, et al. Doping of thermoelectric PbSe with chemically inert secondary phase nanoparticles[J]. J. Mater. Chem. C, 2017, 5(41): 10881-10887.

[32] Ai X, Hou D, Liu X, et al. Enhanced thermoelectric performance of PbTe-based nanocomposites through element doping and SiC nanoparticles dispersion[J]. Scripta Materialia, 2020, 179: 86-91.

[33] Shi X, Chen L, Yang J, et al. Enhanced thermoelectric figure of merit of $CoSb_3$ via large-defect scattering[J]. Applied Physics Letters, 2004, 84(13): 2301-2303.

[34] Zhao X Y, Shi X, Chen L D, et al. Synthesis of $YbyCo_4Sb_{12}$/Yb_2O_3 composites and their thermoelectric properties[J]. Applied Physics Letters, 2006, 89(9): 092121.

[35] Xie W J, Yan Y G, Zhu S, et al. Significant ZT enhancement in p-type Ti(Co,Fe)Sb-InSb nanocomposites via a synergistic high-mobility electron injection, energy-filtering and boundary-scattering approach[J]. Acta Materialia, 2013, 61(6): 2087-2094.

[36] Zhao W, Liu Z, Sun Z, et al. Superparamagnetic enhancement of thermoelectric performance[J]. Nature, 2017, 549(7671): 247-251.

[37] Li C, Ma S, Wei P, et al. Magnetism-induced huge enhancement of the room-temperature thermoelectric and cooling performance of p-type BiSbTe alloys[J]. Energy & Environmental Science, 2020, 13(2): 535-544.

[38] Du B, Lai X, Liu Q, et al. Spark plasma sintered bulk nanocomposites of $Bi_2Te_{2.7}Se_{0.3}$ nanoplates incorporated Ni nanoparticles with enhanced thermoelectric performance[J]. ACS Applied Materials & Interfaces, 2019, 11(35): 31816-31823.

[39] Hu H, Sun F H, Dong J, et al. Nanostructure engineering and performance enhancement in Fe_2O_3-Dispersed $Cu_{12}Sb_4S_{13}$ thermoelectric composites with earth-abundant elements[J]. ACS Applied Materials & Interfaces, 2020, 12(15): 17852-17860.

[40] Ahmad K, Wan C. Enhanced thermoelectric performance of Bi_2Te_3 through uniform dispersion of single wall carbon nanotubes[J]. Nanotechnology, 2017, 28(41): 415402.

[41] Kumar S, Chaudhary D, Kumar Dhawan P, et al. Bi_2Te_3-MWCNT nanocomposite: An efficient thermoelectric material[J]. Ceramics International, 2017, 43(17): 14976-14982.

[42] Zhao X B, Ji X H, Zhang Y H, et al. Bismuth telluride nanotubes and the effects on the thermoelectric properties of nanotube-containing nanocomposites[J]. Applied Physics Letters, 2005, 86(6): 062111.

[43] Zhang Q, Ai X, Wang W, et al. Preparation of 1-D/3-D structured $AgNWs/Bi_2Te_3$ nanocomposites with enhanced thermoelectric properties[J]. Acta Materialia, 2014, 73: 37-47.

[44] Yao Q, Chen L, Zhang W, et al. Enhanced thermoelectric performance of single-walled carbon nanotubes/polyaniline hybrid nanocomposites[J]. ACS Nano, 2010, 4(4): 2445-2451.

[45] Nunna R, Qiu P, Yin M, et al. Ultrahigh thermoelectric performance in Cu_2Se-based hybrid materials with highly dispersed molecular CNTs[J]. Energy & Environmental Science, 2017, 10(9): 1928-1935.

[46] Bhardwaj A, Shukla A K, Dhakate S R, et al. Graphene boosts thermoelectric performance of a Zintl phase compound[J]. RSC Advances, 2015, 5(15): 11058-11070.

[47] Li C, Qin X, Li Y, et al. Simultaneous increase in conductivity and phonon scattering in a graphene nanosheets/$(Bi_2Te_3)_{0.2}(Sb_2Te_3)_{0.8}$ thermoelectric nanocomposite[J]. Journal of Alloys and Compounds, 2016, 661: 389-395.

[48] Tang H, Sun F H, Dong J F, et al. Graphene network in copper sulfide leading to enhanced thermoelectric properties and thermal stability[J]. Nano Energy, 2018, 49: 267-273.

[49] Tang G, Cai K, Cui J, et al. Preparation and thermoelectric properties of MoS_2/Bi_2Te_3 nanocomposites[J]. Ceramics International, 2016, 42(16): 17972-17977.

[50] Yadav S, Chaudhary S, Pandya D K. Effect of 2D MoS_2 and graphene interfaces with $CoSb_3$ nanoparticles in enhancing thermoelectric properties of 2D MoS_2-$CoSb_3$ and graphene-$CoSb_3$ nanocomposites[J]. Ceramics International, 2018, 44(9): 10628-10634.

[51] Zhou Y, Wan J, Li Q, et al. Chemical welding on semimetallic TiS_2 nanosheets for high-performance flexible n-type thermoelectric films[J]. ACS Applied Materials & Interfaces, 2017, 9(49): 42430-42437.

[52] Ito M, Nagai H, Oda E, et al. Thermoelectric properties of β-$FeSi_2$ with B_4C and BN dispersion by mechanical alloying[J]. Journal of Materials Science, 2002, 37(13): 2609-2614.

[53] Lu X, Zhang Q, Liao J, et al. High-efficiency thermoelectric power generation enabled by homogeneous incorporation of MXene in $(Bi,Sb)_2Te_3$ Matrix[J]. Advanced Energy Materials, 2020, 10(2): 1902986.

[54] Shiota I, Nishida I A, Ieee. Development of FGM thermoelectric materials in Japan——The state of the art[C]//16th International Conference on Thermoelectrics(XVI ICT 97), Dresden, Germany, 1997: 364-370.

[55] Kuznetsov V L, Kuznetsova L A, Kaliazin A E, et al. High performance functionally graded and segmented Bi$_2$Te$_3$-based materials for thermoelectric power generation[J]. Journal of Materials Science, 2002, 37(14): 2893-2897.

[56] Yoneda S, Ohta E, Kaibe H T, et al. Crystal grain size dependence of thermoelectric properties for sintered PbTe by spark plasma sintering technique[C]//16th International Conference on Thermoelectrics(XVI ICT 97), Dresden, Germany, 1997: 247-250.

[57] Yoshino J. Theoretical estimation of thermoelectric figure of merit in sintered materials and proposal of grain-size-graded structures[J]. Functionally Graded Materials, 1997: 495-500.

[58] Bulat L P, Drabkin I A, Novotel'nova A V, et al. On fabrication of functionally graded thermoelectric materials by spark plasma sintering[J]. Technical Physics Letters, 2014, 40(11): 972-975.

[59] Cramer C L, Wang H, Ma K. Performance of functionally graded thermoelectric materials and devices: A Review[J]. Journal of Electronic Materials, 2018, 47(9): 5122-5132.

[60] Vining C B, Laskow W, Hanson J O, et al. Thermoelectric properties of pressure-sintered Si$_{0.8}$Ge$_{0.2}$ thermoelectric alloys[J]. Journal of Applied Physics, 1991, 69(8): 4333-4340.

[61] Shiota I, Nishida I A. Development of FGM thermoelectric materials in Japan-the state of the art[C]//XVI ICT '97. 16th International Conference on Thermoelectrics, 1997.

[62] Qin H, Zhu J, Cui B, et al. Achieving a high average ZT value in Sb$_2$Te$_3$-based segmented thermoelectric materials[J]. ACS Applied Materials & Interfaces, 2020, 12(1): 945-952.

[63] Zhang Q, Liao J, Tang Y, et al. Realizing a thermoelectric conversion efficiency of 12% in bismuth telluride/skutterudite segmented modules through full-parameter optimization and energy-loss minimized integration[J]. Energy & Environmental Science, 2017, 10(4): 956-963.

[64] 崔教林, 赵新兵, 朱铁军, 等. 两元 P-型梯度结构热电材料 FeSi$_2$/Bi$_2$Te$_3$ 的制备与性能[J]. 中国有色金属学报, 2001, 11(6): 1089-1093.

[65] 徐桂英, 葛昌纯. 热电材料的研究和发展方向[J]. 材料导报, 2000, 14(11): 38-41.

[66] Hu X, Jood P, Ohta M, et al. Power generation from nanostructured PbTe-based thermoelectrics: Comprehensive development from materials to modules[J]. Energy & Environmental Science, 2016, 9(2): 517-529.

[67] Chen S W, Wang J C, Chen L C. Interfacial reactions at the joints of PbTe thermoelectric modules using Ag-Ge braze[J]. Intermetallics, 2017, 83: 55-63.

[68] Li J, Zhao S, Chen J, et al. Al-Si alloy as a diffusion barrier for GeTe-based thermoelectric legs with high interfacial reliability and mechanical strength[J]. ACS Applied Materials & Interfaces, 2020, 12(16): 18562-18569.

[69] Li S, Pei J, Liu D, et al. Fabrication and characterization of thermoelectric power generators with segmented legs synthesized by one-step spark plasma sintering[J]. Energy, 2016, 113: 35-43.

[70] Koshigoe M, Shiota I, Nishida I A. Expansion of utilizing temperature range of Bi$_2$Te$_3$/PbTe by FGM forming[J]. Materials Science Forum, 1999, 308-311: 693-698.

[71] 陈超, 李柏, 王丽, 等. 梯度结构热电材料的研究进展[J]. 世界科技研究与发展, 2009, 31(3): 402-405.